新编特种作业人员安全技术培训考核统编教材

低压电工作业

主　编　杨有启

中国劳动社会保障出版社

图书在版编目(CIP)数据

低压电工作业/杨有启主编. —北京：中国劳动社会保障出版社，2014

新编特种作业人员安全技术培训考核统编教材

ISBN 978-7-5167-1131-6

Ⅰ.①低… Ⅱ.①杨… Ⅲ.①低电压-电工-安全技术-技术培训-教材 Ⅳ.①TM08

中国版本图书馆 CIP 数据核字(2014)第 122423 号

中国劳动社会保障出版社出版发行

（北京市惠新东街1号　邮政编码：100029）

*

北京市科星印刷有限责任公司印刷装订　　新华书店经销

880毫米×1230毫米　32开本　10.125印张　275千字

2014年6月第1版　　2025年2月第12次印刷

定价：29.00元

营销中心电话：400-606-6496

出版社网址：http://www.class.com.cn

编委会

内 容 简 介

本教材根据国家安全生产监督管理总局颁布的《低压电工作业人员安全技术考核标准》和《低压电工作业人员安全技术培训大纲》，针对各行业企业低压电工作业人员的要求编写，共分两部分十六章内容，其中第一部分为安全技术知识，第二部分为实际操作技能。第一部分详细介绍了电工安全基本知识，电工通用安全技术，电气防火防爆、防雷和防静电，低压电器，电动机，电力线路，电气照明等内容；第二部分详细介绍了电工通用操作技能，电工测量操作技能，低压配电及电气照明安装操作，低压电气设备安装与调试操作，电气设备常见故障处理等内容。

本教材结合生产实际需求编写，可作为各类生产型企业低压电工作业相关特种作业人员的培训考核教材，也可作为企事业单位安全管理人员及相关技术人员参考用书。

前　言

《中华人民共和国劳动法》（以下简称《劳动法》）规定："从事特种作业的劳动者必须经过专门培训并取得特种作业资格。"《中华人民共和国安全生产法》（以下简称《安全生产法》）还规定："生产经营单位的特种作业人员必须按照国家有关规定经专门的安全作业培训，取得特种作业操作资格证书，方可上岗操作。"为了进一步落实《劳动法》、《安全生产法》的上述规定，配合国家安全生产监督管理总局依法做好特种作业人员的培训考核工作，中国劳动社会保障出版社根据国家安全生产监督管理总局颁布的《安全生产培训管理办法》、《关于特种作业人员安全技术培训考核工作的意见》和《特种作业人员安全技术培训考核管理规定》，组织了《特种作业人员安全技术培训大纲和考核标准》起草小组的有关专家，依据《特种作业目录》中的工种组织编写了"新编特种作业人员安全技术培训考核统编教材"。

"新编特种作业人员安全技术培训考核统编教材"共分 9 大类 41 个工种：1. 电工作业类：（1）《高压电工作业》（2）《低压电工作业》（3）《防爆电气作业》；2. 焊接与热切割作业类：（4）《熔化焊接与热切割作业》（5）《压力焊作业》（6）《钎焊作业》；3. 高处作业类：（7）《登高架设作业》（8）《高处安装、维护、拆除作业》；4. 制冷与空调作业类：（9）《制冷与空调设备运行操作》（10）《制冷与空调设备安装修理》；5. 金属非金属矿山作业类：（11）《金属非金属矿井通风作业》（12）《尾矿作业》（13）《金属非金属矿山安全检查作业》（14）《金属非金属矿山提升机操作》（15）《金属非金属矿山支柱作业》（16）《金属非金属矿山井下电气作业》（17）《金属非金属矿山排水作业》（18）《金属非金属矿山爆破作业》；6. 石油天然气作业类：（19）《司钻作业》；7. 冶金生产作业类：（20）《煤气作业》；8. 危险化学品作业类：（21）《光气及光气化工艺作业》（22）《氯碱电解工艺作业》（23）《氯化工艺作业》（24）《硝化工艺作业》（25）《合成氨工艺作业》（26）《裂解工艺作业》（27）《氟化工艺作业》(28)《加氢工艺作业》(29)《重氮化工艺作业》(30)《氧化工艺作业》(31)《过氧化工艺作业》(32)《胺基化工艺作业》(33)《磺化工艺作业》(34)《聚合工艺作业》(35)《烷基化工艺作业》 (36)《化工自动化控制仪表作业》;9. 烟花爆竹作业类:(37)《烟火药制造作业》(38)《黑火药制造作业》(39)《引火线制造作业》(40)《烟花爆竹产品涉药作业》(41)《烟花爆竹储存作业》。本版统编教材具有以下几方面特点:

一、突出科学性、规范性。本版统编教材是根据国家安全生产监督管理总局统一制定的特种作业人员安全技术培训大纲和考核标准,由该培训大纲和考核标准起草小组的有关专家在以往统编教材的基础上,继往开来的最新成果。

二、突出适用性、针对性。有关专家在编写过程中,根据国家安全生产监督管理总局关于教材建设的相关要求,本着“少而精”“实用、管用”的原则,切合实际地考虑了当前我国接受特种作业安全技术培训的学员特点,并以此设置内容。

三、突出实用性、可操作性。根据国家安全生产监督管理总局《特种作业人员安全技术培训考核管理规定》中“特种作业人员应当接受与其所从事的特种作业相应的安全技术理论培训和实际操作培训”的要求,在教材编写中,合理安排了理论部分与实际操作训练部分内容所占的比例,充分考虑了相关单位的培训计划和学时安排,以加强实用性。

总之,本版统编教材反映了国家安全生产监督管理总局关于全国特种作业人员安全技术培训考核的最新要求,是全国各有关行业、各类企业准备从事特种作业的劳动者为提高有关特种作业的知识与技能,提高自身安全素质,取得特种作业人员 IC 卡操作证的最佳培训考核教材。

“新编特种作业人员安全技术培训考核统编教材”编委会

目　录

第一部分　安全技术知识

第二部分　实际操作技能

第一部分　安全技术知识

第1章 电工安全基本知识

第1节 安全生产管理

一、安全生产概要

安全生产是为了保证生产过程在符合物质条件和工作顺序下进行的防止发生人身伤亡和财产损失等生产事故，消除或控制危险、有害因素，保障人身安全与健康、设备和设施免受损坏、环境免受破坏的所有活动。安全生产包括方针、政策和实践活动。

安全生产管理是指针对人在生产过程中的安全问题，运用有效的资源进行决策、计划、组织、实施等活动，实现安全生产。

《中华人民共和国安全生产法》总结安全生产的方针为“安全第一，预防为主”。在实际执行中，还提出“安全第一，预防为主，综合治理”的方针。

为了实现安全生产的目标，我国制定了《中华人民共和国安全生产法》（以下简称《安全生产法》）、《中华人民共和国矿山安全法》、《中华人民共和国职业病防治法》等法律以及《安全生产许可条例》、《工伤保险条例》、《建设工程安全生产管理条例》等行政法规；制定了《用电安全导则》、《系统接地的型式及安全技术要求》、《建筑物防雷设计规范》等标准；很多部门和企业还制定了《电业安全工作规程》、《电工安全责任制》、《倒闸操作制度》等规程和制度。

二、电工作业和电工作业人员

电工作业指从事电气装置的安装、运行、检修、试验等工作的作业。电工作业包括低压运行维修、高压运行维修及行业专业性电工作业。

关于高压与低压的划分存在着不同的标准。《电业安全工作规程》和《电工作业人员安全技术考核标准》按照设备对地电压，将 250 V（交流工频 50 Hz 有效值，下同）及 250 V 以下者划定为低压，将 250 V以上者划定为高压。《低压电器基本标准》等国家标准将额定电压1 200 V 及以下的电器列为低压电器。更多的如《民用建筑电气设计规范》等标准则将额定电压1 000 V 以下划为低压配电范围。由于 1 000 V 以下常见的只有配电电压 0.23/0.4 kV（相应的用电电压 220/380 V)的系统，其对地电压一般不超过 250 V。因此，标准的不统一尚不致对高、低压电工作业造成误解。

电工作业人员是直接从事电工作业的专业人员。电工作业人员必须年满 18 周岁，必须具备初中以上文化程度，不得有妨碍从事电工作业的病症和生理缺陷。从技术上考虑，电工作业人员必须具备必要的电气专业知识和电气安全技术知识；按其职务和工作性质，应熟悉有关安全规程；应学会必要的操作技能和触电急救方法；应具备事故预防和应急处理能力。

电工作业人员必须经过安全技术培训，取得电工职业资格证书后方可上岗作业。新参加电气工作的人员、实习人员和临时参加劳动的人员，必须经过安全知识教育后，方可参加指定的工作，但不得单独工作。对外单位派来支援的电气工作人员，工作前应介绍现场电气设备接线情况和有关安全措施。

三、电工作业人员的安全职责

电工是特殊工种，又是危险工种。第一，其作业过程和工作质量不但关系着自身的安全，而且关系着他人和周围设施的安全；第二，专业电工工作点分散、工作性质不专一，不便于跟班检查和追踪检查。因此，专业电工必须掌握必要的电气安全技能，具备良好的电气安全意识，不断提高安全意识和安全操作能力，加强“以人为本”的理念，自觉履行安全生产的义务。

专业电工应努力克服“重生产、轻安全”的错误思想，克服侥幸心理；在作业前和作业过程中，应考虑事故发生的可能性；应遵守各项安全操作规程，不得违章作业；不得蛮干，不得在不熟悉的和自己不能控制的设备或线路上擅自作业；应认真作业，保证工作质量。

就岗位安全职责而言，专业电工应做到以下几点：

1. 严格执行各项安全标准、法规、制度和规程，包括各种电气标准、电气安装规范和验收规范、电气运行管理规程、电气安全操作规程及其他有关规定。

2. 遵守劳动纪律，忠于职责，做好本职工作，认真执行电工岗位安全责任制。

3. 正确佩戴和使用各种劳动保护用品和工具，安全地完成各项生产任务。

4. 努力学习安全规程、电气专业技术和电气安全技术，不断提高安全生产技能；参加各项有关的安全活动，宣传电气安全；参加安全检查，并提出意见和建议等。

专业电工应树立良好的职业道德，除前面提到的忠于职责、遵守纪律、努力学习外，还应注意互相配合，共同完成生产任务。应特别注意杜绝以电谋私、故意制造电气故障等违法行为。

培训和考核是提高专业电工安全技术水平，使之获得独立操作能力的基本途径。通过培训和考核，可以最大限度地提高专业电工的技术水平和安全意识。

第2节　电工基础知识

一、直流电路

1. 直流电路的基本概念

（1）电荷和电场

失去电子的微粒带正电荷，得到电子的微粒带负电荷。带有电荷的物体称为带电体。电荷的多少用电量或电荷量表示。电量的符号是 Q，常用单位是 C（库或库仑）、μC（微库或微库仑），$1\ \mathrm{C} = 1 \times 10^{6}\ \mu\mathrm{C}$。

在电荷的周围存在着电场。在强电场中，人会有汗毛竖起的感觉。电场的强弱用电场强度表示。电场强度的符号是 E，单位是 V/m（伏/米）。当空气中电场强度为 25～30 kV/cm 时，将发生击穿放电。绝缘材料在超强电场中将发生击穿放电而遭到破坏。

（2）电路

电路是电流流经的路径。各种电气装置的工作都是通过电路来实现的。电路由电源、连接导线、控制电器、负载及辅助设备组成。电源是提供电能的设备，其功能是把其他形式的能量转变为电能，如电池把化学能转变为电能、发电机把机械能转变为电能等。负载是电路中消耗电能的设备，其功能是把电能转变为其他形式的能量，如电炉把电能转变为热能、电动机把电能转变为机械能等，电动机、照明器具、家用电器等是常见的负载。控制电器是控制电路通、断的设备，刀开关、断路器都属于控制电器。辅助设备用于实现对电路的控制、保护、测量，继电器、熔断器、测量仪表属于辅助设备。连接导线把电源、负载及其他设备连接成一个闭合回路，其作用是传输电能或传送电信号。

通常用符号表示电路中的实际元件，用符号绘制的图称为电路图。常用电气元件的符号见表 1—1。

表 1—1　　常用电气元件的符号

电气元件名称	电气元件符号	电气元件名称	电气元件符号
导　线		电　池	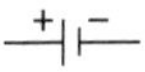
端　子	○	恒定电压源	
电　阻	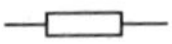	开　关	
电　容		灯	
电　感		二 极 管	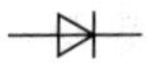

如图 1—1 所示是最简单电路的电路图。

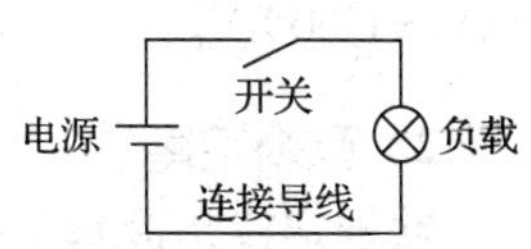

图 1—1　简单电路

(3) 电流

带电微粒的移动形成电流。通常以正电荷移动的方向作为电流的正方向。大小和方向不随时间变化的电流称为直流电流；大小和方向随时间周期性变化的电流称为交流电流。

电流的大小称为电流强度，简称电流。电流的符号是 I、i，单位是 A（安）、mA（毫安），1 A = 1 000 mA。

(4) 电阻

电阻是电流遇到的阻力。电阻的符号是 R、r，单位是 Ω（欧）、MΩ（兆欧）等，$1\ \text{M}\Omega = 1 \times 10^6\ \Omega$。

一只额定电压 220 V、功率 15 W 的白炽灯泡的灯丝电阻约为 3 227 Ω。长 30 m、截面积为 1.5 mm^2 铜线的电阻约为 0.344 Ω。一般情况下，线路的电阻比负载电阻小得多，在电路计算和分析时，连接导线的电阻可以忽略不计。但应当注意，不是所有情况下连接导线的电阻都是可以忽略不计的。

电阻率是用来表明材料导电性能的参数，大小等于单位长度、单位截面导线的电阻。电阻率的符号是 ρ，单位是 Ω · m、$\Omega \cdot \text{mm}^2/\text{km}$ 等。例如，20℃ 时导电用铜、铝、铁的电阻率分别为 17.48 ~ 17.9 $\Omega \cdot \text{mm}^2/\text{km}$、28.3 ~ 29 $\Omega \cdot \text{mm}^2/\text{km}$、97.8 $\Omega \cdot \text{mm}^2/\text{km}$。

导线的电阻按下式计算：

$$R = \frac{\rho l}{S}$$

式中，l 和 S 分别为导线的长度和截面积、ρ 为材料的电阻率。该式表明，导线的电阻与导线长度成正比，与导线截面积成反比。

(5) 电压

电压是产生电流的能力。在如图 1—2 所示电路中，在 a、b 两点之间加上电压 U，电阻 R 上就有电流 I 流过。图中，a 为高电压点（高电位点），b 为低电压点（低电位点）。因此，电压的大小就是两点之间的电位差，电压的方向是从高电位点到低电位点。

电压的符号是 U、u，电压的单位是 V（伏）、kV（千伏），

1 kV =1 000 V。

2. 欧姆定律

欧姆定律是最基本的电路定律。

（1）部分电路的欧姆定律

欧姆定律是表示电路中电压、电流、电阻之间关系的定律。该定律指出，对于如图 1—2 所示电路，部分电路欧姆定律的表达式为

$$U = IR \quad 或 \quad I = \frac{U}{R}$$

式中 U——电路上的电压，V；

I——流经电路的电流，A；

R——电路的电阻，Ω。

部分电路欧姆定律表明，电路中电压保持不变时，电流与电阻成反比；电阻保持不变时，电流与电压成正比；电流保持不变时，电压与电阻成正比。当电阻为零时，电流很大，这种电路状态称为短路状态；当电阻为无穷大时，电流为零，这种电路状态称为开路状态。

（2）全电路的欧姆定律

在如图 1—3 所示的包含电源在内的完整电路中，电压与电流之间的关系符合全电路欧姆定律。即

$$I = \frac{E}{R + R_0} \quad 或 \quad E = IR + IR_0 = U + IR_0$$

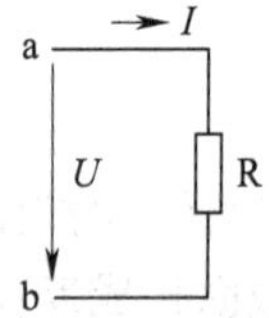

图 1—2 部分电路的欧姆定律

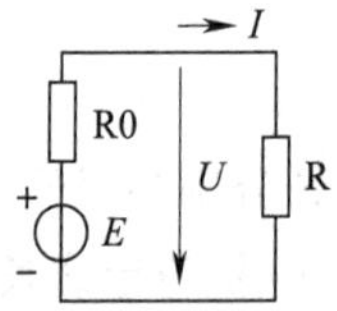

图 1—3 全电路的欧姆定律

式中 E——电源的电动势，是电源产生电流的能力，方向从低电位点到高电位点，V；

I——流经电路的电流，A；

R——负载电阻，Ω；

R_0——电源内部的电阻，Ω。

全电路欧姆定律表明，在闭合电路中，电流与电源电动势成正比，与电路中电源内阻和负载电阻之和成反比。

3. 串联电路和并联电路

(1) 串联电路

串联电路是把几个电阻或其他电路元件的首尾端依次连接起来，使电流只有一条通路的电路。在串联电路中，各电阻上流过同一电流。如图 1—4 所示电阻 R1 与电阻 R2 串联的电路中，以下关系成立

$$U = U_1 + U_2 \quad R = R_1 + R_2 \quad \frac{U_1}{U_2} = \frac{R_1}{R_2}$$

上式表明，在串联电路中，电路的总电压为各电阻上的电压之和，电路的总电阻为各电阻之和，各电阻上的电压与电阻成正比。

(2) 并联电路

并联电路是把几个电阻或其他电路元件的首端与首端、尾端与尾端相互连接起来，使电流同时有几条通路的电路。在并联电路中，各电阻上为同一电压。如图 1—5 所示电阻 R1 与电阻 R2 并联的电路中，以下关系成立

$$I = I_1 + I_2 \quad \frac{1}{R} = \frac{1}{R_1} + \frac{1}{R_2} \quad 或 \quad R = \frac{R_1 R_2}{R_1 + R_2} \quad \frac{I_1}{I_2} = \frac{R_2}{R_1}$$

上式表明，在并联电路中，总电流为各电阻上的电流之和，总电阻的倒数为各电阻倒数之和，各电阻上的电流与电阻成反比。

图 1—4　串联电路　　　　图 1—5　并联电路

例 1—1　图 1—6 中，已知 $U = 10$ V，$R_1 = R_4 = R_5 = R_8 = 20$ Ω，$R_2 = R_3 = R_6 = R_7 = R_9 = 10$ Ω，试求电流 I。

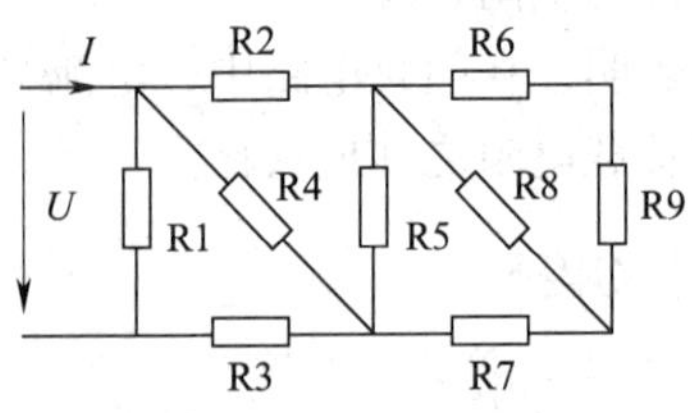

图 1—6　例 1—1 电路图

解：从电路末端开始简化，R6 与 R9 串联得 $R_{10}=R_6+R_9=10+10=20\ \Omega$，R10 与 R8 并联得

$$R_{11}=\frac{R_{10}R_8}{R_{10}+R_8}=\frac{20\times 20}{20+20}=10\ \Omega$$

R11 与 R7 串联得 $R_{12}=R_{11}+R_7=10+10=20\ \Omega$……依次进行下去，最后求得总电阻 $R=10\ \Omega$，总电流为 1 A。

后面将介绍到电感和电容。如果不考虑互感，电感串、并联计算与电阻串、并联计算相同。电容串、并联计算与电阻串、并联计算相反，即电容串联计算与电阻并联计算相同，电容并联计算与电阻串联计算相同。

4. 电功率和电能

电功率表示电气设备做功的能力，即电气设备单位时间所做的功。功率的符号是 P，单位是 W（瓦或瓦特）、kW（千瓦），1 kW = 1 000 W。电功率与电压和电流的乘积成正比。在直流电路中，电功率可以表示为

$$P=UI=I^2R=\frac{U^2}{R}$$

式中　P——电功率，W；

U——电压，V；

I——电流，A；

R——电阻，Ω。

电能表示电气设备在一段时间内所转换的能量。电能的单位是 J（焦或焦耳）。电能与电功率的关系是：

$$W=Pt$$

式中　W——电能，J；

P——功率，W；

t——持续时间，s。

实用中常用 kW · h 作为电能的单位，1 kW · h = 3.6×10^6 J。

例 1—2　一只额定功率 100 W、额定电压 220 V 的白炽灯泡的电阻为多大？接到 220 V 的电源上时，流过灯泡的电流为多大？多长时间消耗 1 kW · h 电能？

解：灯泡的电阻为

$$R = \frac{U^2}{P} = \frac{220^2}{100} = 484\ \Omega$$

流过灯泡的电流为

$$I = \frac{P}{U} = \frac{100}{220} \approx 0.455\ \text{A}$$

消耗 1 kW · h 电能所用的时间为

$$t = \frac{W}{P} = \frac{1\ 000}{100} = 10\ \text{h}$$

二、磁与电磁感应

1．磁的基本概念

（1）磁场

磁场是一个肉眼不能分辨的空间。磁场的表现是引起场域内的磁针发生偏转和取向，以及引起场域内的通电导线受到力的作用。

磁场强弱常用磁感应强度表示。磁感应强度的符号是 B，其大小为单位长度单位电流导线在均匀磁场中所受到的作用力。磁感应强度的常用单位是 T（特斯拉）和 Gs（高斯），1 T = 1×10^4 Gs。

（2）磁通

磁感应强度与垂直磁场方向上某一面积的乘积称为磁通。磁通是磁路中与电路中电流相当的物理量。磁通的符号是 Φ，单位是 Wb（韦伯）和 Mx（麦克斯韦），1 Wb = 1×10^8 Mx。如某一面积 S 与磁感应强度 B 的方向垂直，则 $\Phi = BS$。因为 $B = \Phi/S$，所以磁感应强度也称为磁通密度。

（3）电流的磁场

磁场可由天然磁体产生（如地磁场），可由永久磁铁产生，也可由电流产生。在电气设备中，最常见到的是由电流产生的磁场。电磁铁、电动机都是利用电流的磁场来进行工作的。电流所产生磁场的方向由右手螺旋定则（也称安培定则）确定。如图 1—7 所示，右手螺旋定则是将右手握拳，拇指伸开，如拇指指向直线电流的方向，则卷曲的四指表示直线周围磁场的方向；如卷曲的四指表示线圈电流的方向，则拇指指向线圈内磁场的方向。

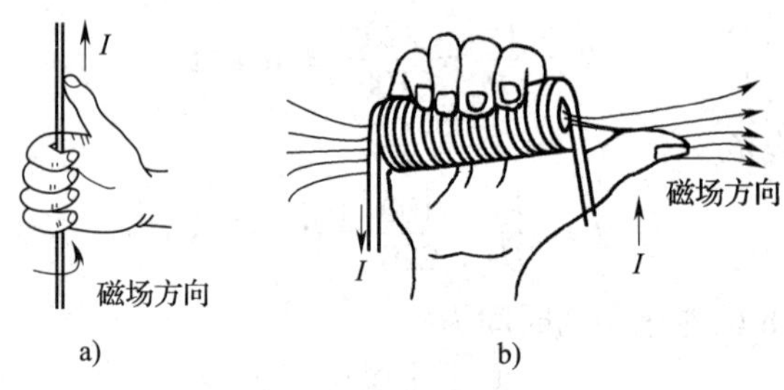

图 1—7　右手螺旋定则

a）直导线电流的磁场　b）线圈电流的磁场

2. 磁路和材料的磁性能

（1）磁路

磁路是磁通的闭合回路。电动机、变压器、各种电磁铁都带有不同类型的磁路。如图 1—8 所示是两种简单磁路。有的磁路由线圈和铁芯组成，有的磁路由线圈、铁芯和空气隙组成。

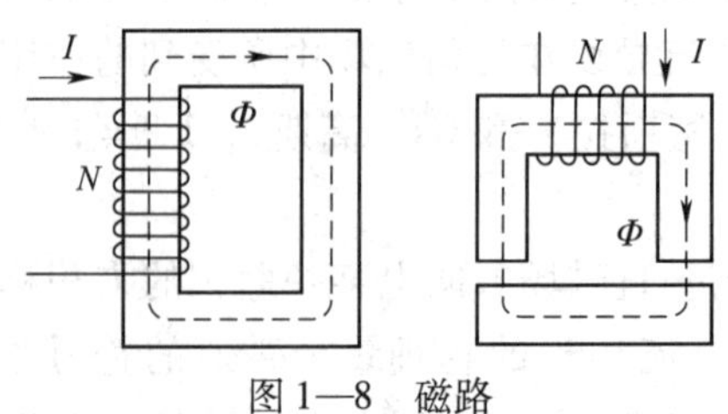

图 1—8　磁路

载流线圈是产生磁通的来源。线圈匝数 N 与线圈电流 I 的乘积 NI 称为磁动势。

（2）材料的磁性能

有些材料的导磁性能很不好，磁导率很低，如空气、橡胶、塑料、铜、铝等。在这些材料中，载流线圈只能产生很弱的磁场，这些材料称为非磁性材料。有些材料导磁性能很好，磁导率很高，如硅钢片、铁镍合金、铁、钨钢、钴钢等。在这些材料中，载流线圈能产生很强的磁场，这些材料称为磁性材料。

磁性材料主要分为软磁材料和硬磁材料。软磁材料的特点是线圈中电流为零时几乎没有剩余磁性，用作导磁材料的硅钢片、铁镍合金、铸钢都是软磁材料。硬磁材料的特点是当线圈中电流为零时仍然保持很强的剩余磁性，用作永久磁铁的钨钢、钴钢都是硬磁材料。

3. 电磁感应

（1）感应电动势

1）变压器电动势。如图 1—9 所示，当线圈内的磁通 Φ 发生变化时，线圈内即产生感应电动势 e。如果线圈是闭合的，线圈内将产生电流。线圈内感应电动势的大小与磁通变化的速率成正比。对于 N 匝的线圈，感应电动势的大小为

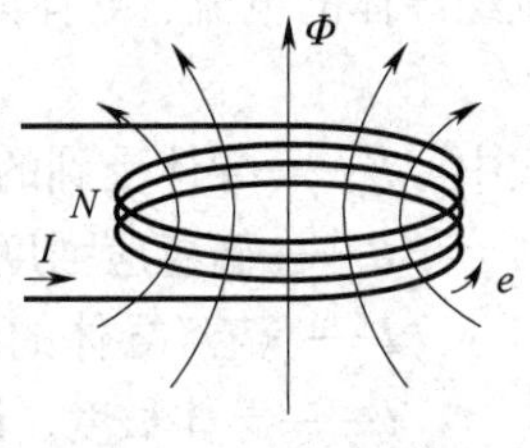

图 1—9　电磁感应

$$e = N\left|\frac{\Delta\Phi}{\Delta t}\right|$$

式中，$\left|\frac{\Delta\Phi}{\Delta t}\right|$表示磁通随时间变化率的绝对值。这一规律即法拉第电磁感应定律。这种感应电动势明显是由磁通的变化引起的，称为变压器电动势。

图 1—9 中，当磁通 Φ 增大时，线圈中感应电动势和电流的实际方向是与图中所示电动势 e 的方向相反的；而磁通 Φ 减小时，线圈中感应电动势和电流的实际方向是与图中所示电动势 e 的方向相同的，即感应电流产生的磁场总是力图阻止原磁场发生变化。这一规律称为楞次定律。

2）发电机电动势。产生感应电动势的另一种方式是导线切割磁场（即导线切割磁力线）。如图 1—10 所示，当长度为 l 的导线以速度 v

垂直地切割磁场时，导线上所产生感应电动势的大小为

$$e = Blv$$

式中 B——磁感应强度，T；

l——导线长度，m；

v——导线移动速度。

其方向可由右手定则确定：平伸右手，拇指与并拢的其他四指成90°，磁场穿过手心，拇指指向切割方向，则并拢的四指所指的方向为感应电动势的方向。这种感应电动势称为切割电动势，也称为发电机电动势。

（2）载流导体受到的磁场力

载流导体在磁场中将受到磁场力的作用。力的大小与磁感应强度、流经导体的电流、导体的长度成正比，即

$$F = BIl$$

式中 F——导体受到的作用力，N；

B——磁感应强度，T；

I——流经导体的电流，A；

l——导体长度，m。

如图1—11所示，导体受到的作用力的方向由左手定则确定：平伸左手，拇指与并拢的其他四指成90°，磁场穿过手心，并拢的四指指向导体内电流的方向，则拇指所指方向为导体受力的方向。

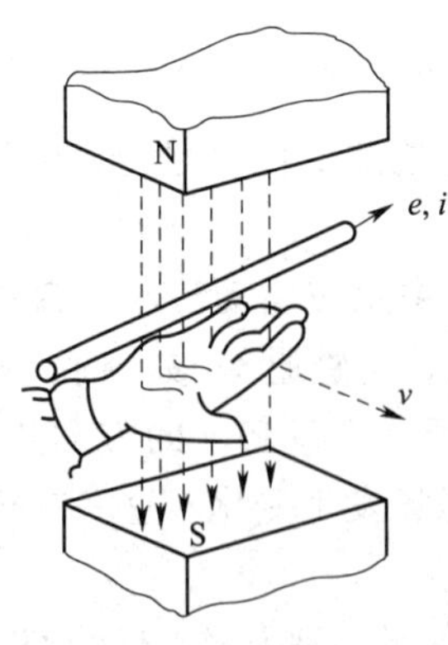

图1—10　切割电动势

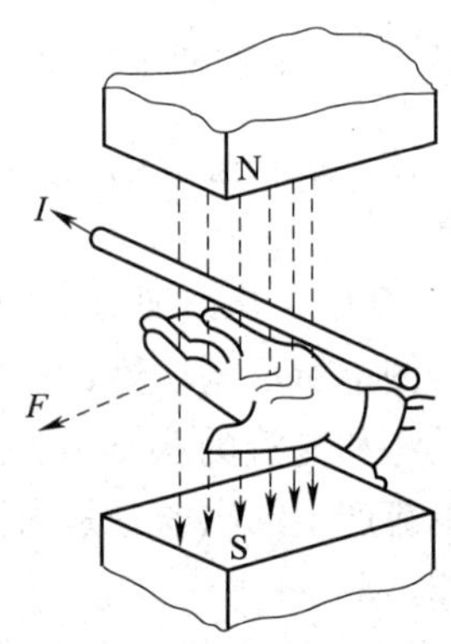

图1—11　载流导体在磁场中受力

三、正弦交流电路

1. 单相交流电路

（1）正弦交流电的特征

生产和生活中使用的交流电大多数是正弦交流电，其特点是电流、电压的大小和方向都随着时间按正弦函数的规律变化。如图 1—12 所示为正弦电流的波形图。

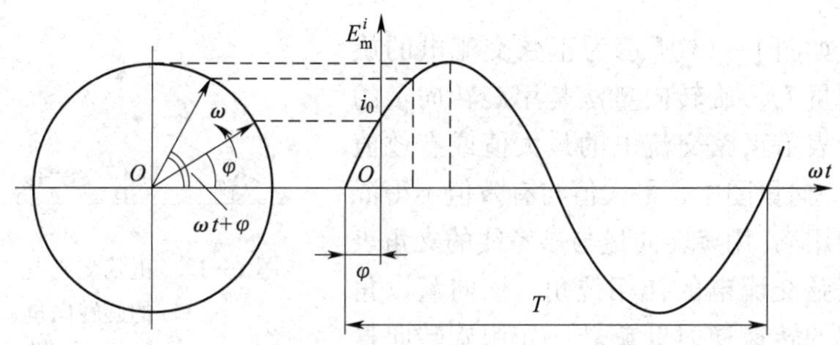

图 1—12　正弦交流电波形

该正弦电流可用三角函数表示，即

$$i = I_m \sin(\omega t + \varphi) = I_m \sin(2\pi f t + \varphi)$$

式中　i——时刻 t 的电流瞬时值，A；

I_m——电流最大值，A；

t——时间，s；

ω——角频率，$\omega = 2\pi f = 2\pi/T$，rad/s（弧度/秒）；

f——频率，Hz（赫兹）；

φ——初相位，rad。

交流电每一循环所用的时间称为周期；每秒钟交变的周期数称为频率；每秒钟交变的弧度数称为角频率。周期与频率互为倒数。$(\omega t + \varphi)$ 称为相位，$t = 0$ 时的相位 φ 称为初相位。

因为最大值、角频率和初相位确定了正弦量的所有特征，所以被称为正弦交流电的三要素。通常用有效值来表征交流电的大小，有效值是与该交流电做功能力相同的直流电的数值，最大值为有效值的$\sqrt{2}$

倍，即

$$I_m=\sqrt{2}I \quad 和 \quad U_m=\sqrt{2}U$$

式中，I 和 U 分别为电流和电压有效值。

（2）正弦交流电的旋转向量表示法

正弦交流电可以用波形图、三角函数、旋转向量（矢量）等表示。波形图表示法和三角函数表示法都比较直观，但用于计算都不太方便。旋转向量表示法可用于不太复杂的正弦交流电路的计算。

如图 1—13 所示为正弦交流电的旋转向量 I_m。旋转向量法是用旋转向量的长度表示正弦交流电的最大值或有效值（同一向量图中，最大值与有效值不得混合使用），用旋转向量与参考线的夹角表示正弦交流电的初相位角，该向量以角频率的转速逆时针旋转。如用旋转向量的长度表示正弦交流电的最大值，则从向量端点至参考线的垂线长度即为正弦交流电的瞬时值 $i=I_m\sin(\omega t+\varphi)$。

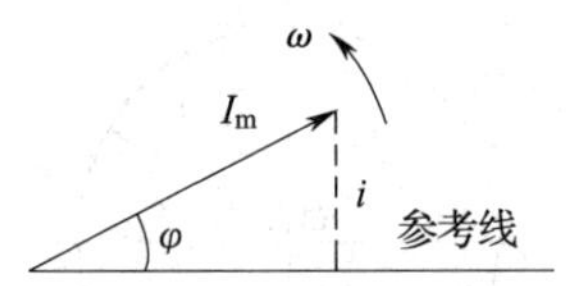

图 1—13 正弦交流电的旋转向量

（3）纯电阻电路

对于如图 1—14a 所示的纯电阻电路，如电压为 $u=U_m\sin\omega t$，则电流为

$$i_R=\frac{U_m}{R}\sin\omega t=I_m\sin\omega t$$

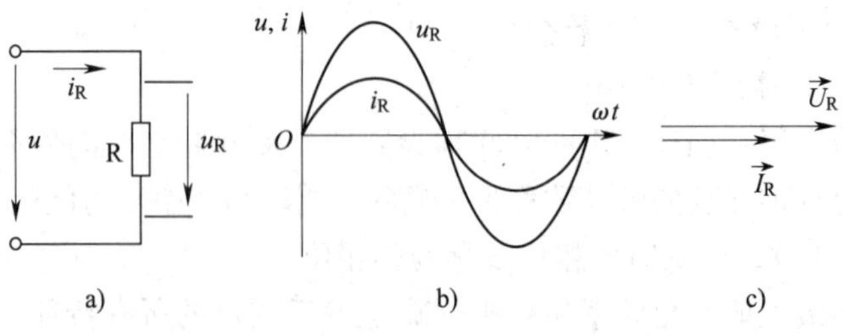

图 1—14 纯电阻电路

a）电路图 b）波形图 c）向量图

显然，电流与电压相位相同，其最大值和有效值之间的关系都符合欧姆定律，即

$$I_{Rm} = \frac{U_m}{R} \quad 和 \quad I_R = \frac{U}{R}$$

其波形图如图 1—14b 所示、向量图如图 1—14c 所示。

可以证明，与直流电路相似，纯电阻电路的平均功率为

$$P = UI_R = I_R^2 R = \frac{U^2}{R}$$

这一功率是消耗在电阻上用来做功（将电能转换为热能）的功率，称为有功功率。

严格地说，纯电阻电路是不存在的。白炽灯、电阻炉等负载的电感和电容可以忽略不计，工程上通常当做纯电阻负载对待。

（4）纯电感电路

1）自感和互感。当通过线圈的磁通发生变化时，线圈中会产生感应电动势。如果磁通变化的速率是确定的，则感应电动势的大小仅取决于线圈的特征。为了表明线圈的这种特征，引进电感的概念。

电感分为自感和互感。自感是与线圈自身电流变化所产生的感应电动势关联的物理量，其大小是线圈自身电流所产生磁链（磁链是线圈匝数与线圈内磁通的乘积）与该电流的比值。互感是与另一线圈电流变化所产生的感应电动势关联的物理量，其大小是另一线圈电流在该线圈所产生磁链与另一线圈电流的比值。自感的符号是 L，互感的符号是 M，自感和互感单位都是 H（亨）、mH（毫亨）等。

由于有电感的作用，当交流电流流经线圈时还会遇到另一种阻力，这种阻力称为感抗。感抗是电抗（符号 X）的一种，单位是 Ω。自感和互感感抗的表达式分别为 $X_L = \omega L$ 和 $X_M = \omega M$。显然，感抗与频率成正比，对于高频电流，感抗极大，相当于开路。感抗的串、并联计算与电阻的计算相同。

2）纯电感电路。对于如图 1—15a 所示的纯电感电路，如电压为 $u = U_m \sin\omega t$，则电流为

$$i_L = \frac{U_m}{X_L}\sin\left(\omega t - \frac{\pi}{2}\right) = I_{Lm}\sin\left(\omega t - \frac{\pi}{2}\right)$$

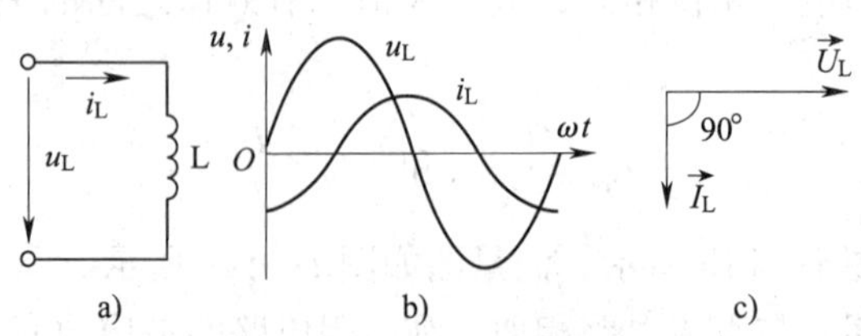

图1—15　纯电感电路

a）电路图　b）波形图　c）向量图

显然，电感上的电流滞后电压 π/2（90°），电压和电流最大值和有效值之间的关系仍符合欧姆定律，即

$$I_{Lm} = \frac{U_m}{X_L} \text{和} I_L = \frac{U}{X_L}$$

其波形图如图 1—15b 所示、向量图如图 1—15c 所示。

可以证明，与纯电阻电路不同，纯电感电路的瞬时功率是交变的。正值功率表示电感吸收的功率，负值功率表示电感放出（返回）的功率，其平均功率为零，即纯电感不消耗有功功率，而只起交换功率的作用。纯电感电路瞬时功率的最大值称为感性无功功率，表示为

$$Q_L = UI_L = I_L^2 X_L = \frac{U^2}{X_L}$$

无功功率的单位是 var（乏）或 kvar（千乏）。

严格地说，纯电感电路也是不存在的。

（5）纯电容电路

1）电容。被绝缘材料隔离的两个导体在电压的作用下所能容纳电荷的能力称为电容。电容的大小可用其导体上电量与导体间电压的比值来衡量。电容的单位是 F（法或法拉）、μF（微法）和 pF（皮法），其间关系是 $1\ F = 1 \times 10^6\ \mu F$、$1\ F = 1 \times 10^6\ pF$。

由于有电容的作用，当交流电流流经电容器时也会遇到另一种阻力，这种阻力称为容抗。容抗是另一种电抗。容抗的表达式为 $X_C = \frac{1}{\omega C}$。显然，容抗与频率成反比，对于电路中的高频成分，电容的容抗极小，相当于短路元件。容抗的串、并联计算与电阻的计算相同。

2）纯电容电路。对于如图 1—16a 所示的纯电容电路，如电压为 $u=U_m\sin\omega t$，则电流为

$$i_C=\frac{U_m}{X_C}\sin\left(\omega t+\frac{\pi}{2}\right)=I_{Cm}\sin\left(\omega t+\frac{\pi}{2}\right)$$

显然，电容上的电流超前电压 π/2（90°），电压和电流最大值和有效值之间的关系也符合欧姆定律，即

$$I_{Cm}=\frac{U_m}{X_C}\text{和}I_C=\frac{U}{X_C}$$

其波形图如图 1—16b 所示、向量图如图 1—16c 所示。

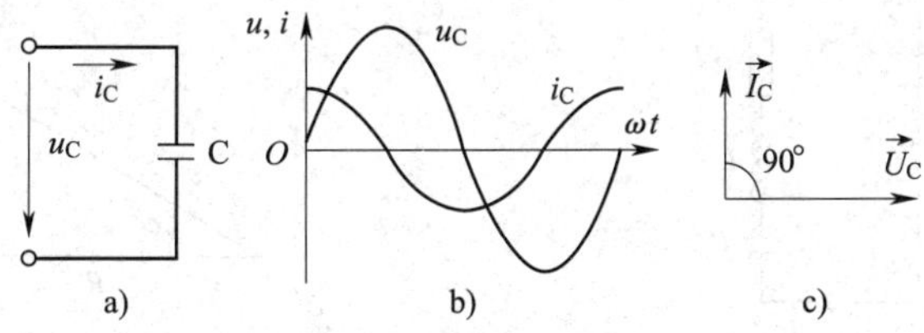

图 1—16　纯电容电路

a）电路图　b）波形图　c）向量图

可以证明，纯电容电路的平均功率也为零，其瞬时功率也是交变的。纯电容也不消耗有功功率，只起功率交换的作用。纯电容电路瞬时功率的最大值称为容性无功功率，表示为

$$Q_C=UI_C=I_C^2X_C=\frac{U^2}{X_C}$$

纯电容电路虽然也是不存在的，但电容器等漏导电流极小的元件，工程上通常当作纯电容对待。

（6）非单一元件电路

实际电路往往是既有电阻，又有电感、电容的电路，电阻、感抗、容抗共同起阻碍作用。这种对电流的阻力称为阻抗，阻抗的符号是 Z。

对于如图 1—17 所示电阻、电感、电容串联的电路，如电压为 $u=U_m\sin\omega t$，则电流为

$$i=\frac{U_m}{Z}\sin(\omega t-\varphi)=I_m\sin(\omega t-\varphi)$$

电流和电压的最大值和有效值之间的关系仍符合欧姆定律，即

$$I_m = \frac{U_m}{Z} \quad 和 \quad I = \frac{U}{Z}$$

阻抗包括电阻和电抗，电抗又包括感抗和容抗。在串联电路中，电抗等于感抗和容抗的差值，即 $X = X_L - X_C$。阻抗按下式计算：

$$Z = \sqrt{R^2 + (X_L - X_C)^2} = \sqrt{R^2 + X^2}$$

如图 1—18 所示由阻抗、电阻、电抗构成的直角三角形称为阻抗三角形，φ 角称为阻抗角，也就是电流与电压之间的相位差角，也称功率因数角。功率因数角的余弦 $\cos\varphi$ 称为功率因数，功率因数按下式计算：

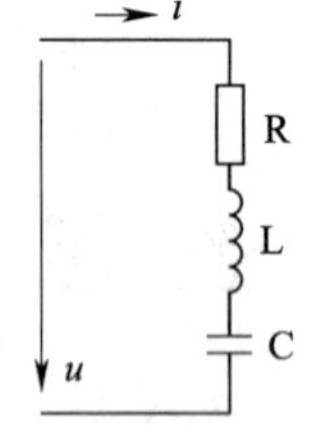

图 1—17　电阻、电感、电容串联的电路

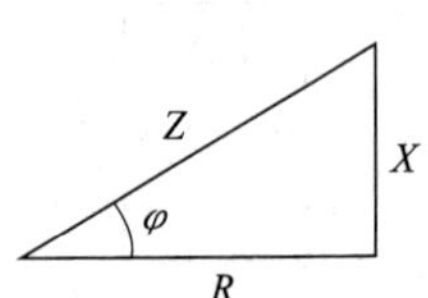

图 1—18　阻抗三角形

$$\cos\varphi = \frac{R}{Z}$$

在如图 1—17 所示电路中，当感抗与容抗相等，即当 $\omega L = 1/(\omega C)$时，电路呈纯电阻性，电流与电压同相，而且电路中电流达到最大值；电感上的电压与电容上的电压大小相等，但相位相差 180°，且可能远远超过电源电压。电路的这种状态称作串联谐振状态或电压谐振状态。

由以上讨论可知，如用阻抗 Z 替代电阻 R，则直流电路中欧姆定律以及串、并联的计算方法也可用于交流电路的计算。

例 1—3　如图 1—19a 所示电路中，已知电源电压有效值 $U = 220$ V，$R = X_L = X_C = 400\ \Omega$，试求支路电流 I_1、I_2，总电流 I 和电阻、电感上的电压。

解： 电阻、电感支路中的电流为

$$I_1 = \frac{U_1}{Z_1} = \frac{U}{\sqrt{R^2 + X_L^2}} = \frac{220}{\sqrt{400^2 + 400^2}} \approx 0.39\ \text{A}$$

该支路的阻抗角为

$$\varphi_1 = \tan^{-1}\frac{X_L}{R} = \tan^{-1}\frac{400}{400} = 45°$$

电容支路中的电流为

$$I_2 = \frac{U}{X_C} = \frac{220}{400} = 0.55\ \text{A}$$

该支路的阻抗角为 90°。按以上计算结果可绘制出如图 1—19b 所示的向量图。

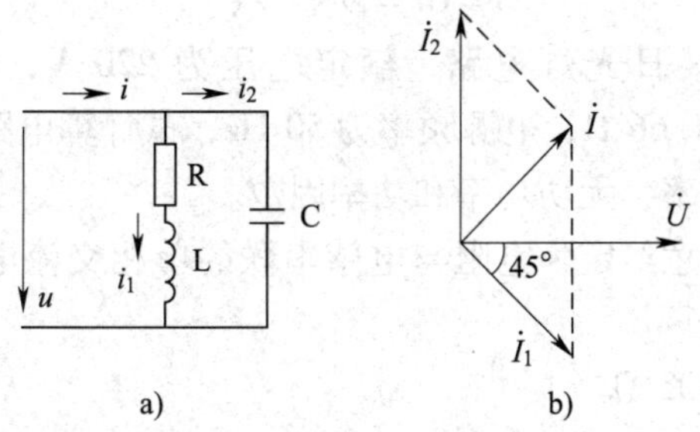

图 1—19　例 1—3 示意图

a）电路图　b）向量图

$$I = \sqrt{(I_1\cos45°)^2 + (I_2 - I_1\sin45°)^2}$$

$$= \sqrt{(0.39\cos45°)^2 + (0.55 - 0.39\sin45°)^2} \approx 0.39\ \text{A}$$

借助向量图，可求得总电流为

电阻、电感上的电压大小相等，相位相差 90°，其大小为

$$U_R = U_L = 0.39 \times 400 = 156\ \text{V}$$

在有电感、电容并联的电路中，当电路呈纯电阻性时，支路电流可能远远超过电源提供的电流。电路的这种状态称作并联谐振状态或电流谐振状态。

（7）单相交流电路的功率

在既有电阻，又有电感、电容的单相电路中，功率表示为

$$P = UI\cos\varphi = I^2R$$

$$Q = UI\sin\varphi = I^2X$$

式中　P——有功功率，W；

　　Q——无功功率，var；

U——电压，V；

I——电流，A；

φ——功率因数角；

R 和 X——电阻和电抗，Ω。

如果令 $S=UI$，则可以用 S 表示在既有电阻又有电抗的电路中电源设备所必须具备的供电能力。S 称为视在功率，单位是 V·A、kV·A。视在功率的表达式为

$$S=UI=\sqrt{P^2+Q^2}$$

例 1—4 某日光灯电路，额定电压为 220 V，电路中电阻为 302 Ω，电感为 1.66 H，电源频率为 50 Hz，试计算电路中的电流、视在功率、有功功率、无功功率和功率因数。

解：本题题意给定为电阻与电感串联的单相交流电路。按给定条件可求得

电阻 $R=302\ \Omega$

电抗 $X_L=\omega L=2\pi fL=2\pi\times50\times1.66=521.5\ \Omega$

电流

$$I=\frac{U}{Z}=\frac{U}{\sqrt{R^2+X_L^2}}=\frac{220}{\sqrt{302^2+521.6^2}}=0.37\ \text{A}$$

视在功率 $S=UI=220\times0.37=81.4\ \text{V}\cdot\text{A}$

有功功率 $P=I^2R=0.37^2\times302\approx41.3\ \text{W}$

无功功率 $Q=I^2X_L=0.37^2\times521.5\approx71.4\ \text{var}$

功率因数

$$\cos\varphi=\frac{P}{S}=\frac{41.2}{81.4}\approx0.51$$

2. 三相交流电路

由于三相交流电可以节约导电材料和磁性材料，并且三相电动机有较好的运行性能，因此三相交流电得到了广泛的应用。三相交流电源是由三相交流发电机提供的。

（1）三相交流电的特征

如图 1—20 所示，三相交流电是三个频率相同、幅值相同、相位互差 1/3 周期的正弦交流电。

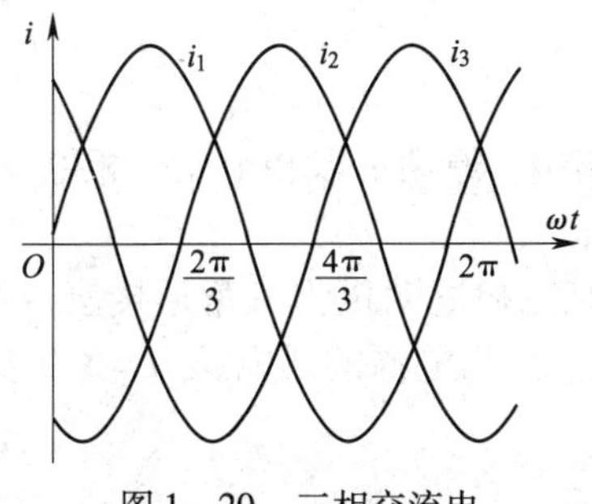

图 1—20　三相交流电

三相电源和三相负载都有星形接法和三角形接法。如图 1—21 所示，星形接法是将各相负载的尾端连接在一起的接法；三角形接法是依次将一相负载的尾端与下一相的首端连接在一起的接法。自负载引出的三条线称为相线，俗称火线。

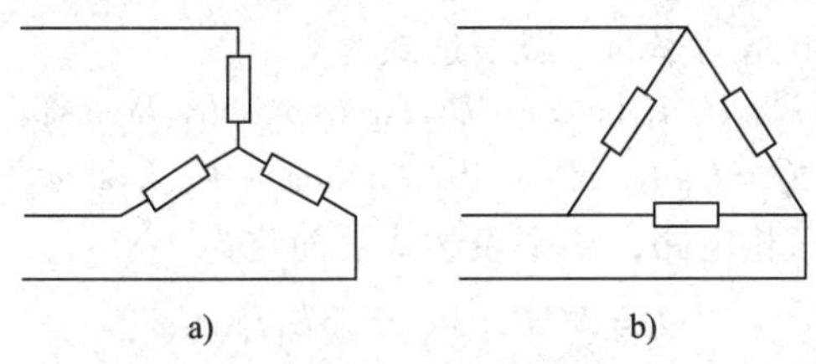

图 1—21　三相负载接法

a）星形接法　b）三角形接法

三相电路有相电压 U_P 和线电压 U_L 之分。相电压是每相负载或每相电源首、尾端之间的电压，线电压是每两条相线之间的电压。

三相电路的电流也有相电流 I_P 和线电流 I_L 之分。相电流是流经每相负载或每相电源的电流，线电流是流经相线的电流。

不论是三相电源还是三相负载，当三相电压或电流大小相等、相位依次相差 1/3 周期时，称为对称三相电路。在对称的星形连接的电路中

$$I_L = I_P$$

$$U_L = \sqrt{3} U_P$$

在对称的三角形连接的电路中

$$U_L = U_P$$

$$I_L = \sqrt{3} I_P$$

在对称三相电路中，原则上取相电压、相电流按单相电路的方法进行计算。

例 1—5 已知某三相电动机为三角形接法，每相电阻 $R = 20\ \Omega$，每相电抗 $X_L = 15\ \Omega$，三相电源的线电压 $U = 380\ \text{V}$，试计算线电流和相电流。

解： 相电流为

$$I_P = \frac{U_P}{Z_P} = \frac{380}{\sqrt{20^2 + 15^2}} \approx 15.2\ \text{A}$$

线电流为

$$I_L = \sqrt{3} I_P \approx 26.3\ \text{A}$$

（2）三相电路的功率

三相交流电路功率的一般表达式为

$$P = U_{P1} I_{P1} \cos\varphi_1 + U_{P2} I_{P2} \cos\varphi_2 + U_{P3} I_{P3} \cos\varphi_3$$

$$Q = U_{P1} I_{P1} \sin\varphi_1 + U_{P2} I_{P2} \sin\varphi_2 + U_{P3} I_{P3} \sin\varphi_3$$

对于对称三相电路，功率表达式可简化为

$$P = 3 U_P I_P \cos\varphi = \sqrt{3} U_L I_L \cos\varphi$$

$$Q = 3 U_P I_P \sin\varphi = \sqrt{3} U_L I_L \sin\varphi$$

$$S = 3 U_P I_P = \sqrt{3} U_L I_L = \sqrt{P^2 + Q^2}$$

例 1—6 把电阻 $R = 4\ \Omega$、感抗 $X_L = 3\ \Omega$ 的串联负载连接成三角形，接到线电压 380 V 的三相电源上，试求负载上的相电流、线电流和有功功率。

解： 相电流、线电流和有功功率分别为

$$I_P = \frac{U_L}{Z} = \frac{U_L}{\sqrt{R^2 + X_L^2}} = \frac{380}{\sqrt{4^2 + 3^2}} \approx 76\ \text{A}$$

$$I_L = \sqrt{3} I_P = \sqrt{3} \times 76 \approx 131.6\ \text{A}$$

$$P = 3 I_P^2 R = 3 \times 76^2 \times 4 \approx 69.3\ \text{kW}$$

四、电子技术常识

电子技术在工农业生产、现代科技乃至人民生活的各个领域都有

着广泛的应用。按照信号的特征，电子技术分为模拟电子技术和数字电子技术。

1. 半导体器件

(1) 半导体

半导体是指导电能力介于导体和绝缘体之间的材料。硅、锗、硒及大多数金属氧化物和硫化物都属于半导体材料，其中，硅和锗是用得最多的半导体材料。

工程上应用的是掺有杂质的半导体材料，按照所掺杂质的不同，分为 P 型半导体（空穴型半导体）和 N 型半导体（电子型半导体）。

(2) 半导体二极管

半导体二极管简称二极管，主要由两层半导体、一个 PN 结及引线组成。两个电极分别是阳极和阴极。二极管的结构示意图和符号如图 1—22 所示。

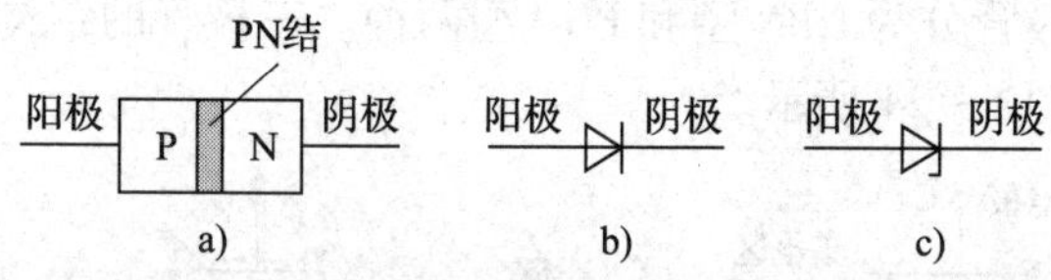

图 1—22　半导体二极管

a）结构示意图　b）二极管符号　c）稳压二极管符号

如图 1—23 所示是二极管的伏安特性曲线。当二极管加正向电压，即阳极接电源正极、阴极接电源负极时，起始部分电流几乎为零；当电压升高到超过死区电压时，二极管导通，电流急剧增加，且电流与电压近似成正比，伏安特性曲线近似为直线，二极管处于工作状态。锗管的正向导通压降为 0.2 ~ 0.3 V，硅管的为 0.6 ~ 0.7 V。

当二极管加反向电压，即阳极接电源负极、阴极接电源正极时，在击穿范围内，反向电流极小，二极管截止。

稳压二极管是工作在反向击穿状态的特殊二极管。

在电子电路中，二极管可用作整流、检波、限幅、稳压、开关等元件。

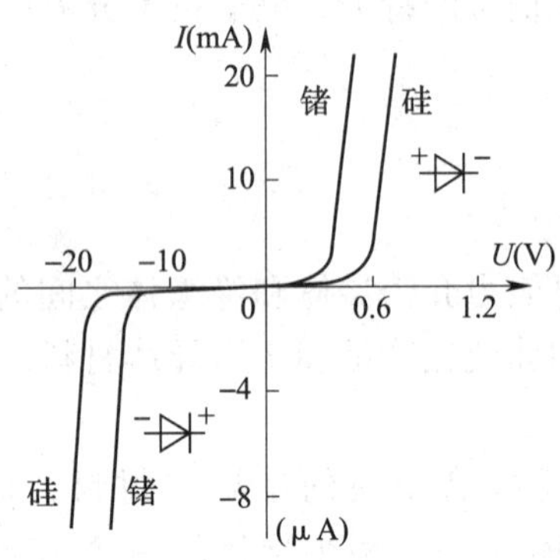

图 1—23 二极管伏安特性曲线

（3）半导体三极管

三极管主要由三层半导体、两个 PN 结及引线组成。三极管的三个电极分别称为发射极（E 极）、基极（B 极）、集电极（C 极）。发射极与基极之间的 PN 结称为发射结、基极与集电极之间的 PN 结称为集电结。三极管分为 NPN 型和 PNP 型两种。三极管的结构示意图、符号及外形如图 1—24 所示。

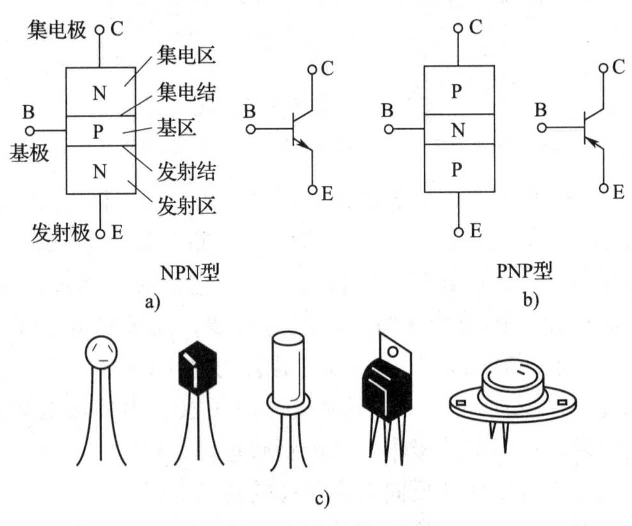

图 1—24 半导体三极管

a）结构示意图 b）符号 c）外形

如图 1—25 所示是 NPN 型三极管共发射极接线方式，I_B、I_C、I_E 分别是基极电流、集电极电流、发射极电流，U_{BE}、U_{CE}分别是基极—发射极电压、集电极—发射极电压。

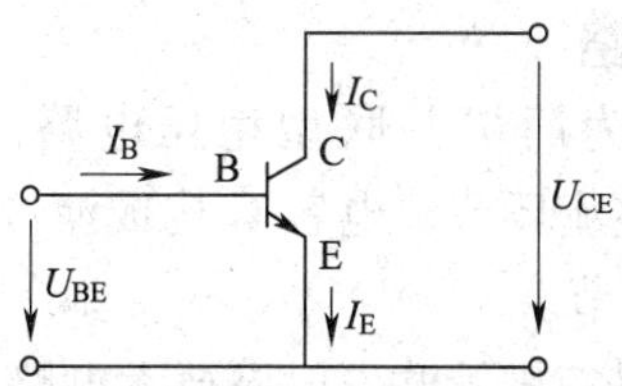

图 1—25 三极管共发射极接线方式

三极管的输出特性指基极电流 I_B 为常数时，集电极电流 I_C 与集电极 - 发射极电压 U_{CE} 之间的关系。如图 1—26 所示，三极管的输出特性曲线分为截止区、放大区和饱和区。

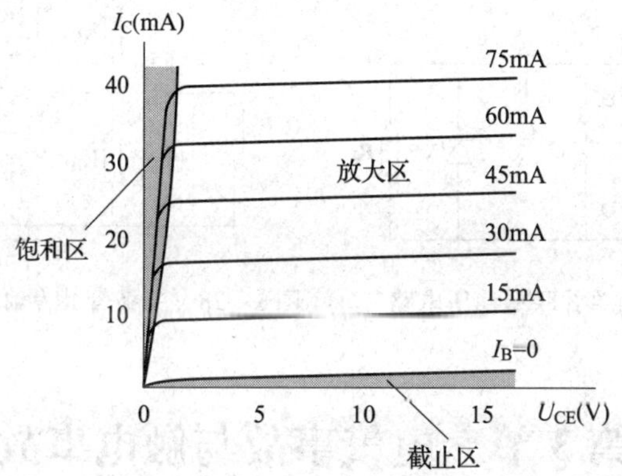

图 1—26 三极管的输出特性

当基极电流 $I_B = 0$ 时，集电极电流 $I_C \approx 0$，三极管截止，这一区域是截止区。

当基极电流 $I_B > 0$ 时，集电极电流 I_C 几乎与 U_{CE} 无关，而与 I_B 几乎保持比例关系。因为 I_C 比 I_B 大得多，所以实现了电流放大，这一区域称为放大区，电流放大倍数为 $\beta = \frac{I_C}{I_B}$。

当 $U_{CE} \leqslant U_{BE}$ 时，I_B 失去对 I_C 的控制，三极管不再起放大作用，这一区域称为饱和区。

在电子电路中，三极管可用作放大、振荡、开关等元件。

2. 简单晶体管电路

如图 1—27 所示为简单并联型稳压电路，二极管 VD1、VD2、VD3、VD4 构成桥式整流环节，电容 C 构成滤波环节，电阻 R、稳压二极管 VZ 构成稳压环节。

如图 1—28 所示是三极管共发射极放大电路，u_S 和 R_S 是信号源电压和内阻；u_i 和 u_o 是交流输入和输出信号；R_{B1} 和 R_{B2} 是基极电阻；R_C 是集电极电阻；R_E 是发射极电阻；C_E 是交流旁路电容；R_L 是负载电阻；C1 和 C2 是隔直及耦合电容；U_{CC} 是电源电压。

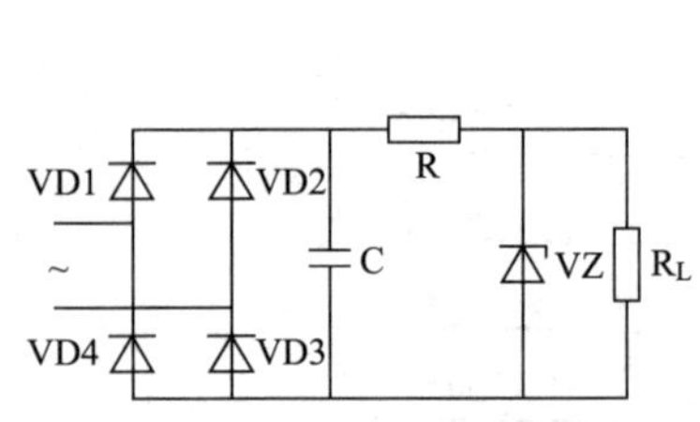

图 1—27　简单并联型稳压电路

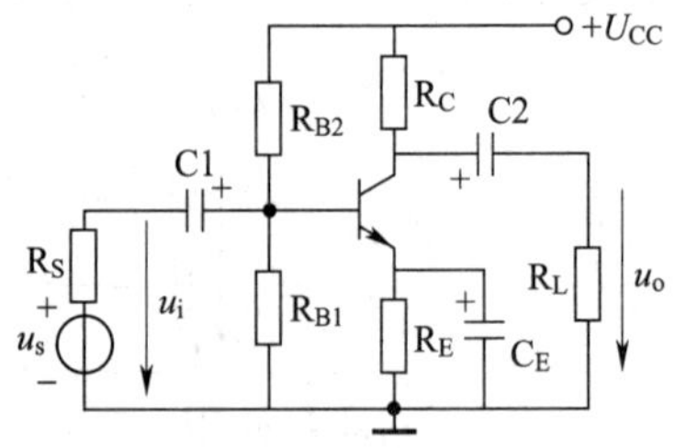

图 1—28　三极管共发射极放大电路

第 3 节　电气事故与触电事故

一、电气事故

电气事故包括人身事故和设备事故。人身事故和设备事故都可能导致二次事故，而且很可能是同时发生的。电气事故是与电相关的事故。从能量的角度看，电能失去控制将造成电气事故。按照电能的形态，电气事故可分为触电事故、雷击事故、静电事故、电磁辐射事故和电路事故。

1. 触电事故

触电事故是由电流形式的能量造成的事故。触电事故分为电击和电伤。电击是电流直接通过人体造成的伤害。电伤是电流转换成热能、机械能等其他形式的能量作用于人体造成的伤害。在触电伤亡事故中，尽管85%以上的死亡事故是电击造成的，但其中约70%的事故都含有电伤的因素。

2. 雷击事故

雷击事故是由自然界中正、负电荷形式的能量造成的事故。雷击有引起爆炸和火灾、造成触电、毁坏设备和设施以及造成事故停电的危险。

3. 静电事故

静电事故是工艺过程中或人们活动中产生的相对静止的正电荷和负电荷形式的能量造成的事故。静电事故的主要危险除引起爆炸和火灾外，还会造成电击和妨碍生产。

4. 电磁辐射事故

电磁辐射事故是由电磁波形式的能量造成的事故。辐射电磁波指频率在100 kHz以上的电磁波。

在一定强度的高频电磁波辐射下，人体所受到的伤害主要表现为头晕、记忆力减退、睡眠不好等神经衰弱症状。严重者除神经衰弱症状加重外，还伴有心血管系统症状。电磁波对人体的伤害有滞后性，并可能通过遗传因子影响到后代。除对人体有伤害外，高频电磁波还能造成高频感应放电和电磁干扰。

除无线电设备外，高频金属加热设备（如高频淬火设备、高频焊接设备）及高频介质加热设备（如高频热合机、绝缘物料干燥设备）也是有辐射危险的设备。

为防止电磁辐射的危险，应采取屏蔽、吸收等专门的预防措施。

5. 电路事故

电路事故是由电能传递、分配、转换失去控制或电气元件损坏等电路故障发展所造成的事故。断线、短路、接地、漏电、突然停电、误合闸送电、电气设备损坏等都属于电路故障。电路故障得不到控制即可发展成为电路事故。

二、触电事故

1. 对地电压、接触电压和跨步电压

如图 1—29 所示，当接地的设备漏电时，接地电流 I_E 流入地下后自接地体向四周流散，称为流散电流。流散电流在土壤中遇到的全部电阻叫作流散电阻。接地电阻是接地体的流散电阻、接地线的电阻以及接地体与土壤界面上的接触电阻之和，但后两种电阻一般可以忽略不计。

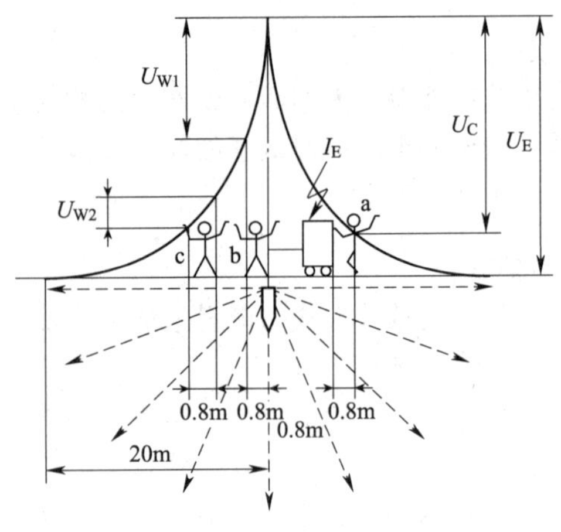

图 1—29　对地电压

电流自接地体向大地流散时沿地面产生电压降。对于简单接地体，20 m 以外的土壤电阻可以忽略不计。因此，可以认为离开接地体 20 m 以外，流散电流不再产生电压降，电压几乎为零。工程上所说的“地”就是这里的地。对地电压就是带电体与零电位大地之间的电压。图 1—29 中，U_E 就是漏电设备的对地电压。

接触电压是指人体某点触及带电体时，加于人体该点与人体接地点之间的电压。图 1—29 中，U_C 就是 a 承受的接触电压。人的接触距

离按0.8 m考虑，人离开接地点越远，可能承受的接触电压越大。

跨步电压是指人进入地面带电的区域内时，加在人的两脚之间的电压。图1—29中，U_{W1}和U_{W2}分别是b和c承受的跨步电压。人的跨距按0.8 m考虑，图中，b紧靠接地体位置，承受的跨步电压最大；c离开了接地体，承受的跨步电压要小一些。由于跨步电压还与跨距、两脚的方位有关，因此人离开接地点越近，承受的跨步电压只是可能而非一定越大。

2. 触电事故分类

(1) 电击

按照发生电击时电气设备的状态，电击分为直接接触电击和间接接触电击。直接接触电击是触及正常状态下带电的带电体（如误触接线端子）发生的电击，也称为正常状态下的电击。间接接触电击是触及正常状态下不带电，而在故障状态下意外带电的带电体（如触及漏电设备的外壳）发生的电击，也称为故障状态下的电击。绝缘、屏护、间距等属于防止直接接触电击的安全措施。接地、接零等属于防止间接接触电击的安全措施。

按照人体触及带电体的方式和电流流过人体的途径，电击可分为单线电击、两线电击和跨步电压电击。单线电击是人站在导电性地面或接地导体上时，人体某一部位触及带电导体由接触电压造成的电击。单线电击是发生频率最高的触电事故，其危险程度与带电体电压、人体电阻、鞋袜条件、地面状态等因素有关。两线电击是不接地状态的人体某两个部位同时触及两相导体由接触电压造成的电击，其危险程度主要决定于接触电压和人体电阻。应当注意，常用漏电保护对两线电击不起预防作用。跨步电压电击是人体进入地面带电的区域时，两脚之间承受的跨步电压造成的电击。故障接地点附近（特别是高压故障接地点附近），有大电流流过的接地装置附近，防雷接地装置附近以及可能落雷的树木或高大设施下方的地面均可能出现危险的跨步电压，导致跨步电压电击。

(2) 电伤

按照电流转换成作用于人体的能量形式的不同，电伤分为电弧烧伤、电流灼伤、皮肤金属化、电烙印、电气机械性损伤、电光眼等伤害。

电弧烧伤是由弧光放电造成的烧伤，是最危险的电伤，分为直接电弧烧伤和间接电弧烧伤。前者是带电体与人体之间产生电弧，有电流流过人体的烧伤；后者是电弧产生在人体附近对人体的烧伤，包含熔化的炽热金属溅出造成的烫伤。电弧温度高达8 000℃，可造成大面积、大深度的烧伤，甚至烧焦、烧毁四肢及其他部位。高压电弧和低压电弧都会造成严重烧伤，高压电弧造成的烧伤更为严重。

电流灼伤是人体与带电体接触，电流通过人体时电能转换成热能造成的伤害。电流越大、通电时间越长、电流途径上的电阻越大的部位，电流灼伤越严重。单纯的电流灼伤多发生在低压系统。

皮肤金属化是电弧使金属熔化、汽化，金属微粒渗入皮肤造成的伤害。

电烙印是电流通过人体后在人体与带电体接触的部位留下永久性瘢痕的损伤。

电气机械性损伤是电流作用于人体时，由于中枢神经强烈反射和肌肉强烈收缩等作用造成的机体组织断裂、骨折等伤害。

电光眼是发生弧光放电时，由红外线、可见光、紫外线对眼睛造成的伤害。

三、电流对人体的作用

1. 电流对人体作用的生理反应

电流对人体的作用事先没有任何预兆，伤害往往发生在瞬息之间，而且人体一旦遭到电击后，防卫能力迅速降低。

小电流对人体的作用主要表现为生物学效应，给人以不同程度的刺激，使人体组织发生变异。电流通过肌肉组织时引起肌肉收缩。应当指出，电流对机体除直接起作用外，还可能通过中枢神经系统起作用。因此，当人体触及带电体时，一些没有电流通过的部位也会发生强烈反应，甚至重要器官的正常工作也会受到影响。

电流通过人体，会引起麻感、针刺感、打击感、痉挛、疼痛、呼吸困难、血压异常、昏迷、心律不齐、窒息、心室纤维性颤动等症状。对于单手—双脚的电流途径，人体工频电流试验资料见表1—2。

表1—2　　单手—双脚电流途径工频电流试验资料

感觉情况	电流大小/mA		
	5%被试者	50%被试者	95%被试者
手表面有感觉	0.9	2.2	3.5
手表面有麻痹似的针刺感	1.8	3.4	5.0
手关节有轻度压迫感，有强烈的连续针刺感	2.9	4.8	6.7
前肢有受压迫感	4.0	6.0	8.0
前肢有受压迫感，足掌开始有连续针刺感	5.3	7.6	10.0
手关节有轻度痉挛，手动作困难	5.5	8.5	11.5
上肢有连续针刺感，腕部特别是手关节有强度痉挛	6.5	9.5	12.5
肩部以下有强度连续针刺感，肘部以下僵直，还可以摆脱带电体	7.5	11.0	14.5
手指关节、踝骨、足跟有压迫感，手的大拇指强度痉挛	8.8	12.3	15.8
只有尽最大努力才可能摆脱带电体	10.0	14.0	18.0

数十至数百毫安小电流通过人体短时间内使人致命的最主要的原因是引起心室纤维性颤动。呼吸麻痹和中止、电休克虽然也可能导致死亡，但其危险性比心室纤维性颤动的危险性小得多。发生心室纤维性颤动时，心脏每分钟颤动1 000次以上，但幅值很小，而且没有规律，血液实际上中止循环，如抢救不及时，数秒钟至数分钟将由诊断性死亡转为生物性死亡。

人的心电图和血压图如图1—30所示。图中左半部是正常时的心电图和血压图，右半部是发生心室纤维性颤动后的心电图和血压图。心室纤维性颤动是在心电图上T波的前半部发生的。

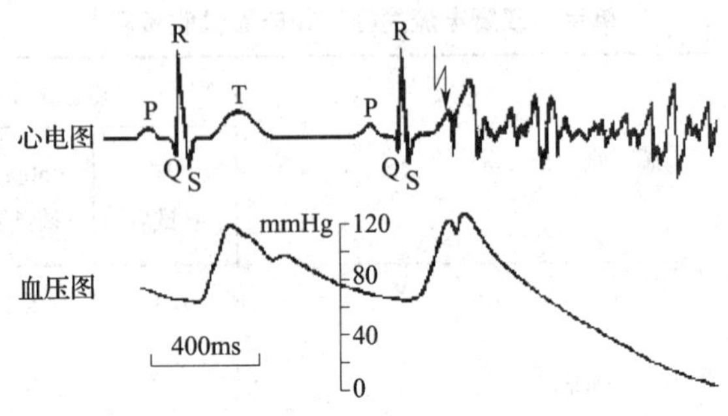

图 1—30　心电图和血压图

电流的瞬时作用引起心室纤维性颤动后，人体呼吸可能持续 2 ~ 3 min。在人丧失知觉之前，有时还能叫喊几声或跑几步。但由于血液已中止循环，大脑和全身迅速缺氧，病情将急剧恶化。

2. 电流对人体作用的影响因素

电流通过人体内部，对人体伤害的严重程度与通过人体电流的大小、电流通过人体的持续时间、电流通过人体的途径、电流的种类以及人体状况等多种因素有关。各影响因素之间，特别是电流大小与通电时间之间有着十分密切的关系。

50 Hz 是人们接触最多的频率，对于电击来说也是最危险的频率。如无单独说明，下文所指电流都是工频电流，所指数值都是有效值。

(1) 电流大小的影响

通过人体的电流越大，人体的生理反应越明显，感觉越强烈，引起心室纤维性颤动所需要的时间越短，危险性越大。按照人体所呈现的不同状态，将通过人体的电流划分为三个界限。

1）感知电流。是在一定概率下，通过人体引起任何感觉的最小电流。人对电流最初的感觉是轻微麻感和微弱针刺感。感知电流与个体生理特征、人体与电极的接触面积等因素有关。感知概率 50% 的平均感知电流，成年男子约为 1.1 mA，成年女子约为 0.7 mA。最小感知电流约为 0.5 mA，且与时间无关。

感知电流一般不会对人体造成生理伤害，但当电流增大时，感觉增强，反应加剧，可能导致摔倒、坠落等二次事故。

2）摆脱电流。通过人体的电流超过感知电流时，肌肉收缩加剧，刺痛感觉增强，感觉部位扩展。电流增大到一定程度时，由于中枢神经反射，触电人将因肌肉强烈收缩发生痉挛而紧抓带电体，不能自行摆脱电极。在一定概率下，人触电后能自行摆脱带电体的最大电流称为该概率下的摆脱电流。摆脱电流与个体生理特征、电极形状、电极尺寸等因素有关。

摆脱电流的概率曲线如图 1—31 所示。摆脱概率 50% 的摆脱电流，成年男子约为 16 mA，成年女子约为 10. 5 mA；摆脱概率为 99. 5% 的摆脱电流则分别约为 9 mA 和 6 mA。

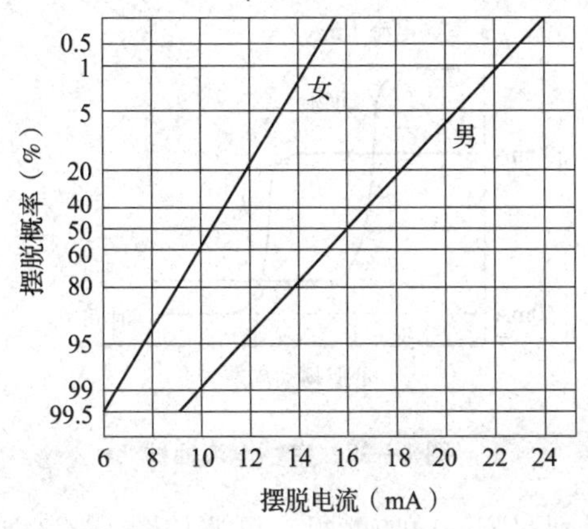

图 1—31 摆脱电流概率曲线

摆脱电流是人体可以忍受且一般尚不致造成严重后果的极限电流。电流超过摆脱电流后，人会感到异常痛苦、恐慌且难以忍受，如时间过长，则可能昏迷、窒息，甚至死亡。应当指出，摆脱带电体的能力随着触电时间的延长而减弱，一旦不能摆脱带电体，后果将是严重的。

3）室颤电流。通过人体引起心室发生纤维性颤动的最小电流称为室颤电流。触电致命的原因是比较复杂的。例如，高压触电事故中，可能因为强电弧或很大的电流导致的烧伤使人致命；低压触电事故中，可能因为窒息时间过长使人致命。在电流为数百毫安的情况下，电击致命的主要原因是引起心室纤维性颤动。室颤电流的大小除取决于电流持续时间、电流途径、电流种类等电气参数外，还取决于机体组织、心脏功能等个体特征。

室颤电流与电流持续时间有很大关系。室颤电流与电流持续时间之间的关系大致如图 1—32 所示。由图可知，当电流持续时间超过心脏跳动周期时，室颤电流约为 50 mA；当电流持续时间短于心脏跳动周期时，室颤电流约为 500 mA；当电流持续时间在 0.1 s 以下时，只有电击发生在心脏易损期，500 mA 以上乃至数安的电流才可能引起心室纤维性颤动。如果电流持续时间超过心脏跳动周期，可能导致心脏停止跳动。

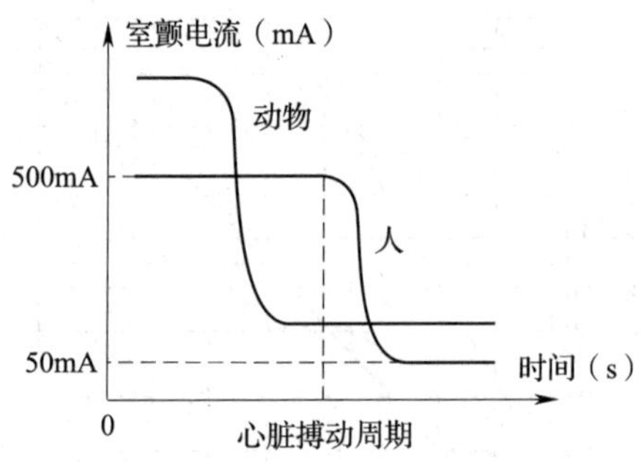

图 1—32　室颤电流曲线

对于从左手到双脚的电流途径，可按如图 1—33 所示划分电流对人体作用的带域。图中，a 线以左的 AC－1 区是无生理效应，没有感觉的带域；b 线上的电流不是摆脱电流，但与摆脱电流有一定的关系；a 线与 b 线之间的 AC－2 区是有感觉，但没有有害的生理效应的带域；b 线与 c1 线之间的 AC－3 区是没有机体损伤、不发生心室纤维性颤动，但可能引起肌肉收缩和呼吸困难，可能引起心脏组织和心脏脉冲传导障碍，还可能引起心房颤动以及转变为心脏停止跳动等可复性病理效应的带域；c1 线以右的 AC－4 区是除 AC－3 区各项效应外，还有心室纤维性颤动危险的带域。c1 线上（500 mA，100 ms）点发生心室纤维性颤动的概率为 0.14%；c2 线发生心室纤维性颤动的概率为 5%；c3 线发生心室纤维性颤动的概率为 50%。对于 AC－4 区内的电流大小和持续时间，还可能引起呼吸中止、心脏停止跳动、严重烧伤等病理效应。

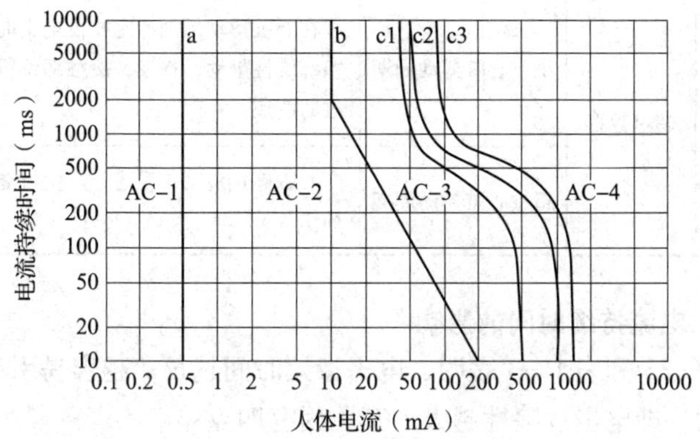

图 1—33　电流对人体作用带域划分图

工频电流作用于人体的生理效应也可参考表 1—3 确定，0 是没有感觉的范围；A1、A2、A3 是不引起心室纤维性颤动，不至于产生严重后果的范围；B1、B2 是容易产生严重后果的范围。

表 1—3　　工频电流作用于人体的生理效应

电流范围	电流/mA	电流持续时间	生理效应
0	0～0.5	连续通电	没有感觉
A1	0.5～5	连续通电	开始有感觉，手指手腕等处有麻感，没有痉挛，可以摆脱带电体
A2	5～30	数分钟以内	痉挛，不能摆脱带电体，呼吸困难，血压升高，是可以忍受的极限
A3	30～50	数秒至数分钟	心脏跳动不规律，昏迷，血压升高，强烈痉挛，时间过长即引起心室纤维性颤动
B1	50～数百	小于心脏搏动周期	受强烈刺激，但未发生心室纤维性颤动
		超过心脏搏动周期	昏迷，心室纤维性颤动，接触部位留有电流通过的痕迹

续表

电流范围	电流/mA	电流持续时间	生理效应
B2	超过数百	小于心脏搏动周期	在心脏搏动周期特定相位电击时，发生心室纤维性颤动，昏迷，接触部位留有电流通过的痕迹
		超过心脏搏动周期	心脏停止跳动，昏迷，产生可能致命的电灼伤

（2）电流持续时间的影响

图1—33和表1—3表明，电击持续时间越长，越容易引起心室纤维性颤动，即电击危险性越大。其原因有四点：

1）电流持续时间越长，积累的电能越多，可引起心室纤维性颤动的下限电流明显减小。

2）心脏搏动周期中，只有相应于心脏收缩与舒张之交0.1～0.2 s的T波（特别是T波的前半部，参见图1—30）对电流最敏感。心脏搏动的这一特定时间间隔即心脏易损期。电击持续时间延长，必然会重合心脏易损期，使电击危险性增大。

3）电击持续时间延长，人体电阻由于出汗、击穿、电解而下降，如接触电压不变，将导致通过人体的电流进一步增加，电击危险性增大。

4）电击持续时间越长时，中枢神经反射越强烈，电击危险性越大。

（3）电流途径的影响

人体在电流的作用下，没有绝对安全的途径。

心脏是最薄弱的环节。流过心脏电流越多且电流路线越短的途径是电击危险性越大的途径。

表1—4所列心脏电流因数可用于判断不同电流途径下发生心室纤维性颤动的危险性的大小。以左手至脚的电流途径为参照途径，其相应的心脏电流因数为1。由表1—4可知，左手至胸部途径的心脏电流因数为1.5，是最危险的途径。除表中所列各途径以外，头至手、头

至脚也是很危险的电流途径；左脚至右脚的电流途径也有相当大的危险，而且这条途径还可能使人站立不稳而导致电流通过全身，急剧增加电击的危险性。

表 1—4　　　　心脏电流因数

电流途径	心脏电流因数	电流途径	心脏电流因数
左手至脚	1.0	右手至背部	0.3
右手至脚	0.8	左手至胸部	1.5
左手至右手	0.4	右手至胸部	1.3
左手至背部	0.7	手至臀部	0.7

（4）电流种类的影响

不同种类的电流对人的危险程度不同，但各种电流都有致命的危险。

1）频率 100 Hz 以上交流电流的作用。感知电流、摆脱电流与频率的关系可按如图 1—34 所示确定：1、2、3 为感知电流曲线，相应的感知概率分别为 0.5%、50%、99.5%；4、5、6 为摆脱电流曲线，相应的不可摆脱概率分别为 0.5%、50%、99.5%。

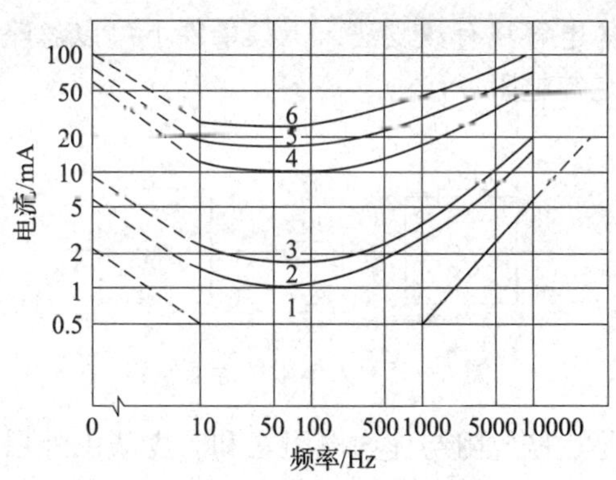

图 1—34　感知电流、摆脱电流频率曲线

2）直流电流的作用。直流电流对人体的刺激作用是与电流的变化特别是与电流的接通和断开联系在一起的。直流电流感知阈值

约为2 mA。300 mA 以下的直流电流没有确定的摆脱阈值；300 mA 以上的直流电流，将导致不能摆脱或数秒至数分钟以后才能摆脱带电体，并能使人昏迷。电流持续时间超过心脏搏动周期时，直流室颤电流为交流的数倍；电流持续时间 200 ms 以下时，直流室颤电流与交流大致相同。

3）冲击电流的作用。冲击电流是指作用时间 0.1 ~ 10 ms 的电流。冲击电流有感知界限、疼痛界限和室颤界限，没有摆脱界限。

（5）个体特征的影响

身体健康、肌肉发达者摆脱电流较大。室颤电流约与心脏质量成正比，体重大者的室颤电流一般也较大。患有心脏病、中枢神经系统疾病、肺病的人电击后的危险性较大。精神状态和心理因素对电击后果也有影响。女性的感知电流和摆脱电流约为男性的 2/3。儿童遭受电击后的危险性较大。

3. 人体阻抗

（1）人体阻抗组成

人体阻抗是由皮肤、血液、肌肉、细胞组织及其结合部所产生的，是含有电阻和电容的阻抗。人体阻抗的等值电路如图 1—35 所示，R_{S1} 和 R_{S2} 是皮肤电阻，C_{S1} 和 C_{S2} 是皮肤电容，R_I 及与其并联的虚线支路是体内阻抗。人体电容只有数皮法，工频条件下可以忽略不计，而将人体阻抗看当作是纯电阻。

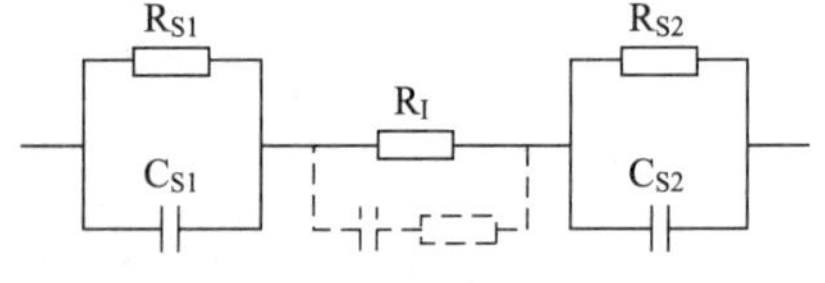

图 1—35　人体阻抗等值电路

人体电阻是皮肤电阻与体内电阻之和。皮肤由外层的表皮和表皮下面的真皮组成。表皮最外层的角质层是由鳞状死细胞紧密排列成的膜状物，厚度一般为 0.05 ~0.2 mm。在干燥和干净的状态下，角质层的电阻率可达 1×10^5 ~ 1×10^6 Ω · m，表皮电阻在数万欧以上，但表皮有很多微孔保持内外相通，而且容易受到机械破坏和电击穿，计算人体电阻时一般不予考虑。体内电阻约数百欧。

在通电瞬间，人体各部分电容由于尚未充电而相当于短路状态，此时的人体电阻近似等于体内电阻。

（2）人体电阻范围

在电流途径从左手到右手、大接触面积（50～100 cm^2）的条件下，人体总阻抗见表1—5。表1—5表明，在干燥条件下，当接触电压为100～220 V时，人体电阻为2 000～3 000 Ω。

表1—5　　人体总阻抗　　（Ω）

接触电压（V）	最低百分数					
	5%		50%		95%	
	干燥条件	湿润条件	干燥条件	湿润条件	干燥条件	湿润条件
25	1 750	1 175	3 250	2 175	6 100	4 100
50	1 375	1 100	2 500	2 000	4 600	3 675
75	1 125	1 025	2 000	1 825	3 600	3 275
100	990	975	1 725	1 675	3 125	2 950
125	900	900	1 550	1 550	2 675	2 675
150	850	850	1 400	1 400	2 350	2 350
175	825	825	1 325	1 325	2 175	2 175
200	800	800	1 275	1 275	2 050	2 050
225	775	775	1 225	1 225	1 900	1 900
400	700	700	950	950	1 275	1 275
500	625	625	850	850	1 150	1 150
700	575	575	775	775	1 050	1 050
1 000	575	575	775	775	1 050	1 050
渐近值	575	575	775	775	1 050	1 050

（3）人体电阻影响因素

表1—5表明，随着接触电压升高，人体电阻急剧降低。原因之一是角质层和表皮被击穿，人体电阻下降。角质层的击穿强度只有500～

2 000 V/m，数十伏的电压即可击穿。原因之二是随着电流增加，皮肤局部发热增加，排汗增多，使人体电阻下降。接触电压较高时，人体电阻随电压的变化逐渐减小，并趋于一个下限值，这个下限值接近体内电阻。

皮肤状态对人体电阻的影响很大。如皮肤长时间湿润，则角质层变得松软而饱含水分，皮肤电阻几乎完全消失。大量出汗后，人体电阻明显降低。金属粉、煤粉等导电性物质污染皮肤乃至渗入汗腺，会大大降低人体电阻。角质层或表皮破损，也会明显降低人体电阻。

电流持续时间延长，人体电阻由于出汗等原因而下降。在20～30 V电压下的试验表明，电流持续1～2 min后，人体电阻下降10%～20%。

接触面积增大、接触压力增大、温度升高时，人体电阻也会降低。

此外，人体电阻也与个体特征有关。

四、触电事故分析

为了防止触电事故的再次发生，必须认真进行触电事故调查工作，找出触电事故发生的规律。对于任何触电事故，包括未遂事故在内，均应仔细调查。调查工作应在事故发生后立即进行。应及时在事故报告中清楚记录发生事故的时间、地点，发生事故的设备情况（包括设备名称、型号、规格以及事故前和事故后的状态），生产环境、周围空间和地面等关联情况，特别是事故发生的详细经过，包括触电人在触电前、触电时、触电后的情况，触电部位，伤势和救护过程等，均应记录清楚。事故报告未填写完毕以前，应保护事故现场，除移去受害人之外，不得做任何变动。

触电事故往往发生得很突然，而且会在极短的时间内造成极为严重的后果。但触电事故的发生是有一定规律的，根据对触电事故的分析，从发生率上看，可以发现触电事故的发生有以下规律：

1．错误操作和违章作业造成的触电事故多，其主要原因是安全教育不够、安全制度不严和安全措施不完善，一些人缺乏足够的安全意识。例如，非专业电工擅自进行电气作业就容易造成触电事故。

2. 中青年工人、非专业电工、合同工和临时工触电事故多，其主要原因是这些人作为主要操作者，经常接触电气设备，但这些人有的经验不足，有的缺乏用电安全知识，有的责任心不够强，以致触电事故较多。

3. 低压设备触电事故多，其主要原因是低压设备远远多于高压设备，与之接触的人比与高压设备接触的人多得多，而且多数是缺乏电气安全知识的非专业人员。应当注意，近几年来高压触电事故有增加的趋势，在专业电工中，高压触电事故比低压触电事故多。

4. 移动式设备和临时性设备触电事故多，其主要原因是这些设备是在人的紧握之下运行的，不但接触电阻小，而且一旦触电就难以摆脱电源；同时，这些设备需要经常移动，工作条件差，设备和电源线都容易发生故障或损坏；此外，其中一些单相设备的 PE 线与 N 线容易接错，造成触电事故。

5. 电气连接部位触电事故多。很多触电事故发生在接线端子、缠接接头、压接接头、焊接接头、电缆头、灯座、插头、插座等电气连接部位，主要是由于这些连接部位机械牢固性较差、接触电阻较大、绝缘强度较低。

6. 每年 6—9 月触电事故多。统计资料表明，每年二、三季度事故多，特别是 6—9 月，事故最为集中。主要原因是这段时间天气炎热、人体衣单而多汗，触电危险性较大；而且这段时间多雨、潮湿，地面导电性增强、电气设备的绝缘电阻降低，容易构成电流回路；此外，这段时间在大部分农村是农忙季节，农村用电量增加，触电事故增多。

7. 潮湿、高温、混乱、多移动式设备、多金属设备环境中的事故多，例如，冶金、矿业、建筑、机械等行业存在这些不安全因素，造成触电事故较多。

8. 农村触电事故多。部分省市统计资料表明，农村触电事故约为城市的 3 倍，主要原因是农村设备条件较差、技术水平较低和安全知识不足。

应当注意，很多触电事故都不是单一原因而是多重原因造成的。

触电事故的规律不是一成不变的，在一定的条件下，触电事故的规律也会发生一定的变化。例如，低压触电事故多于高压触电事故这一规律在一般情况下是成立的，但对于专业电气工作人员来说，情况往往是相反的。又如，在低压系统推广了漏电保护装置以后，低压触电事故大大减少，使得低压触电事故与高压触电事故的比例发生了一些变化。

第 2 章　电工通用安全技术

本章除包含绝缘、屏护和间距，接地和接零，双重绝缘、安全电压和漏电保护等电工通用安全技术外，还列出了相关联的电工安全用具、安全标识、电工工具、移动电气设备、电工仪表的内容。

第 1 节　绝缘、屏护和间距

一、绝缘

绝缘指用绝缘材料把带电体封闭起来。良好的绝缘是保证电气设备和线路正常运行的必要条件，也是防止人员触及带电体的安全保障，是防止直接接触电击的技术措施。电气设备的绝缘应符合其相应的电压等级、环境条件和使用条件。

1. 绝缘材料

（1）绝缘材料种类

电工绝缘材料是指体积电阻率 $10^7\ \Omega\cdot m$ 以上的材料。电工绝缘材料分为以下三类。

1）固体绝缘材料。包括瓷、玻璃、云母、石棉等无机绝缘材料，橡胶、塑料、纤维制品等有机绝缘材料，玻璃漆布等复合绝缘材料。

2）液体绝缘材料。包括矿物油、硅油等液体。

3）气体绝缘材料。包括六氟化硫、氮气等气体。

（2）绝缘材料性能

绝缘材料有电性能、热性能、机械性能、化学性能、吸潮性能、抗生物性能等多项性能指标。

1）电性能。绝缘材料的电性能主要指电阻率、介电常数、绝缘电阻、耐压强度、泄漏电流和介质损耗。

绝缘材料的等值电路见图 2—1a，i_L为漏导电流，i_A为极化电流，i_C为位移电流。

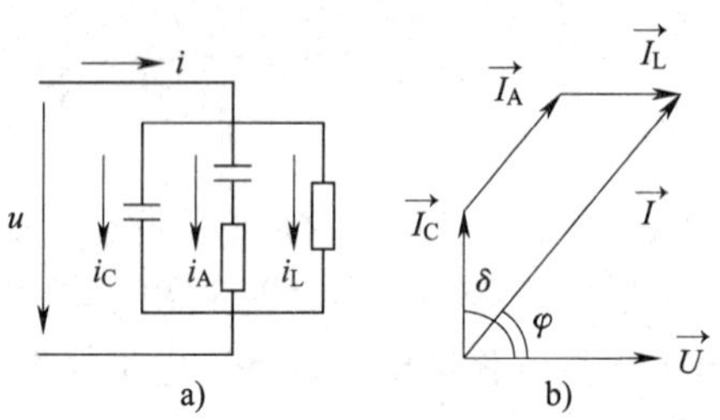

图 2—1　绝缘材料等值电路和矢量图

a）等值电路　b）矢量图

电阻率是相应于漏导电流，也就是稳定直流状态下材料所表现的电阻率。固体绝缘材料的漏导电流有两条途径：体积途径和表面途径。与前者对应的是体积电阻率，单位是 Ω · m；与后者对应的是表面电阻率，单位是 Ω。

介电常数是表示绝缘材料极化特征的性能参数。介电常数越大，表明绝缘材料的极化能力越强，极化时产生的束缚电荷越多，极化过程越慢。

绝缘电阻相当于漏导电流遇到的电阻，是直流电阻，是判断绝缘材料质量最基本、最简易的指标。耐压强度是绝缘材料承受过电压的能力，用电场强度或标准试验装置的试验电压表示。泄漏电流分直流泄漏电流和交流泄漏电流，前者就是漏导电流，后者是漏导电流、极化电流、位移电流的矢量和。绝缘材料带有硬伤、脆裂等缺陷时泄漏电流会明显增大。介质损耗是图 2—1b 中介质损耗角 δ 的正切值 $\tan\delta$，绝缘材料受潮后介质损耗明显增大。

2）机械性能。绝缘材料的机械性能指强度、弹性等性能。随着使用时间的延长，机械性能将逐渐降低。

3）热性能。绝缘材料的热性能包括耐热性能、耐弧性能、阻燃性能、软化温度和黏度。

绝缘材料的耐热性能用允许工作温度来衡量。按照耐热性能，绝缘材料的分级见表2—1。

表2—1　　绝缘材料分级

级别	允许工作温度（℃）	材料举例
Y	90	纸板、有机填料、塑料、木材、棉花及其纺织品
A	105	层压布板、沥青漆、漆布、漆包线的绝缘、浸渍过的Y级绝缘材料
E	120	玻璃布、油性树脂漆、耐热漆包线的绝缘
B	130	高强度漆包线的绝缘、石棉纤维、玻璃纤维、聚酯漆、聚酯薄膜
F	155	云母制品、石棉、玻璃漆布、复合硅有机树脂漆
H	180	玻璃漆布、硅有机弹性体、石棉布、补强的云母
C	>180	电瓷、石英、玻璃

绝缘材料的耐弧性能指接触电弧时表面抗炭化的能力。无机绝缘材料的耐弧性能优于有机绝缘材料的耐弧性能。

绝缘材料的阻燃性能用氧指数评定。氧指数是在规定的条件下，材料在氧、氮混合气体中恰好能保持燃烧状态所需要的最低氧浓度，用百分数表示。氧指数21%以下的材料为可燃性材料，氧指数为21%~27%的为自熄性材料，氧指数为27%以上的为阻燃性材料。阻燃性材料应能保证短路电弧熄灭后或外部火源熄灭后不再继续燃烧，而且在一定的火焰温度（750~800℃）下，经过一定的时间（如1.5~2 h），最里面的绝缘层仍有足够的绝缘能力维持通电。阻燃性绝缘材料可以抑制火灾的蔓延，具有减缓、终止有焰燃烧和抑制无焰燃烧的作用。

软化温度是指固体绝缘材料在较高温度下维持不变形的能力。

黏度指液体绝缘材料的流动性。例如，10号变压器油在-10℃时流动性变坏，只能用于环境温度-10℃以上的场合。

4）吸潮性能。吸潮性能包括吸水性能和亲水性能。木材属于吸水性材料，而玻璃属于非吸水性材料。玻璃表面能凝结水膜，属于亲水性材料；而蜡和聚四氟乙烯表面不能凝结水膜，属于非亲水性材料。

5）抗生物性能。抗生物性能指材料抵御霉菌等生物性破坏的能力。

2. 绝缘破坏

绝缘材料受到电气、高温、潮湿、机械、化学、生物等因素的作用时均可能遭到破坏，破坏方式有以下三种。

（1）绝缘击穿

当施加于绝缘材料上的电场强度高于临界值时，绝缘材料发生破裂或分解，电流急剧增加，材料完全失去绝缘性能，这种现象就是绝缘击穿。发生击穿时的电压称为击穿电压，击穿时的电场强度称为击穿强度。

气体绝缘击穿是由碰撞电离导致的电击穿。气体击穿后绝缘性能会很快恢复。气体的平均击穿强度随着电场不均匀程度的增加而下降。

液体绝缘的击穿特性与其纯净程度有关。纯净液体的击穿也是由碰撞电离导致的电击穿。液体的密度大，电子自由行程短，积聚能量的难度大，因此击穿强度比气体高。工程上液体绝缘材料不可避免地含有各种杂质，杂质在电场作用下极化，并在电极间连成“小桥”。“小桥”引起电导剧增，使局部温度骤升，最后导致热击穿。为保证绝缘质量，液体绝缘使用前需经过纯化、脱水、脱气处理，使用中也应避免这些杂质的侵入。液体绝缘的击穿强度除受杂质影响外，还受湿度、电压作用时间、电场均匀程度等因素的影响。液体绝缘击穿后，绝缘性能只能在一定程度上得到恢复。

固体绝缘的击穿有电击穿、热击穿、电化学击穿、放电击穿等形式。电击穿也是碰撞电离导致的击穿，其特点是作用时间短、击穿电压高。热击穿是固体绝缘温度上升，局部熔化、烧焦或烧裂导致的击穿，其特点是电压作用时间较长，而击穿电压较低。电化学击穿是由于电离、发热和化学反应等因素综合作用造成的击穿，其特点是电压作用时间很长，击穿电压往往很低。放电击穿是固体绝缘在强电场作用下，内部气泡首先发生碰撞电离而放电，继而加热其他杂质，使之汽化形成气泡，由气泡放电进一步发展导致的击穿。除上述击穿形式外，还可能沿绝缘固体与气体分界面发生的沿面放电。当沿面放电发展到另一电极时称为闪络。固体绝缘的击穿受电压作用时间、电场均匀程度、湿度、电极几何形状、周围媒质特征、电压种类等多种因素的影响。固体绝缘击穿后将失去其原有性能。

（2）绝缘老化

老化指绝缘材料在使用过程中受到热、电、光、氧、机械力、微生物等因素的长期作用，发生一系列不可逆的物理化学变化，导致电气性能和机械性能劣化。

（3）绝缘损坏

损坏是指绝缘材料受到外界腐蚀性液体、气体、蒸气、潮气、粉尘的污染和侵蚀，或受到外界热源、机械力、生物因素的作用，失去电气性能或机械性能的现象。

3. 绝缘检测

绝缘检测包括绝缘试验和外观检查。绝缘试验包括绝缘电阻试验、耐压强度试验、泄漏电流试验和介质损耗试验。现场只进行绝缘电阻试验。

绝缘电阻试验包括绝缘电阻测量和吸收比测量。绝缘电阻和吸收比都用兆欧表测量。绝缘电阻测量见本章第5节。吸收比是从开始测量起，第60 s的绝缘电阻与第15 s的绝缘电阻的比值。绝缘材料受潮后，图2—1所示等值电路中的电阻减小，泄漏电流增大，充电过程加快，吸收比接近于1；绝缘材料干燥时，泄漏电流小，充电过程慢，吸收比在1.3以上。低压设备不做吸收比测量。

外观检查主要是绝缘机构物理性能的检查，包括是否受潮，表面有无粉尘、纤维或其他污物，有无裂纹或放电痕迹，表面光泽是否减退，有无脆裂、破损，弹性是否消失，运行时有无异味等。

二、屏护和间距

1. 屏护

屏护是采用护罩、护盖、栅栏、箱体、遮栏等将带电体同外界隔绝开来。屏护包括既能防止无意识触及，也能防止有意识触及或过分接近带电体的屏蔽和只能防止无意识触及或过分接近带电体，而不能防止有意识移开或越过该障碍触及或过分接近带电体的障碍。

屏护的作用是防止触电（防止触及或过分接近带电体）、防止短路及短路火灾、防止设备被机械破坏以及便于安全操作。

屏护装置有永久性屏护装置，如配电装置的遮栏、开关的罩盖等，也有临时性屏护装置，如检修工作中使用的临时遮栏。屏护装置有固定式屏护装置，如母线的护网；也有移动式屏护装置，如跟随起重机移动的滑触线护栏。

开关电器的可动部分一般不能包以绝缘，而需要屏护。带电部分裸露的电气设备和某些线路也需要加以屏护。对于高压设备，由于接近到一定程度时即会发生触电事故，不论设备是否有绝缘，均应采取屏护或其他防止接近的措施。

固定式屏护装置所用材料应有足够的机械强度和良好的耐燃性能。网眼屏护装置的网眼不应大于20 mm×20 mm。

屏护装置必须符合以下安全条件：

（1）有足够的尺寸。遮栏高度应不小于1.7 m，下部边缘离地面高度应不大于0.1 m。户内栅栏高度应不小于1.2 m；户外栅栏高度应不小于1.5 m。

（2）有足够的安装距离。对于低压设备，遮栏与裸导体的距离不应小于0.8 m，栏条间距离不应大于0.2 m，而网眼遮栏与裸导体之间的距离应不小于0.15 m。

（3）凡用金属材料制成的屏护装置，为了防止屏护装置意外带电造成触电事故，必须接地（或接零）。

（4）遮栏、栅栏等屏护装置上应根据被屏护对象，挂上“止步！高压危险！”“禁止攀登！”等标示牌。

（5）遮栏出入口的门上应根据需要安装信号装置和联锁装置。前者一般用灯光或仪表指示有电；后者采用专门装置，当人体将要越过屏护装置时，带电设备被屏护装置自动断电。屏护装置上锁，钥匙应有专人保管。

2. 间距

间距是将可能触及的带电体置于可能触及的范围之外，其作用与屏护的作用基本相同。带电体与地面之间、带电体与树木之间、带电体与其他设施和设备之间、带电体与带电体之间均需保持一定的安全距离。安全距离的大小决定于电压高低、设备类型、环境条件和安装方式等因素。架空线路的间距则必须考虑气温、风力、覆冰及环境条件的影响。

室内低压配电装置带电体与其他带电体或接地体之间的最小距离：带电体与其接地部分之间以及不同相带电体之间为 20 mm，带电体与栅栏之间为 800 mm，带电体与网状遮栏之间为 100 mm，带电体与板状遮栏之间为 50 mm，无遮栏裸导体与地（楼）面之间为2 500 mm，不同时停电检修的无遮栏裸导体之间为1 875 mm，出线套管与室外通道路面之间为3 650 mm。

室外低压配电装置带电体与其他带电体或接地体之间的最小距离：带电体与其接地部分之间以及不同相带电体之间为 75 mm，带电体与栅栏之间为 825 mm，带电体与网状遮栏之间为 175 mm，无遮栏裸导体与地面之间为2 500 mm，不同时停电检修的无遮栏裸导体之间为 2 000 mm。

低压配电装置正面通道的宽度，单列布置时一般应不小于 1. 5 m；双列布置时一般应不小于 2 m。低压配电装置背面通道应符合以下要求：

（1）通道宽度一般应不小于 1 m，实行有困难时可减为 0. 8 m。

（2）通道内低于 2. 3 m 的无遮栏裸导体与对面墙或设备的距离应不小于 1 m，与对面其他裸导体的距离应不小于 1. 5 m。

（3）通道上方裸导体低于 2. 3 m 时应加遮栏，加遮栏后通道高度应不小于 1. 9 m。

车间低压配电箱底口距地面高度，暗装的可取 1. 4 m，明装的可取 1. 2 m。明装电度表板底口距地面高度可取 1. 8 m。

常用开关设备的安装高度为 1. 3 ~ 1. 5 m，为了便于操作，开关手柄与建筑物之间应保持 150 mm 的距离。墙用平开关离地面高度可取 1. 2 ~ 1. 4 m。拉线开关离地面高度可取 2 ~ 3 m。明装插座离地面高度可取 1. 3 ~ 1. 8 m，暗装的可取 0. 2 ~ 0. 3 m。

在低压作业中，人体及其所携带工具与带电体的距离应不小于 0. 1 m。

在架空线路进行起重工作时，起重机具（包括被吊物）与线路导线之间的最小距离可参考表 2—2 所列数值。

表 2—2　　起重机具与线路导线之间的最小距离

线路电压（kV）	≤1	10	35
最小距离（m）	1.5	2	4

第 2 节　接地和接零

一、接地保护

接地保护和接零保护都是防止间接接触电击的基本技术措施，这两种技术措施还与低压系统的防火性能有关。

接地分为正常接地和故障接地。正常接地又分为工作接地和安全接地。工作接地指正常情况下有电流流过，利用大地作为电流回路的接地，以及正常情况下没有电流流过，用以维持系统电位稳定的接地。安全接地是正常情况下没有电流流过的起防止事故作用的接地，如防止触电的保护接地、防雷接地等。故障接地是指带电体与大地之间的意外连接，如对地短路等。

1. IT 系统

IT 系统即保护接地系统。

（1）IT 系统安全原理

如图 2—2 所示是在不接地配电网中，有一相碰接外壳时的示意图。图中，R 是各相对地绝缘电阻，为 MΩ 级电阻；C 是各相对地分布电容，范围为 0.006 ~ 0.06 μF/km。

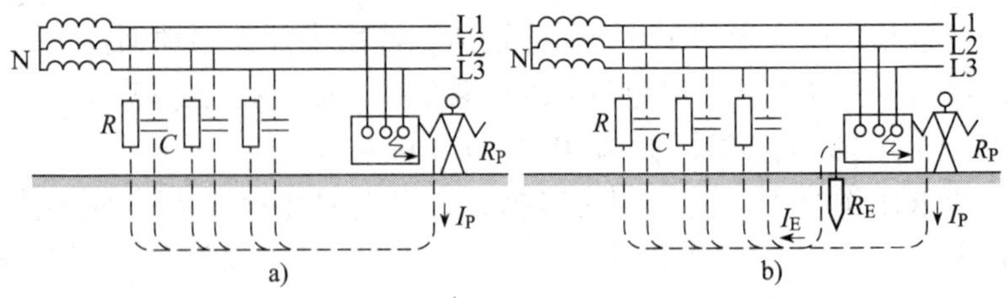

图 2—2　IT 系统原理

a）无接地　b）有接地

在各相对地分布电容较大、对地绝缘电阻较高的情况下，可求得无接地时和有接地时的人体电压分别为

$$U_{P}=\frac{3\omega R_{P}CU}{\sqrt{9\omega^{2}R_{P}^{2}C^{2}+1}} \quad 和 \quad U_{PE}=\frac{3\omega R_{E}CU}{\sqrt{9\omega^{2}R_{E}^{2}C^{2}+1}}\approx 3UR_{E}\omega C$$

如配电网各相对地电压 U 为 220 V，各相对地绝缘电阻 R 可视为无限大，各相对地电容 C 均为 0.55 μF，人体电阻 R_P 为2 000 Ω，在无接地情况下可按上式求得人体电压 $U_P=158.3$ V，说明尽管流过人体的电流经过绝缘阻抗构成回路，但在线路较长的低压配电网中，单相电击的危险性依然存在。

在设备有接地的情况下，由于 $R_E \ll R_P$，结果将大不一样。在上面给定数据的条件下，如 $R_E=4$ Ω，则人体电压 $U_{PE}=4.6$ V，危险性基本消除。

上面这种将在故障情况下可能呈现危险对地电压的金属部分经接地线、接地体同大地连接起来，从而把故障电压限制在安全范围以内的做法就是保护接地，这种系统就是 IT 系统。字母 I 表示配电网不接地或经高阻抗接地，字母 T 表示电气设备外壳直接接地。

应当指出，只有在不接地配电网中，由于其对地绝缘阻抗较高，单相接地电流较小，才有可能通过保护接地把漏电设备的故障对地电压限制在安全范围之内。

（2）保护接地适用范围

保护接地适用于各种不接地配电网，在这类配电网中，凡由于绝缘损坏或其他原因而可能呈现危险电压的金属部位，除另有规定外，均应接地。具体包括：

1）电动机、变压器、电器、携带式或移动式用电器具的金属底座和外壳。

2）电气设备的传动装置。

3）室内外配电装置的金属部位，钢筋混凝土构架的钢筋以及靠近带电部分的金属遮栏和金属门。

4）配电、控制、保护用的屏（柜、箱）及操作台等的金属框架和底座。

5）交、直流电力电缆的金属接头盒，终端头的金属外壳和电缆的

金属护层，可触及的金属保护管和穿线的钢管。

6）电缆桥架、支架和井架。

7）装有避雷线的电力线路杆塔。

8）装在配电线路杆上的电力设备。

9）在非沥青地面的居民区内，无避雷线的小接地短路电流架空电力线路的金属杆塔和钢筋混凝土杆塔。

10）电除尘器的构架。

11）封闭母线的外壳及其他裸露的金属部位。

12）六氟化硫封闭式组合电器和箱式变电站的金属箱体。

13）电热设备的金属外壳。

14）控制电缆的金属护层。

电气设备的下列金属部分，除另有规定外，可不接地。

1）在木质、沥青等导电不良地面或无裸露接地导体的干燥房间内，交流额定电压380 V及以下、直流额定电压440 V及以下的电气设备的金属外壳可不接地，但当有可能同时触及上述电气设备外壳和已接地的其他物体时，则仍应接地。

2）在干燥场所，交流额定电压127 V及以下、直流额定电压110 V及以下的电气设备的外壳。

3）安装在配电屏、控制屏和配电装置上的电气测量仪表、继电器和其他低压电器等的外壳，以及当发生绝缘损坏时不会在支持物上引起危险电压的绝缘子的金属底座等。

4）安装在已接地金属框架上的设备，如穿墙套管等（但应保证设备底座与金属框架接触良好）。

5）额定电压220 V及以下的蓄电池室内的金属支架。

6）由发电厂、变电所和工业、企业区域内引出的铁路轨道。

7）与已接地的机床、机座之间有可靠电气接触的电动机和电器的外壳。

此外，木结构或木杆塔上方的电气设备的金属外壳一般不接地。

（3）保护接地电阻值

1）低压设备接地电阻。在380 V不接地低压系统中，单相接地电流较小，为使设备漏电时外壳对地电压不超过安全范围，一般要求保

护接地电阻 $R_E \leqslant 4\ \Omega$。

当配电变压器或发电机的容量不超过 100 kV · A 时，由于配电网分布范围很小，单相故障接地电流更小，可以放宽对接地电阻的要求，取 $R_E \leqslant 10\ \Omega$。

2）高压设备接地电阻。在小接地短路电流系统中，如果高压设备与低压设备共用接地装置，要求设备对地电压不超过 120 V，其接地电阻为

$$R_E \leqslant \frac{120}{I_E} \leqslant 10\ \Omega$$

如果高压设备单独装设接地装置，设备对地电压可放宽至 250 V，其接地电阻为

$$R_E \leqslant \frac{250}{I_E} \leqslant 10\ \Omega$$

以上两个式子中的 I_E 为配电网的单相接地电流。

如采用网络接地，发生单相接地时，应保证接触电压和跨步电压不超过 50 V。

在 IT 系统中，除接地电阻应符合要求外，还应采取等电位连接、对地绝缘监视、过电压防护等安全措施。

为了抑制可能的过电压，可在不接地配电网的电源中性点或人为中性点与大地之间接入一个阻抗值为 5 ~6 倍相电压电压值的阻抗。

2. TT 系统

我国绝大多数企业的低压配电网都采用如图 2—3 中所示星形接法的低压中性点直接接地的三相四线配电网。这不仅是因为这种配电网能提供一组线电压和一组相电压，便于动力和照明由同一台变压器供电，而且还在于这种配电网具有过电压防护性能较好、发生一相故障接地时单相电击的危险性较小、故障接地点比较容易检测等优点。中性点引出的 N 线称为中性线。由于 N 线的作用是与任一相线一起提供 220 V 的工作电压，而且是与零电位大地连起来的，因而 N 线也称为工作零线，中性点的接地称为工作接地。

接地的配电网中发生单相电击时，人体承受的电压接近于相电压。也就是说，在接地的配电网中，单相电击的危险性大于不接地配电网中单相电击的危险性。

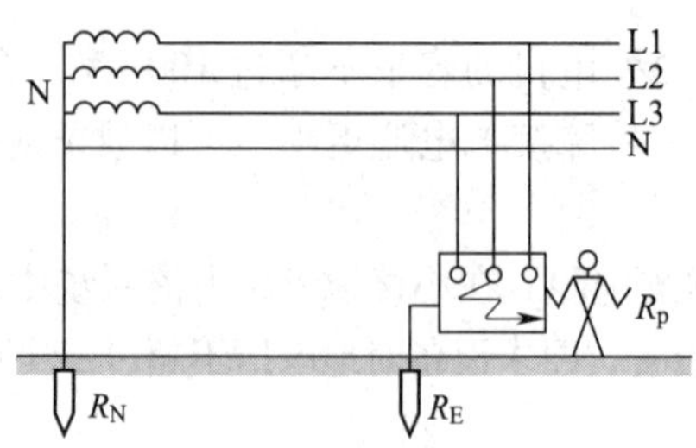

图 2—3　TT 系统

如图 2—3 所示为设备外壳采取接地措施时的情况。这种做法类似不接地配电网中的保护接地，但由于电源中性点是直接接地的，而与 IT 系统有很大区别。这种配电防护系统称为 TT 系统，第一个字母 T 表示电源是直接接地的。这时若有一相漏电，则故障电流主要经接地电阻 R_E和工作接地电阻 R_N构成回路，一般情况下，R_N、$R_E \ll R_P$，漏电设备对地电压即人体电压近似为

$$U_P \approx \frac{R_E}{R_E + R_N}U$$

这一电压与没有接地时接近相电压的对地电压比较，确已明显降低，但由于 R_E和 R_N在同一个数量级，漏电设备对地电压不能降低到安全范围以内。另外，由于 R_E和 R_N都是欧姆级的电阻，故障电流 I_E不可能太大，一般的短路保护装置不起作用，不能及时切断电源，使故障长时间延续下去。

因此，只有在采取其他防止间接接触电击措施有困难的情况下才考虑采用 TT 系统。

采用 TT 系统时，应当保证在故障允许持续时间内漏电设备的故障对地电压不超过某一限值。为此，应在 TT 系统中装设能自动切断漏电设备的剩余电流保护装置（漏电保护装置）或具有同等功能的过电流保护装置，并优先采用前者。

TT 系统主要用于低压共用用户，即用于未装备配电变压器，从外面直接引进低压电源的小型用户。

二、接零保护

1. 保护接零系统安全原理和类别

保护接零系统就是 TN 系统，字母 N 表示在正常情况下电气设备不带电的金属部分与配电网中性点（N 点）之间的金属性连接，亦即与配电网保护零线（保护导体）之间的直接连接。

在 TN 系统中，应当区别工作零线与保护零线，前者即中性线，用 N 表示；后者即保护导体，用 PE 表示。如果一条线既是工作零线又是保护零线，则用 PEN 表示。

保护接零系统的原理如图 2—4 所示，当某相带电体碰连设备外壳（外露导电部分）时，通过设备外壳形成该相对保护零线的单相短路，短路电流促使线路上的短路保护元件迅速动作，从而将故障部分断开电源，消除电击危险。此外，保护接零也能在一定程度上降低漏电设备的对地电压。

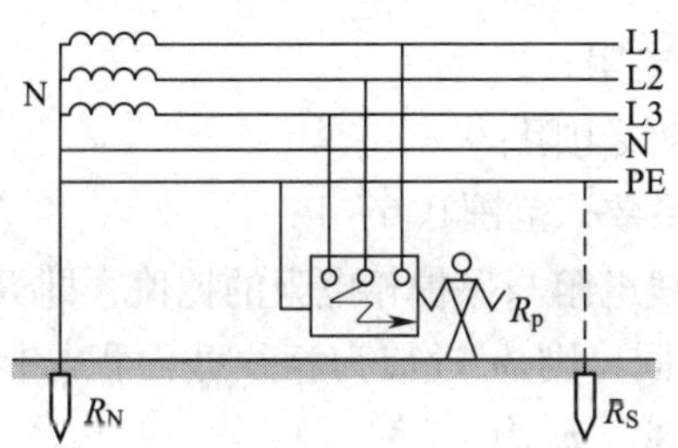

图 2—4　TN 系统原理

TN 系统分为 TN - S、TN - C - S、TN - C 三种系统。如图 2—5 所

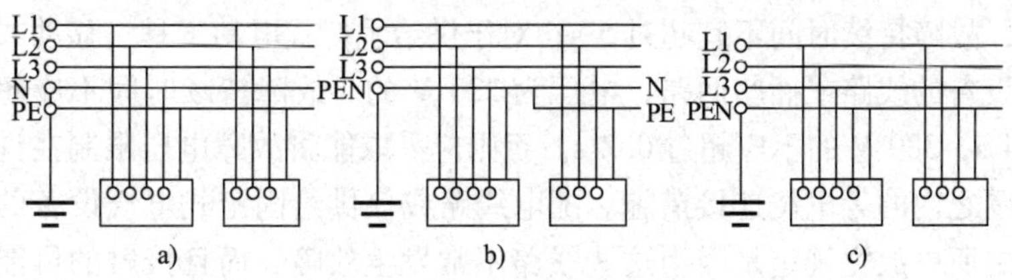

图 2—5　TN 系统分类

a）TN - S 系统　b）TN - C - S 系统　c）TN - C 系统

示，TN－S 系统是保护零线与工作零线完全分开的系统；TN－C－S 系统是干线部分前一段保护零线与工作零线共用，后一段保护零线与工作零线分开的系统；TN－C 系统是干线部分保护零线与工作零线完全共用的系统。

2. TN 系统速断和限压要求

除速断保护作用外，保护接零也能降低漏电设备对地电压。在相—零线短路情况下，漏电设备对地电压 U_E为短路电流在保护零线上产生的电压降，即

$$U_E = I_{SS} Z_{PE}$$

如线路截面积较小，保护零线与相线紧邻敷设，对地电压可按下式简化计算

$$U_E = CU \frac{R_{PE}}{R_L + R_{PE}} = CU \frac{m}{1 + m}$$

式中 R_L——相线电阻；

R_{PE}——保护线电阻；

C——计算系数，范围 0.6～1；

m——保护线电阻与保护相电阻的比值，即 R_{PE}/R_L。

如导体材质相同，则 m 近似为相线截面积与保护线截面积之比。对于电缆和绝缘导线，m 为 1～3。

应当指出，在这里欲将漏电设备对地电压 U_E限制在某一安全范围内是困难的。

在保护接零系统中，对于配电线路或仅供给固定式电气设备的线路，故障持续时间不宜超过 5 s；对于供给手持式电动工具、移动式电气设备的线路或插座回路，电压为 220 V 的，故障持续时间不应超过 0.4 s，380 V 的不应超过 0.2 s。否则应采取能将故障电压限制在许可范围之内的等电位连接措施。配电线路或仅供给固定式电气设备的线路之所以放宽规定是因为这些线路不常发生故障，而且接触的可能性较小，即使触电也比较容易摆脱。为了实现以上要求，可以采用一般过电流保护装置或剩余电流保护装置。

3. 保护接零应用范围

保护接零用于中性点直接接地的 0.23/0.4 kV 三相四线配电网。在保护接零系统中，凡因绝缘损坏而可能呈现危险对地电压的金属部分均应接零。要求接零和不要求接零的设备和部位与保护接地的要求大致相同。

TN－S 系统可用于有爆炸危险或火灾危险性较大，安全要求较高的场所，宜用于有独立附设变电站的车间。TN－C－S 系统宜用于厂内设有总变电站，厂内低压配电的场所及民用楼房。TN－C 系统可用于无爆炸危险、火灾危险性不大、用电设备较少、用电线路简单且安全条件较好的场所。

在接地的三相四线配电网中，应当采取接零保护，但在现实中往往会发现如图 2—6 所示的接零系统中个别设备只有接地、没有接零的情况，即在 TN 系统中个别设备构成 TT 系统的情况，这种情况是不安全的。在这种情况下，当接地的设备漏电时，该设备和保护零线（含所有接零设备）对地电压分别为

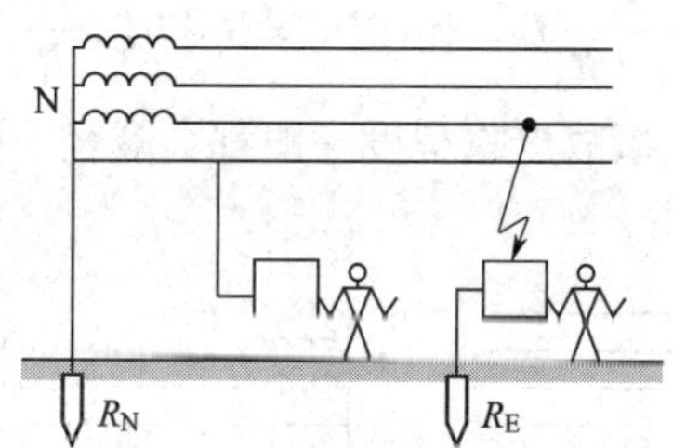

图 2—6　TT 与 TN 的混合系统

$$U_E = \frac{R_E}{R_N + R_E}U \quad 和 \quad U_N = U - U_E = \frac{R_N}{R_N + R_E}U$$

其中，R_E是该设备的接地电阻，R_N是工作接地与零线上所有接地电阻的并联值。由于这时的故障电流不太大，往往不能促使短路保护元件动作以切断电源，危险状态将在大范围内持续存在。因此，除非接地的设备装有快速切断故障的自动保护装置（如漏电保护装置），不得在 TN 系统中混用 TT 方式。

如果将接地设备的外露金属部分再同保护零线连接起来，构成TN系统，其接地则成为下面将要介绍的重复接地，对安全是有益无害的。

4. 重复接地

重复接地指PE线或PEN线上除工作接地以外其他点的再次接地，例如图2—4中的R_S即重复接地。

（1）重复接地的作用

1）减轻零线断开或接触不良时的电击危险性。在接零系统中，PE线和PEN线断开或接触不良是很危险的。如图2—7所示是TN－C系统PEN线断开且有设备漏电的情况。图2—7a没有重复接地，故障电流主要经过触及接零设备的人b、c和工作接地电阻构成回路。因为人体电阻比工作接地电阻R_N大得多，所以在断开处以后，人体几乎承受全部相电压。如图2—7b所示断开点后有重复接地R_S。这时，较大的故障电流经过R_S和R_N构成回路。在断开处以后和断开处以前，设备对地电压分别为

$$U_E = \frac{R_S}{R_N + R_S}U \quad 和 \quad U_N = U - U_E = \frac{R_N}{R_N + R_S}U$$

两者都小于相电压，事故严重程度一般都会减轻一些。

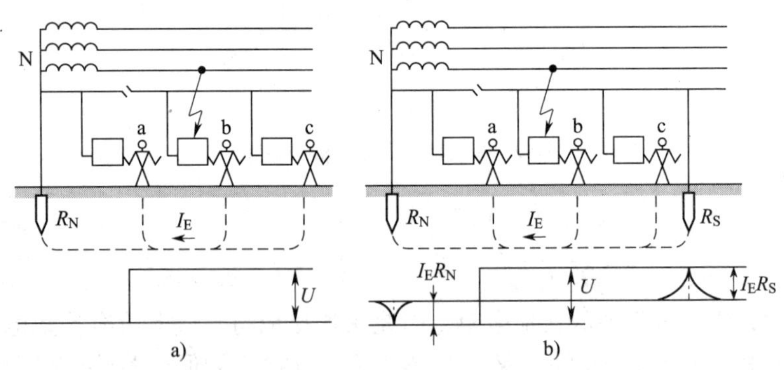

图2—7　零线断开与设备漏电

a）无重复接地　b）有重复接地

在 TN－C 系统中，如果 PEN 线断开，即使没有设备漏电，三相负荷不平衡也会给人身安全造成很大的威胁。如图 2—8a 所示，在两相停止用电，仅有一相用电的情况下，如果零线断开，电流经过该相负荷、人体、工作接地构成回路。因为人体电阻较大，所以承受了大部分电压，造成触电危险。如果像图 2—8b 那样，零线或设备上装有重复接地，则设备对地电压即为重复接地电阻上的电压降。由于 R_S 与负载电阻及 R_N 相比都不会太大，所以其上电压降只是电源相电压的一部分，从而减轻或消除了触电的危险性。例如，假定该相负荷为 1 kW，其电阻 $R_L=48.4\ \Omega$，再假定 $R_N=4\ \Omega$，$R_S=10\ \Omega$，可求得对地电压为

$$U_E=I_ER_S=\frac{R_S}{R_N+R_L+R_S}U=\frac{10}{4+48.4+10}\times220\approx35\ \text{V}$$

这个电压对人来说是没有太大危险的。

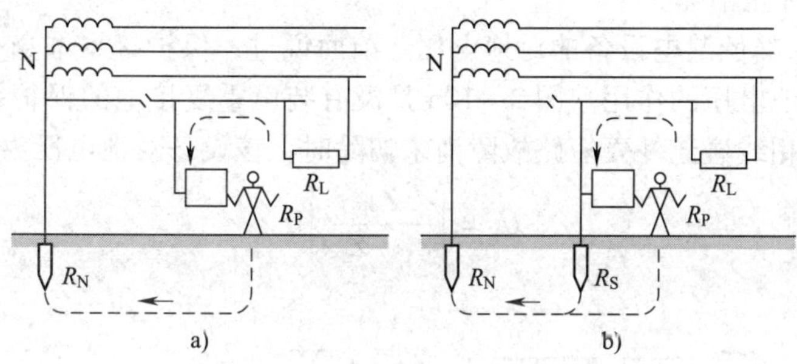

图 2—8　零线断开与不平衡负荷

a）无重复接地　b）有重复接地

在 TN 系统中，如果三相负荷不平衡，PEN 线或 N 线断开还会引起负载中性点“漂移”，烧坏用电设备。图 2—9 所示为 PEN 线断开，第 1 相未用电，第 2 相、第 3 相分别接有 $P_2=4$ kW、$P_3=1$ kW（设功率因数相同）负载的情况。这时，第 2、3 两相负载串联在380 V电压上，其上电压分别为

$$U_2=\frac{\sqrt{3}UP_3}{P_2+P_3}=\frac{380\times1}{4+1}=76\ \text{V}$$

$$U_3=\sqrt{3}U-U_2=380-76=304\ \text{V}$$

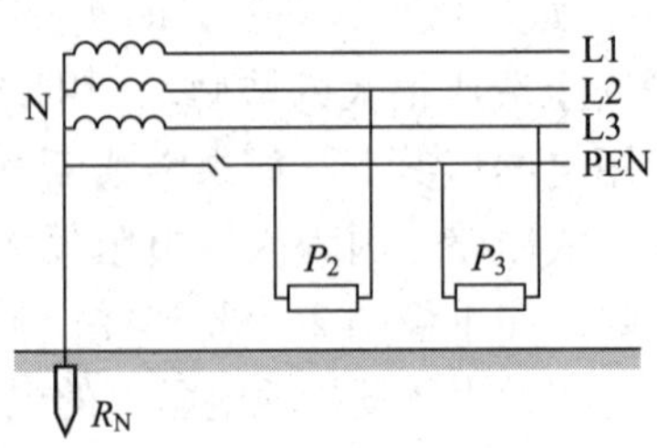

图 2—9　PEN 线断开

显然，所有电气设备都不能正常工作，而且第 3 相严重过电压，用电设备将很快被烧坏。这时，如果 PEN 线上有重复接地，危险性也会减轻一些。

应当注意，重复接地一般只能减轻零线断开时触电的危险，而不能将其完全消除。

2）降低漏电设备的对地电压。前面说过，保护接零本身有降低故障对地电压的作用。图 2—10a 是没有装设重复接地的保护接零系统，当相线碰连外壳短路故障尚未切除时，该设备对地电压为

$$U_E = \left| \frac{Z_{PE}}{Z_L + Z_{PE}} \right| U$$

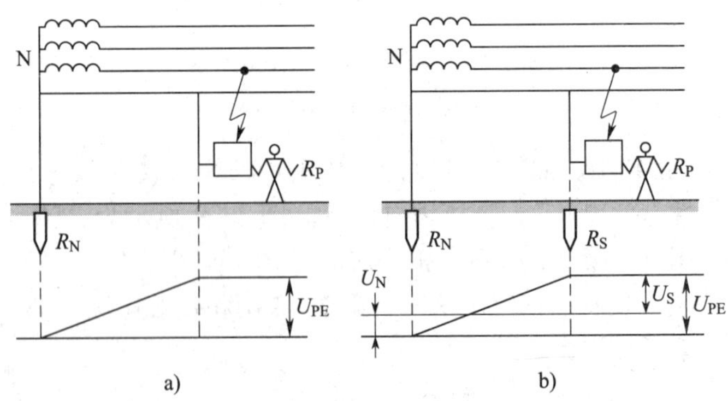

图 2—10　重复接地降低设备漏电对地电压

a）无重复接地　b）有重复接地

式中　Z_{PE}——中性点至故障点间保护线阻抗；

Z_L——中性点至故障点间相线阻抗。

显然，零线阻抗越大，设备对地电压也越高。正因为如此，通常总是把建筑用金属结构、生产用金属装备同保护零线连接起来，增大零线的等效截面积。

在上述情况下，如果如图 2—10b 所示有重复接地 R_S，则漏电设备对地电压降低为

$$U_E = \frac{R_S}{R_S + R_N}\left|\frac{Z_{PE}}{Z_L + Z_{PE}}\right|U$$

应当注意，迅速切断电源是保护接零的基本保护方式。如不能实现这一基本保护方式，即使有重复接地，往往也只能减轻危险，而难以消除危险，而且危险范围还可能扩大（参见图 2—7、图 2—10 下方的电位分布曲线）。

3）改善架空线路的防雷性能。架空线路零线上的重复接地对雷电流有分流作用，有利于限制雷电过电压。

4）缩短漏电故障持续时间。因为重复接地和工作接地构成零线的并联分支，所以当发生短路时能增大单相短路电流，而且线路越长，效果越明显，这就加速了线路保护装置的动作，缩短了漏电故障持续时间。

（2）重复接地的要求

电缆或架空线路引入车间或大型建筑物处、配电线路的最远端及每 1 km 处、高低压线路同杆架设时共同敷设段的两端应作重复接地。

线路上的重复接地宜采用集中埋设的接地体。车间内宜采用环形重复接地或网络重复接地。保护零线与接地装置至少应有两点连接，除进线处的一点外，其对角线最远点也应连接，而且车间周围长超过 400 m 者，每 200 m 应有一点连接。

一个配电系统可敷设多处重复接地，并应尽量均匀分布，以等化各点电位。

每一重复接地的接地电阻不得超过 10 Ω；在变压器低压工作接地的接地电阻允许不超过 10 Ω 的场合，每一重复接地的接地电阻允许不超过 30 Ω，但不得少于 3 处。

5. 工作接地

工作接地指配电网在变压器或发电机中性点的接地。

工作接地的主要作用是减轻各种过电压的危险。配电网发生一相故障接地时，工作接地有抑制电压升高的作用。如没有采取工作接地，中性线对地电压可上升到接近相电压，另两相对地电压可上升到接近线电压（在特殊情况下可达到更高的数值）。如图 2—11a 所示，由于有工作接地电阻 R_N，接地故障电流经工作接地构成回路，对地电压的“漂移”受到抑制。在线电压为 0.4 kV 的配电系统中，中性线对地电压（图 2—11b 中 U_N）一般不超过 50 V，另两相对地电压（图 2—11b 中 U_1 和 U_2）一般不超过 250 V。

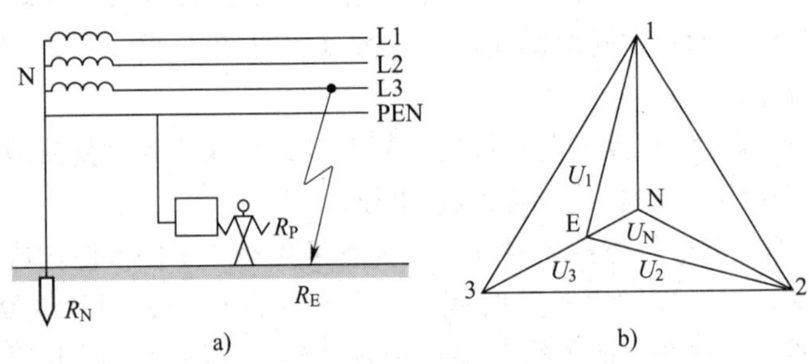

图 2—11　工作接地抑制对地电压

a）单相接地图　b）电压“漂移”图

在不接地的 10 kV 系统中，工作接地与变压器外壳的接地、避雷器的接地是共用的。其接地电阻按照三者中要求最高的确定。在这样的系统中，工作接地应能保证当发生高压窜入低压时，低压中性点对地电压升高值不得超过 120 V。不接地 10 kV 系统的单相接地电流一般不超过 30 A，工作接地的接地电阻不超过 4 Ω 时能够满足该要求。在高土壤电阻率地区，允许放宽至不超过 10 Ω。

在直接接地的 10 kV 系统中，工作接地应与变压器外壳的接地、避雷器的接地分开。

6. 等电位联结

等电位联结指保护导体与建筑物的金属结构、生产用的金属装备以及允许用作保护线的金属管道等用于其他目的的不带电导体之间的连接。

等电位联结是保护接零系统的组成部分。如图 2—12 所示，保护导体干线接向低压总开关柜。总开关柜内保护导体端子排与自然导体之间的连接称为主等电位联结。总开关柜以下，保护导体接向配电箱或用电设备。如配电箱或用电设备的保护接零难以满足速断要求，或者是为了提高保护接零的可靠性，可将保护导体与自然导体之间再进行联结。这一联结称为辅助等电位联结。

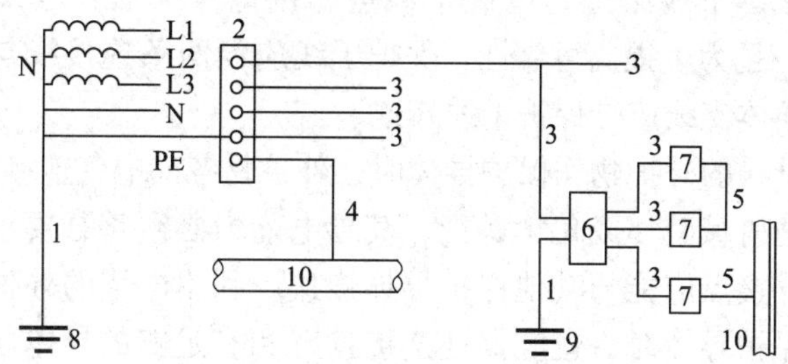

图 2—12 保护接零与等电位联结

1—接地线 2—PE 线端子排 3—PE 线 4—主等电位连接线
5—辅助等电位连接线 6—配电箱 7—用电设备 8—工作接地
9—重复接地 10—可连接的自然导体

主等电位联结导体的最小截面积不得小于最大保护导体截面积的 1/2，且不得小于 6 mm^2。两台设备之间局部等电位联结导体的最小截面积不得小于两台设备保护导体中较小者的截面积。设备与设备外导体之间的局部等电位联结线的截面积不得小于该设备保护零支线截面积的 1/2。

三、保护导体和接地装置

1. 保护导体

(1) 保护导体组成

保护导体包括保护接地线、保护接零线和等电位联结线。保护导体分为人工保护导体和自然保护导体。

交流电气设备应优先利用自然导体作保护导体。例如，建筑物的金属结构（梁、柱等）及设计规定的混凝土结构内部的钢筋、生产用起重机的轨道、配电装置的外壳、走廊、平台、电梯竖井、起重机与升降机的构架、运输皮带的钢梁、电除尘器的构架等金属结构、配线的钢管、电缆的金属构架及铅、铝包皮（通信电缆除外）等均可用作自然保护导体。在低压系统，还可利用不流经可燃液体或气体的金属管道作保护导体。

人工保护导体可以采用多芯电缆的芯线、与相线同一护套内的绝缘线、固定敷设的绝缘线或裸导体等。

保护导体干线必须与电源中性点和接地体（工作接地、重复接地）相连，且为了提高可靠性，保护干线应经两条连接线与接地体连接。保护导体支线应与保护干线相连。

利用母线的外护物作保护导体时，外护物各部电气连接必须良好，且不会受到机械破坏或化学腐蚀，其导电能力必须符合要求，并且每个预定的分接点应能与其他保护导体连接。利用电缆的外护物或导线的穿管作保护导体时，也应保证连接良好和有足够的导电能力。利用设备以外的导体作保护导体时，除保证连接可靠、导电能力足够外，还应有防止变形和移动的措施。

利用自来水管作保护导体必须得到供水部门的同意，而且水表及其他可能断开处应予跨接。煤气管等输送可燃气体或液体的管道原则上不得用作保护导体。

为了保持保护导体导电的连续性，所有保护导体，包括有保护作用的 PEN 线上均不得安装单极开关和熔断器；保护导体应有防止机械损伤和化学腐蚀的措施；保护导体的接头应便于检查和测试（封装的除外）；可拆开的接头必须是用工具才能拆开的接头；各设备的保护支线不得串联连接，即不得利用设备的外露导电部分作为保护导体的一部分。

（2）保护导体截面积

为满足导电能力足够，热稳定性、机械稳定性良好，耐化学腐蚀的要求，保护导体必须有足够的截面积。

当保护零线与相线材料相同时，保护零线的截面积可以按表 2—3 选取；如果保护零线与相线材料不同，可按相应的阻抗关系考虑。

表 2—3　　保护零线截面积选取表

相线截面积 S_L（mm^2）	保护零线最小截面积 S_{PE}（mm^2）
$S_L \leq 16$	S_L
$16 < S_L \leq 35$	16
$S_L > 35$	$S_L/2$

除应用电缆芯线或金属护套作保护线外，采用单芯绝缘导线作保护零线时，其截面积有机械防护的不得小于 2.5 mm^2，没有机械防护的不得小于 4 mm^2。

兼用作工作零线、保护零线的 PEN 线的最小截面积除应满足不平衡电流和谐波电流的导电要求外，还应满足保护接零可靠性的要求。为此，要求铜质 PEN 线截面积不得小于 10 mm^2，铝质的不得小于 16 mm^2，如为电缆芯线，则不得小于 4 mm^2。

电缆线路应利用其专用保护芯线作保护零线，如电缆没有专用保护芯线，则应采用两条电缆的金属包皮作保护零线，并最好再沿电缆敷设一条规格 20 mm × 4 mm 的扁钢作为辅助保护零线。仅有一条电缆时，除利用其金属包皮外，还必须敷设一条 20 mm × 4 mm 的扁钢作为辅助保护零线。

作保护零线的自然导体与相线之间的距离不宜超过 6 m。

（3）相—零线回路检测

相—零线回路检测包括相—零线回路阻抗的测量和保护零线的连续性检查。测量相—零线回路阻抗是为了检验接零系统是否符合规定的速断要求。

相—零线回路阻抗可停电后用伏安法测量，但这样测量得到的结果不包括配电变压器的阻抗，因此计算短路电流时应加上变压器的阻抗。为了减小停电测量误差，测量点应尽量靠近变压器。相—零线回路阻抗也可采用专用仪器不停电测量，测量得到的结果是包括配电变压器阻抗在内的相—零线回路全阻抗。不停电测量应有严格的安全措施。

为了检查保护零线的连续性，即检查保护零线是否完整和接触良好，可用如图 2—13 所示方法检测。在外加低电压作用下，电流经试灯沿 a、b 两点之间的零线构成回路。如果试灯很亮，说明 a、b 两点之间的保护零线良好；如果试灯不亮、发暗或亮度不稳定，说明 a、b 两点之间的保护零线断开或接触不良。试灯也可用电流表代替，通过电流表的指示来判断。外加低压源可用直流电源，也可从双线圈变压器取得交流电源。如果安全条件许可，可适当提高试验电压。

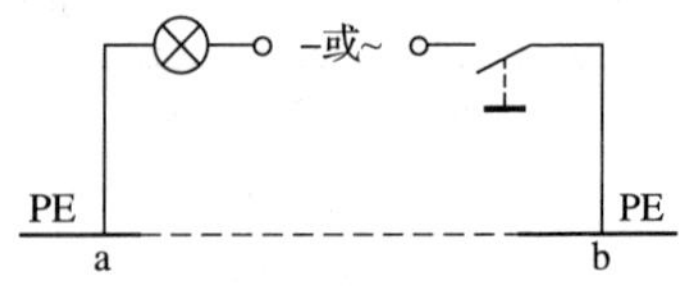

图 2—13 零线连续性测试

2. 接地装置

接地装置是接地体（极）和接地线的总称。运行中电气设备的接地装置应当始终保持在良好状态。

（1）自然接地体和人工接地体

自然接地体是用于其他目的，但与土壤保持紧密接触的金属导体。例如，埋设在地下的金属管道（有可燃或爆炸性介质的管道除外）、金属井管、与大地有可靠连接的建筑物的金属结构、水工构筑物及类似构筑物的金属管、桩等自然导体均可用作自然接地体。利用自然接地体不但可以节省材料和施工费用，还可以降低接地电阻、等化地面及设备间的电位。如果有条件，应当优先利用自然接地体。当自然接地体的接地电阻符合要求时，可不敷设人工接地体（发电厂和变电所除外）。在利用自然接地体的情况下，应考虑到自然接地体拆装或检修时被断开，断口处出现的电位差及接地电阻发生变化的可能性。自然接地体至少应有两根导体在不同地点与接地网相连（线路杆塔除外）。利用自来水管以及利用电缆的铅、铝包皮作接地体时，必须取得主管部门同意，以便互相配合施工和检修。

人工接地体可采用型钢，也允许用废钢铁等制成。人工接地体宜采用垂直接地体，多岩石地区可采用水平接地体。垂直埋设的接地体可采用钢管、角钢或圆钢。垂直接地体可以成排布置，也可以作环形布置。水平埋设的接地体可采用扁钢或圆钢。水平接地体可呈放射形布置，也可成排布置或环形布置。

为了保证足够的机械强度，并考虑到防腐蚀的要求，钢质接地体的最小尺寸见表 2—4。

表 2—4　　钢质接地体的最小尺寸

材料种类		地上		地下	
		室内	室外	交流	直流
圆钢（直径，mm）		6	8	10	12
扁钢	截面积（mm^2）	60	100	100	100
	厚度（mm）	3	4	4	6
角钢（厚度，mm）		2	2.5	4	6
钢管（管壁厚度，mm）		2.5	2.5	3.5	4.5

（2）接地线

交流电气设备应优先利用自然导体作接地线。在非爆炸危险环境，如自然接地线有足够大的截面积，可不再另行敷设人工接地线。

如果车间电气设备较多，宜敷设接地干线。各电气设备外壳分别与接地干线连接，而接地干线经两条连接线与接地体连接。各电气设备的接地支线应单独与接地干线或接地体相连，不应串联连接。接地线截面积应与相线截面积相适应。

电力线路杆塔接地体引出线应镀锌，截面积不得小于 50 mm^2。

非经允许，接地线不得作其他电气回路使用。不得利用蛇皮管、管道保温层的金属外皮或金属网以及电缆的金属护层作接地线。

（3）接地装置安装

典型角钢垂直接地体如图 2—14 所示。每一垂直接地体的垂直元件不得少于 2 根。

垂直元件的长度以 2 ~ 2.5 m 为宜：太短了会增加流散电阻；太长了造成施工困难，而且接地电阻减小值很小。相邻垂直元件之间的距离为其长度的 1 ~ 3 倍。接地体垂直元件上端用扁钢或圆钢焊接成一个整体。为了减小自然因素对接地电阻的影响，接地体上端离地面深度不应小于 0.6 m（农田地带不应小于 1 m），并应在冰冻层以下。接地体的引出导体应引出地面 0.3 m 以上。接地体离独立避雷针接地体之间的地下距离不得小于 3 m；离建筑物墙基之间的地下距离不得小于 1.5 m。

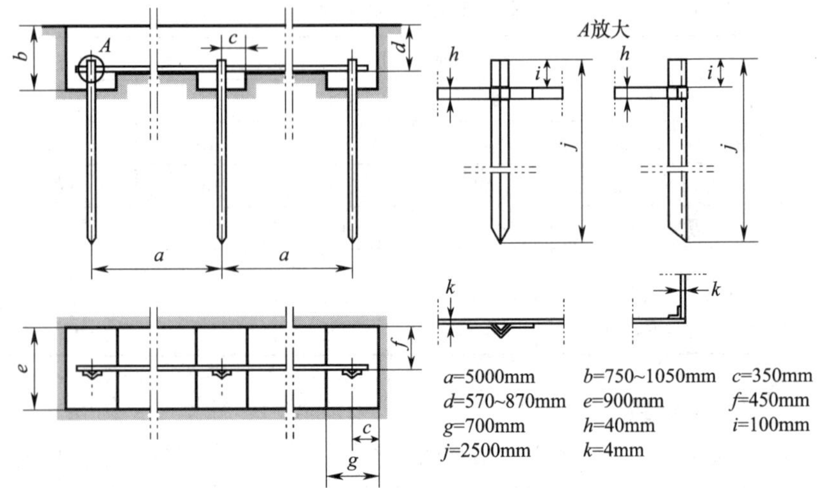

图 2—14　角钢垂直接地体安装

普通垂直接地体可打入地下。对于挖坑埋设者，回填土不应夹有石块、建筑垃圾等杂物，并应分层夯实。

接地体宜避开人行道和建筑物出入口附近。接地装置应尽量避免敷设在腐蚀性较强的地带。如不能避开，则应采取防腐蚀措施。必要时可采用外引式接地装置，否则应采取改良土壤的措施。接地体的引出线和连接部位应作防腐处理。

为防止机械损伤和化学腐蚀，接地线与铁路或公路的交叉处及其他可能受到损伤处，均应穿管或用角钢保护。如穿过铁路，接地线应向上拱起，以便有伸缩余地，防止受到损伤。接地线穿过墙壁、楼板、地坪时，应敷设在明孔、管道或其他坚固的保护管中。接地线与建筑物伸缩缝、沉降缝交叉时，应弯成弧状或另加补偿连接件。

在高土壤电阻率地区，可采用外引接地法、延长接地体法、深埋法、土壤化学处理法（即应用减阻剂）、换土法等方法降低接地电阻。

在冻土地区，为提高接地质量，可将接地体敷设在溶化地带或溶化地带的水池、水坑中；敷设深埋式接地体应充分利用井管或其他深埋在地下的金属构件作接地体；在房屋溶化盘内敷设接地体；除深埋式接地体外再敷设深度 0.5 m 的延长接地体，以便在夏季地层表面化冻时起流散作用；在接地体周围人工处理土壤，以降低冻结温度和土壤电阻率。

接地线的位置应便于检查，且不应妨碍设备的拆卸和检修。对于能与大地构成闭合回路且经常流过电流的直流接地装置的接地线，应沿绝缘垫板敷设，不得与金属管道、建筑物和设备的构件有金属连接。

很多厂房采用网络接地体。当网络接地体外部的跨步电动势大于允许数值时，可采取在网络外埋设帽檐式均压条（见图2—15）的措施，也可采取在地面铺设卵石、砾石或沥青层的措施。

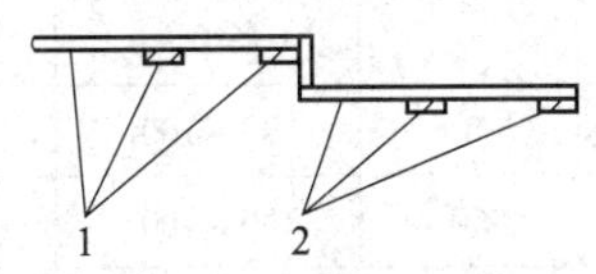

图2—15　帽檐式均压条
1—网络均压条　2—帽檐式均压条

采取网络接地时还应当注意防止高电位引出和低电位引入的可能性，因为网络可能呈现较高的对地电压，如将网络内高电位引出，则可能在网络外造成触电危险；如将网络外低电位引入，则可能在网络内造成触电危险。

（4）接地装置连接

接地装置地下部分的连接应采用焊接，并应采用搭焊，不得有虚焊。扁钢与扁钢搭接长度不得小于扁钢宽度的2倍，且至少在三个棱边施焊；圆钢与圆钢、圆钢与扁钢搭接长度不得小于圆钢直径的6倍，且至少在两边施焊；扁钢与钢管、扁钢与角钢焊接时，除应在接触部位两侧进行焊接外，还应在交叉连接处焊以圆弧形或直角形卡子（包板），或直接将扁钢弯成圆弧形或直角形与钢管或角钢焊接。

利用建筑物的钢结构、起重机轨道、工业管道、电缆的金属外皮等自然导体作接地线时，其伸缩缝或接头处应另加跨接线，以保证接地线连续可靠。自然接地体与人工接地体之间务必连接可靠。

接地线与管道的连接可采用螺纹连接或抱箍螺纹连接，但必须采用镀锌件，以防止锈蚀。在有振动的地方，应采取防松措施。

（5）流散电阻估算

流散电阻是接地电阻的主要成分。在工频条件下，如果接地线不长，可以认为流散电阻就是接地电阻。流散电阻的大小主要决定于接地装置的结构和土壤电阻率。

1）土壤电阻率。不同种类土壤和水的电阻率可参考表2—5所列数值。

表2—5　　土壤和水的电阻率（Ω·m）

种　　类	近似值	变动范围		
		较湿时（多雨区）	较干时（少雨区）	地下水含盐碱时
黑土、园田土、陶土、白垩土	50	30～100	50～300	10～30
黏土	60	30～100	50～100	10～30
黄土	200	100～200	250	30
含砂黏土、砂土	300	100～10 000	>1 000	30～100
多石土壤	400	—	—	—
砂子、沙砾	1 000	250～1 000	1 000～2 500	—
湿土中的混凝土	100～200	—	—	—
海水	1～5	—	—	—
地下水	20～70	—	—	—
河水	30～280	—	—	—

土壤电阻率受土壤含水量、土壤温度、土壤化学成分、土壤物理性质、电场强度等很多因素的影响。由于土壤含水量和土壤温度受季节的影响很大，因此，随着季节的变化，土壤电阻率也跟着变化。接地体埋设深度越小，季节影响越大。

为了考虑季节的影响，引进一个季节系数 ψ。季节系数 ψ 是可能出现的最大土壤电阻率与测量得到的土壤电阻率的比值，即

$$\psi=\frac{\rho_{\mathrm{MAX}}}{\rho_{\mathrm{M}}}$$

式中　ψ——土壤季节系数；

ρ_{MAX}——最大电阻率；

ρ_M——测量电阻率。

不同情况下的土壤季节系数见表2—6。

表2—6 土壤季节系数

土壤性质	深度/m	ψ_1	ψ_2	ψ_3
黏土	0.5～0.8	3	2	1.5
黏土	0.8～3	2	1.5	1.4
陶土	0～2	2.4	1.36	1.2
沙砾盖以陶土	0～2	1.8	1.2	1.1
园地	0～2	—	1.32	1.2

注：ψ_1用于测量前数天降雨量较大的情况。

ψ_2用于中等含水量的情况。

ψ_3用于干燥或测量前数天降雨量很小的情况。

2）流散电阻简化计算。几种接地体流散电阻的简化计算式见表2—7。

表2—7 流散电阻的简化计算式

接地体类型		简化计算式	备注
名称	特征		
单根直立接地体	长度3 m左右	$R\approx 0.3\rho$	ρ 土壤电阻率（Ω·m）
单根水平接地体	长度60 m左右	$R\approx 0.03\rho$	
n根水平接地体	$n\leqslant 12$，每根长60 m左右	$R\approx \frac{0.062\rho}{n+1.2}$	
复合接地体（接地网）	以水平接地体为主，接地网面积$A\geqslant 100\ m^2$	$R\approx \frac{0.5\rho}{\sqrt{A}}\approx 0.28\frac{\rho}{r}$	A—接地网面积（m^2） r—面积等于A的等效圆半径（m）
板形接地体	平放地面	$R\approx 0.44\frac{\rho}{\sqrt{A}}$	A—平板面积（m^2）
	平埋地下	$R\approx 0.22\frac{\rho}{\sqrt{A}}$	
	竖埋地下	$R\approx 0.253\frac{\rho}{\sqrt{A}}$	

（6）接地装置检查和维护

接地装置定期检查周期为：

1）变电所、配电站接地装置每年检查一次，并于每年干燥季节测量一次接地电阻。

2）车间电气设备的接地装置每半年检查一次，并于每年干燥季节测量一次接地电阻。

3）防雷接地装置每年雨季前检查一次；避雷针的接地装置每5年测量一次接地电阻。

4）手持电动工具的接零线或接地线每次使用前进行检查。

5）有腐蚀性的土壤内的接地装置每5年局部挖开地面检查一次。

接地装置定期检查的主要内容为：

1）检查各部连接是否牢固、有无松动、有无脱焊、有无严重锈蚀。

2）检查接零线、接地线有无机械损伤或化学腐蚀，涂漆有无脱落。

3）检查人工接地体周围有无堆放强烈腐蚀性物质。

4）检查地面以下0.5 m深处的腐蚀和锈蚀情况。

5）测量接地电阻是否合格（测量方法见本章第5节）。

在下列情况下，应对接地装置进行维修：

1）焊接连接处开焊。

2）螺纹连接处松动。

3）接地线有机械损伤、断股或有严重锈蚀、腐蚀。锈蚀或腐蚀30%以上者应予更换。

4）接地体露出地面。

5）接地电阻超过规定值。

第3节　双重绝缘、安全电压和漏电保护

一、双重绝缘

双重绝缘属于防止间接接触电击的安全技术措施。

1. 双重绝缘结构

双重绝缘是强化的绝缘结构，包括双重绝缘和加强绝缘两种类型，图 2—16 是双重绝缘结构和加强绝缘结构的示意图。双重绝缘指工作绝缘（基本绝缘）和保护绝缘（附加绝缘）。前者是带电体与不可触及的导体之间的绝缘，是保证设备正常工作和防止电击的基本绝缘；后者是不可触及的导体与可触及的导体之间的绝缘，是当工作绝缘损坏后用于防止电击的绝缘。加强绝缘是具有与上述双重绝缘相同绝缘水平的单一绝缘。

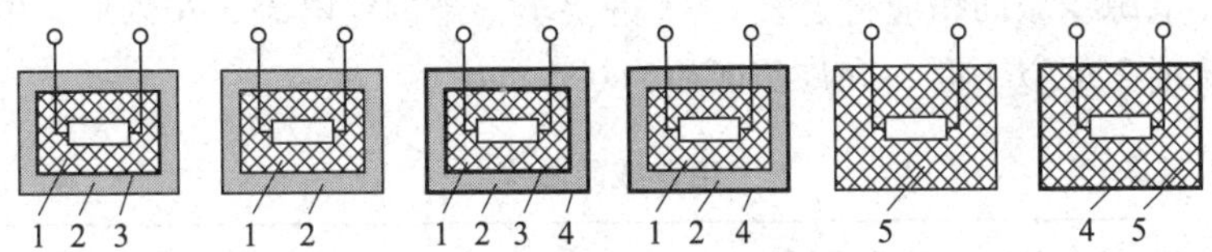

图 2—16　双重绝缘和加强绝缘

1—工作绝缘　2—保护绝缘　3—不可触及的导体

4—可触及的导体　5—加强绝缘

具有双重绝缘的电气设备属于Ⅱ类设备。按其外壳特征，Ⅱ类设备分为以下三种类型：

（1）绝缘外壳基本上连成一体的Ⅱ类设备。

（2）金属外壳基本上连成一体的Ⅱ类设备。

（3）兼有部分绝缘外壳和部分金属外壳的Ⅱ类设备。

2. 双重绝缘的基本条件

（1）绝缘电阻

绝缘电阻用 500 V 直流电压测试。工作绝缘的绝缘电阻不得低于 2 MΩ，保护绝缘的绝缘电阻不得低于 5 MΩ，加强绝缘的绝缘电阻不得低于 7 MΩ。

做绝缘电阻试验时，如遇绝缘测试面，应在该表面上压贴面积不超过 20 mm × 10 mm 的金属箔进行测试。

（2）外壳防护和机械强度

Ⅱ类设备应能保证在正常工作时以及在打开门盖和拆除可拆卸部件时，人体不会触及仅用工作绝缘与带电体隔离的金属部件，其外壳上不得有容易触及上述金属部件的小孔。

如果用绝缘外护物实现加强绝缘，则外护物必须用钥匙或工具才能开启，其上不得有金属件穿过，并应有足够的绝缘水平和机械强度。

（3）电源连接线

Ⅱ类设备的电源连接线应按加强绝缘考虑。电源插头上不得有起导电作用以外的金属件。电源连接线与外壳之间至少应有两层单独的绝缘层，以有效防止损伤。电源线的固定件应使用绝缘材料，如用金属材料，则应加以保护绝缘等级的绝缘。

电源线截面积应符合表 2—8 的要求，当额定电流 3 A 以下、电源线长度 2 m 以下时，允许截面积为 0.5 mm^2。

表 2—8　　电源线截面积

设备额定电流 I_N（A）	电源线截面积（mm^2）
$I_N \leqslant 10$	0.75
$10 < I_N \leqslant 13.5$	1
$13.5 < I_N \leqslant 16$	1.5
$16 < I_N \leqslant 25$	2.5
$25 < I_N \leqslant 32$	4
$32 < I_N \leqslant 40$	6
$40 < I_N \leqslant 63$	10

电源连接线应经受 1 min 拉力试验而不损坏。设备 1 kg 及以下时，试验拉力为 30 N；1 kg 以上、4 kg 以下时，试验拉力为 60 N；4 kg 以上时，试验拉力为 100 N。

（4）标志

Ⅱ类设备在其明显部位应有“回”形标志。

3. 双重绝缘设备的使用

应定期测量双重绝缘设备可触及部位与工作时带电部位之间的绝

缘电阻是否符合要求；使用前，应检查双重绝缘设备及其电源线是否完好；凡属双重绝缘的设备，不得再行接地或接零。

从安全角度考虑，一般场所使用的手持电动工具应优先选用Ⅱ类工具。在潮湿场所或金属构架上工作应尽量选用Ⅱ类工具或选用安全电压的工具。

二、安全电压

安全电压是在一定条件下、一定时间内不危及生命安全的电压。根据欧姆定律，可以把加在人身上的电压限制在某一范围之内，使得在这种电压下，通过人体的电流不超过特定的允许范围，这一电压就叫做安全电压。

某些标准上提到三种安全电压，即安全特低电压（SELV）、保护特低电压（PELV）和功能特低电压（FELV）。国家标准中没有明确这三种电压的区别。

安全电压属既能防止间接接触电击也能防止直接接触电击的安全技术措施，具有安全电压的设备属于Ⅲ类设备。

1. 安全电压限值和额定值

（1）限值

安全电压限值是在任何情况下，任意两导体之间都不得超过的电压值。国家标准规定工频安全电压有效值的限值为 50 V，这一限值是根据人体电流 30 mA 和人体电阻1 700 Ω的条件确定的；直流安全电压的限值为 120 V。

对于电动儿童玩具及类似电器，当接触时间超过 1 s 时，推荐干燥环境中工频安全电压有效值的限值取 33 V、直流安全电压的限值取 70 V；潮湿环境中工频安全电压有效值的限值取 16 V、直流安全电压的限值取 35 V。

（2）额定值

国家规定工频有效值的额定值有 42 V、36 V、24 V、12 V 和 6 V。凡特别危险环境使用的手持电动工具应采用 42 V 安全电压的Ⅲ类工具；凡在有电击危险环境使用的手持照明灯和局部照明灯应采用 36 V 或 24 V 安全电压；金属容器内、隧道内、水井内以及周围有大面积接地导体等工作地点狭窄、行动不便的环境应采用12 V安全电压；6 V安全电压用于特殊场所。当电气设备采用24 V以上安全电压时，必须采取直接接触电击的防护措施。

2. 安全电源及回路配置

（1）安全电源

通常采用安全隔离变压器作为安全电压的电源，其接线如图2—17所示。安全隔离变压器的一次侧与二次侧之间有良好的绝缘，其间还可用接地的屏蔽隔离开来。除隔离变压器外，具有同等隔离能力的发电机、蓄电池、电子装置等均可做成安全电压电源，但不论采用什么电源，安全电压侧均应与高压侧保持双重绝缘的水平。

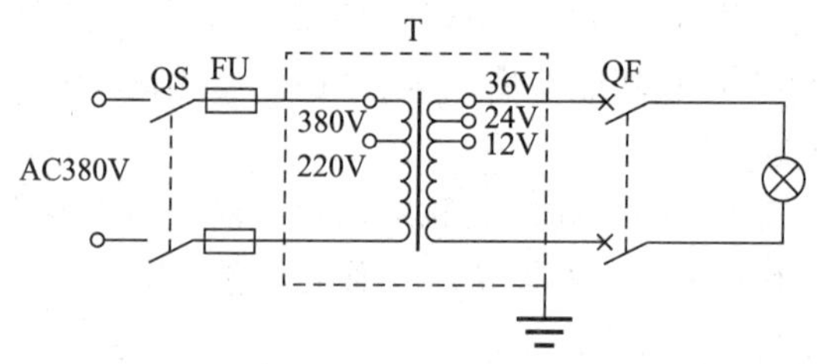

图2—17　安全隔离变压器接线图

一般用途的单相安全隔离变压器的额定容量应不超过10 kV · A，三相的应不超过16 kV · A。电铃用变压器的额定容量应不超过100 V · A。玩具用变压器的额定容量应不超过200 V · A。

安全隔离变压器的外壳一般不能打开，其外壳结构应能杜绝偶然触及带电部分的可能性。变压器的各附件应予紧固，运行中不得因振动、发热而松动。盖板至少应采用两种方式加以固定，而且其中至少有一种方式必须使用工具才能实现。安全隔离变压器应具有耐热、防潮、防水及抗震的结构。

安全隔离变压器的电源线截面积应满足表2—8的要求，其输入导线和输出导线应有各自的通道。固定式变压器的输入电路中不得采用插接件（带插销者除外）。可移动式变压器应带有2 ~ 4 m的电源线。

安全隔离变压器各部分绝缘电阻应满足表2—9的要求。

表 2—9　　隔离变压器的绝缘电阻

部　　位	绝缘电阻（MΩ）
带电部分与壳体之间的工作绝缘	2
带电部分与壳体之间的加强绝缘	7
输入回路与输出回路之间	5
输入回路与输入回路之间	2
输出回路与输出回路之间	2
Ⅱ类变压器的带电部分与金属物件之间	2
Ⅱ类变压器的金属物件与壳体之间	5
绝缘壳体上的内、外金属物件之间	2

当环境温度为 35℃，安全隔离变压器正常使用时金属材料握持部分的温升不得超过 20 K，其他材料的温升不得超过 40 K。对于不被持续握持的外壳，分别不得超过 25 K 和 50 K。

Ⅰ类变压器可能触及的金属部分必须接地（或接零），其电源线中应有一条专用的颜色黄—绿相间的保护线。Ⅱ类变压器不采取接地（或接零）措施，没有接地端子。

（2）回路配置

安全电压回路的带电部分必须与较高电压的回路保持电气隔离，并不得与大地、保护接零（地）线或其他电气回路连接。变压器外壳及其一、二次线圈之间的屏蔽隔离层应按规定接地或接零。如果电源变压器不具备双重绝缘的结构，为了降低变压器一次线圈与二次线圈短接的危险，二次线圈应接地或接零。

安全电压的配线最好与其他电压等级的配线分开敷设，否则其绝缘水平应与共同敷设的其他较高电压等级配线的绝缘水平一致。

（3）插销座

安全电压设备的插销座不得带有接零或接地插头或插孔。为了防止与其他电压的插销座插错，安全电压设备应采用不同结构的插销座，或者在其插座上应有明显的标志。

（4）短路保护

安全隔离变压器的一次侧和二次侧均应装设短路保护元件。

（5）功能特低电压

如果电压值与安全电压值相符，而由于功能上的原因，电源或回路配置不完全符合安全电压的要求，则称之为功能特低电压。功能特低电压的补充安全要求是：装设必要的屏护或加强设备的绝缘，以防止直接接触电击；当该回路与一次侧保护零线或保护地线连接时，一次侧应装设防止电击的自动断电装置，以防止间接接触电击。其他要求与安全电压相同。

3. 电气隔离

电气隔离和不导电环境都属于防止间接接触电击的安全技术措施。

电气隔离指工作回路与其他回路实现电气上的隔离，是通过采用变压比1∶1，即一次侧、二次侧电压相等的隔离变压器来实现的。其接线如图2—18所示。电气隔离的安全原理是在隔离变压器的二次侧构成一个不接地的电网，因而阻断在二次侧工作的人员单相电击电流的通路。

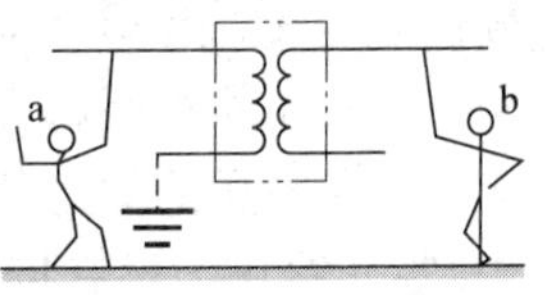

图2—18　电气隔离原理

电气隔离的回路必须符合以下条件：

（1）电源变压器必须是隔离变压器

与安全隔离变压器一样，隔离变压器的输入绕组与输出绕组没有电气连接，并具有双重绝缘的结构。单相隔离变压器的额定容量应不超过25 kV·A，三相隔离变压器的额定容量应不超过40 kV·A。隔离变压器的空载输出交流电压应不超过1 000 V。隔离变压器的其他要求与安全隔离变压器相同。

（2）二次侧保持独立

为保证安全，被隔离回路不得与其他回路及大地有任何连接。对于二次侧回路线路较长者，应装设绝缘监视装置。

（3）二次侧线路要求

二次侧线路电压过高或二次侧线路过长，都会降低电气隔离的可靠性。按照规定，应保证电源电压 $U \leqslant 500$ V 时线路长度 $L \leqslant 200$ m，电压与长度的乘积 $UL \leqslant 100\,000$ V · m。

（4）等电位联结

如图 2—19 所示的虚线是等电位联结线。如果没有等电位联结线，当隔离回路中两台设备的不同相碰连外壳故障时，这两台设备的外壳都将带有对地电压。如果有人同时触及这两台设备，则接触电压为线电压，触电危险性很大。因此，如隔离回路带有多台用电设备，则各台设备的金属外壳应采取等电位联结措施（见图 2—19 中虚线）。

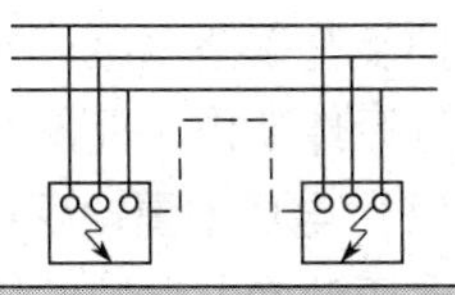

图 2—19　电气隔离的等电位联结

4. 不导电环境

不导电环境是指地板和墙都用不导电材料制成，即大大提高了绝缘水平的环境。不导电环境必须符合以下安全要求：

（1）电压 500 V 及以下者，地板和墙每一点的电阻应不低于 50 kΩ；电压 500 V 以上者应不低于 100 kΩ。

（2）保持间距或设置屏障，防止人体在工作绝缘损坏后同时触及不同电位的导体。

（3）具有永久性特征。保证场所不会因受潮而失去不导电性能，不会因引进其他设备而降低安全水平。

（4）为了保持不导电特征，场所内不得有保护零线或保护地线。

（5）有防止场所内高电位引出场所范围外和场所外低电位引入场所范围内的措施。

三、漏电保护

漏电保护装置主要用于防止间接接触电击和直接接触电击。用于防止直接接触电击时只作为基本防护措施的补充保护措施。漏电保护装置也可用于防止漏电火灾，以及用于监测一相接地故障。

漏电保护装置种类很多，按照动作原理，分为电压型和电流型两类；按照有无电子元器件，分为电子式和电磁式两类；按照极数，分为二极、三极和四极漏电保护装置等。

1. 漏电保护原理和特点

电压型漏电保护装置以设备上的故障电压为动作信号，电流型漏电保护装置以漏电电流或触电电流为动作信号。动作信号经处理后带动执行元件动作，促使线路迅速分断。

（1）电压型漏电保护

电压型漏电保护的接线如图 2—20 所示。作为检测机构的电压继电器 FV 零电位参考端接有三个相同灯泡组成的辅助中性点，信号端接电动机外壳。当电动机漏电，电动机外壳对地电压达到危险数值时，继电器动作，切断作为线路主开关的接触器 KM 的控制回路，从而切断电源。图中，电阻 R 和复式按钮 SB3 是检查支路，R 是分压电阻，复式按钮可保证检查时电动机外壳不带电。

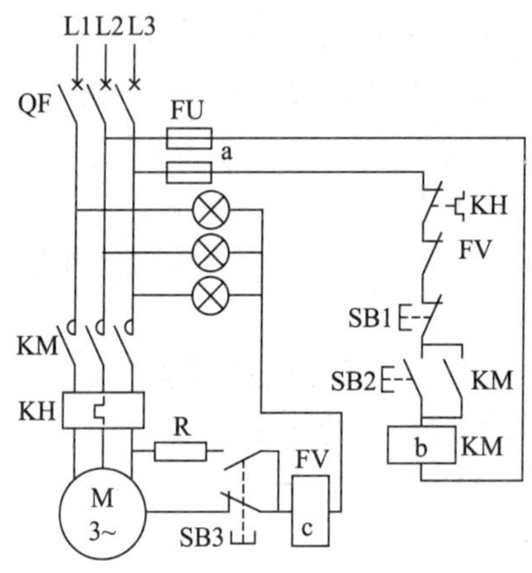

图 2—20 电压型漏电保护

为了提高漏电保护装置的灵敏度和动作可靠性，可以采用直流继电器加二极管代替交流继电器。

电压型漏电保护装置的零电位参考端也可以接地，但其接地线、接地体应与该设备重复接地或保护接地的接地线、接地体分开，否则保护装置将失效。

电压型漏电保护装置结构简单，可用于接地系统，也可用于不接地系统，但只能用于设备漏电时的保护，而对直接接触电击不起防护作用。

（2）电流型漏电保护

电流型漏电保护通常指零序电流型漏电保护或剩余电流型漏电保护。这种漏电保护装置采用零序电流互感器作为取得触电或漏电信号的检测元件。

电磁式电流型漏电保护的原理如图 2—21 所示。极化电磁铁 FV 为中间机构。这种电磁铁由于有永久磁性而具有极性，而且在正常情况下，永久磁铁的吸力克服弹簧的拉力使衔铁保持在闭合位置。图中，三条相线和一条工作零线穿过环形的零序电流互感器 TA 构成互感器的一次侧，与极化电磁铁 FV 连接的线圈构成互感器的二次侧。设备正常运行时，互感器一次侧电流在其铁芯中产生的磁场相互抵消，互感器二次侧不产生感应电动势，电磁铁不动作。设备发生漏电或后方有人触电时，会产生额外的零序电流（即剩余电流），互感器二次侧产生感应电动势，电磁铁线圈中有电流流过，并产生交变磁通。该交变磁通与永久磁铁的磁通叠加，产生去磁作用，使吸力减小，衔铁被反作用弹簧拉开，电磁铁动作，并通过开关设备断开电源。图中，SB、R 组成检查支路，SB 是检查按钮，R 是限流电阻。

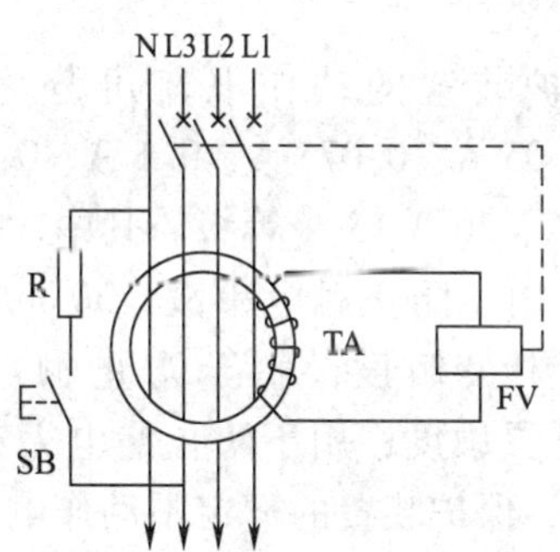

图 2—21　电磁式电流型漏电保护

电磁式漏电保护装置结构简单，承受过电流或过电压冲击的能力较强，但其灵敏度不高，而且工艺难度较大。

在检测元件后方增设电子放大环节，即构成电子式漏电保护装置。电子式漏电保护装置灵敏度很高，动作参数容易调节，但其可靠性较低，承受电磁冲击的能力较弱。

电流型漏电保护的结构不如电压型漏电保护的简单，但这种漏电保护能防止间接接触电击和直接接触电击。

2. 漏电保护装置的动作参数

电压型漏电保护装置的主要动作参数是动作电压和动作时间，电流型漏电保护装置的主要动作参数是动作电流和动作时间。电压型漏电保护装置的动作电压以不超过安全电压为宜。电流型漏电保护装置的动作参数应符合表 2—10 的要求。

表 2—10　　电流型漏电保护装置的动作参数

额定动作电流 $I_{\Delta N}$ (mA)	额定电流 (A)	动作时间（s）			
		$I_{\Delta N}$	$2I_{\Delta N}$	$5I_{\Delta N}$	0.25 A
≤30	任意值	0.2	0.1	—	0.04
>30	任意值	0.2	0.1	0.04	—
	≥40 *	0.2	—	0.15	—

* 适用于组合型漏电保护器。

电流型漏电保护装置的动作电流可分为 0.006 A、0.01 A、0.015 A、0.03 A、0.05 A、0.075 A、0.1 A、0.2 A、0.3 A、0.5 A、1 A、3 A、5 A、10 A、20 A 15 个等级。其中，30 mA 及 30 mA 以下的属高灵敏度，主要用于防止触电事故；30 mA 以上、1 000 mA 及 1 000 mA 以下的属中灵敏度，用于防止触电事故和漏电火灾；1 000 mA 以上的属低灵敏度，用于防止漏电火灾和监视一相接地故障。为了避免误动作，保护装置的额定不动作电流不得低于额定动作电流的 1/2。

漏电保护装置的动作时间指动作时的最大分断时间。漏电保护装置的动作时间应根据保护要求确定。按照动作时间，漏电保护装置有快速型、定时限型、反时限型、延时型。延时型只能用于动作电流 30 mA以上的漏电保护装置，其动作时间可选为 0.2 s、0.8 s、1 s、1.5 s 和 2 s。

3. 漏电保护装置选用

选用漏电保护装置需要考虑多方面的因素。首先应正确选择漏电保护装置的动作电流。在浴室、游泳池、隧道等电击危险性很大的场合，应选用高灵敏度的漏电保护装置。在作业场所，如果遭受电击后有其他人帮助及时脱离电源，则漏电保护装置的动作电流可以大于摆脱电流；如果是快速型保护装置，动作电流可按室颤电流选取；如果是前级保护，动作电流可超过室颤电流。如果作业场所无他人配合工作，则动作电流不应超过摆脱电流。在触电后可能导致严重二次事故的场合，应选用6 mA 动作电流。为了保护儿童或病人，应采用10 mA以下的动作电流。

选择动作电流还应考虑误动作的可能性，保护器应能避开线路不平衡泄漏电流导致的动作，还应能在安装位置可能出现的电磁干扰下不发生误动作。此外，选择动作电流还应考虑保护器制造的实际条件，例如，纯电磁式产品很难达到30 mA 以下的动作电流。在多级保护的情况下，选择动作电流还应考虑多级保护的需要。

对于电动机，漏电保护装置应能避开电动机启动瞬间的泄漏电流而不发生动作。保护装置应有较好的平衡特性，以避免在堵转电流冲击下误动作。对于不允许停转的电动机，应采用漏电报警方式，而不采用漏电切断方式。对于照明线路，应根据泄漏电流的大小和分布，采用分级保护的方式，支线上选用高灵敏度保护装置，干线上选用中灵敏度保护装置。在建筑工地、金属构架上等电击危险性大的场合，I类移动式设备应配用高灵敏度漏电保护装置。电热设备应按热态泄漏状况选择保护装置的动作电流。对于电焊机，应考虑保护装置的正常工作不受电焊的短时冲击电流、电流急剧变化、电源电压波动的影响。对于高频焊机，保护装置还应有良好的抗电磁干扰性能。对于有非线性元件而产生高次谐波以及对有整流元件的设备，应采用零序电流互感器二次侧接有滤波电容的保护装置，而且互感器铁芯应选用剩磁低的软磁材料制成。

防止触电的漏电保护装置宜采用高灵敏度、快速型装置。

用于防止漏电火灾的漏电报警装置的动作电流可在100～500 mA

范围内选择。

漏电保护断路器的额定电压、额定电流、分断能力等均应与线路条件相适应。

4. 漏电保护装置的安装和运行

(1) 安装

有金属外壳的Ⅰ类移动式电气设备、安装在潮湿或有强腐蚀性等恶劣场所的电气设备、建筑施工工地的施工电气设备、临时性电气设备、宾馆类客房内的插座、触电危险性较大的民用建筑物内的插座、游泳池或浴池类场所的水中照明设备、安装在水中的供电线路和电气设备，以及医院中直接接触人体的医用电气设备（胸腔手术室的除外）等均应安装漏电保护装置。

对于公共场所的通道照明电源和应急照明电源、消防用电梯及确保公共场所安全的电气设备、用于消防设备的电源（如火灾报警装置、消防水泵、消防通道照明等）、用于防盗报警的电源，以及其他不允许突然停电的场所或电气装置的电源，漏电时立即切断电源将会造成其他事故或重大经济损失。在这些情况下，应装设不切断电源的漏电报警装置。

从防止触电的角度考虑，使用安全电压供电的电气设备、一般环境条件下使用的具有双重绝缘或加强绝缘结构的电气设备、一般环境条件下使用隔离变压器供电的电气设备、在采用不接地的局部等电位联结措施的场所中使用的电气设备，以及其他没有漏电危险和触电危险的电气设备，可以不安装漏电保护装置。

安装漏电保护装置前，应仔细检查其外壳、铭牌、接线端子、试验按钮、合格证等是否完好。

漏电保护断路器的安装应符合生产厂家产品说明书的要求。漏电保护断路器的额定电压、额定电流、额定分断能力、极数、环境条件以及额定漏电动作电流和分断时间在满足被保护供电线路和电气设备运行要求的同时，还必须满足安全要求。

装有漏电保护装置的电气线路和设备的泄漏电流必须控制在允许范围内。所选用漏电保护装置的额定不动作电流应不小于正常泄漏电流最大值的2倍。当电气设备装有高灵敏度的漏电保护装置时，电气设备单独接地装置的接地电阻可适当放宽，但应将预期的接触电压限制在允许范围内。安装漏电保护断路器的电动机及其他电气设备在正常运行时的绝缘电阻值应不低于 0.5 MΩ。

漏电保护断路器应安装在无腐蚀性气体、无爆炸危险（防爆型除外）的场所，并应注意防潮、防尘、防强振、防阳光直射、防磁场干扰，安装位置应便于检查、便于操作。保护装置应垂直安装，并安装牢固。安装带有短路保护的漏电开关必须保证电弧喷出方向留有足够的飞弧距离。

（2）误动作和拒动作

误动作是指漏电保护装置在线路或设备未发生预期的触电或漏电时的动作。拒动作是指发生预期动作的触电或漏电时保护装置拒绝动作。误动作和拒动作都会影响漏电保护装置的正常运行。

误动作的原因是多方面的，有线路方面的原因，也有保护装置本身的原因。常见误动作的原因如下：

1）接线错误。在 TN 系统中，如果 N 线没有穿过保护装置的零序电流互感器，则一旦线路上出现不平衡电流或谐波电流时，必将造成保护装置误动作。保护装置后方的 N 线与其他回路的 N 线连接或接地，或保护装置后方的相线与其他回路的同一相线连接，或将负载跨接在保护装置电源侧和负载侧，则接通负荷时保护装置误动作。

2）绝缘恶化。保护装置后方线路对地绝缘破坏或对地绝缘不对称降低，都将产生不平衡的泄漏电流，导致保护装置误动作。

3）冲击过电压。冲击过电压将产生较大的不平衡冲击泄漏电流，导致快速型漏电保护装置误动作。带感性负载的线路分断时，高压侧电压意外窜入低压侧时，以及在线路上出现雷击过电压时，均可能产生造成保护装置误动作的冲击过电压。

4）不同步合闸。合闸时，首先接通的一条线可能产生足够大的不平衡泄漏电流，使保护装置误动作。

5）大型设备启动。大型设备的堵转电流很大，如保护装置内零序电流互感器的平衡特性不好，则启动时可能造成保护装置误动作。

6）电源谐波。变压器、稳压器、整流器、日光灯及一些电子设备都会产生高次谐波。其中，三次谐波往往是比较大的，九次谐波也占有一定比例。三次谐波、九次谐波电压均可能产生较大的零序电流，造成保护装置误动作。

7）偏离使用条件。如果使用场所的环境条件十分恶劣，有高温、高湿、严重的冲击震动、腐蚀性气体等超出保护装置设计条件的有害因素，势必造成保护装置劣化加速，乃至误动作。

8）保护装置质量不高。由于电子元件损坏、极化电磁铁极面脏污而吸合不牢、焊点接触不良以及机构滑扣等质量原因均可能造成保护装置误动作。互感器铁芯的平衡特性不好、磁屏蔽不好或没有磁屏蔽以及附近的大电流导线、磁性元件、导磁体等也都可能造成保护装置误动作。

拒动作造成的直接危险性很大。常见拒动作的主要原因如下：

1）接线错误。将用电设备外壳上的保护线接入保护装置的零序电流互感器，则设备漏电时保护装置拒动作。

2）动作电流选择不当。保护装置动作电流选择过大将造成保护装置拒动作。

3）产品质量低劣。互感器二次回路断路、脱扣元件黏连等质量缺陷均可造成保护装置拒动作。

4）线路绝缘阻抗降低或线路太长。在不接地配电网中，由于部分电击电流经绝缘阻抗后再流经保护装置返回电源而导致保护装置拒动作。

第4节　手持电动工具和移动式电气设备

手持电动工具包括手电钻、手砂轮、冲击电钻、电锤、手电锯等。移动式电气设备包括蛙夯、振捣器、水磨石磨平机等。

一、电气设备触电防护分类

按照触电防护方式，电气设备分为以下五类。

1. 0类

这种设备仅仅依靠基本绝缘来防止触电。0类设备的外壳可以用绝缘材料制成，由外壳本身构成全部基本绝缘，或构成基本绝缘的一部分。0类设备的外壳也可以用金属材料制成，外壳与其内部带电部件之间有基本绝缘隔开。0类设备外壳上和内部的不带电导体上都没有接地端子。0类设备可以有Ⅱ类结构或Ⅲ类结构的部件。

2. 0Ⅰ类

这种设备也是依靠基本绝缘来防止触电的，也可以有Ⅱ类结构或Ⅲ类结构的部件。0Ⅰ类设备的金属外壳上装有接地（零）的端子，不提供带有保护芯线的电源线。

3. Ⅰ类

这种设备除依靠基本绝缘外，还有一个附加的安全措施。接零或接地都可用作这种设备的附加安全措施。Ⅰ类设备外壳上没有接地端子，但内部有接地端子。自设备内引出有专用保护芯线的带有保护插头的电源线。Ⅰ类设备带有全部或部分金属外壳，所用电源开关为全极开关。Ⅰ类设备也可以有Ⅱ类结构或Ⅲ类结构的部件。

4. Ⅱ类

这种设备具有双重绝缘和加强绝缘的结构。Ⅱ类设备可以有Ⅲ类结构的部件。

5. Ⅲ类

这种设备依靠超低安全电压供电以防止触电。Ⅲ类设备内不得产生高出安全电压的电压。

手持电动工具没有0类和0Ⅰ类产品，市售产品基本上都是Ⅱ类设备。移动式电气设备大部分为Ⅰ类产品。

二、手持电动工具和移动式电气设备的危险性

手持电动工具和移动式电气设备是发生触电事故较多的用电设备，其主要原因是：

1．这些工具和设备是在人的紧握之下运行的，人与工具之间的接

触电阻小，一旦工具带电，将有较大的电流通过人体，容易造成严重后果；同时，操作者一旦触电，由于肌肉收缩而难以摆脱带电体，也容易造成严重后果。

2. 这些工具和设备有很大的移动性，其电源线容易受拉、磨而损坏，电源线连接处容易脱落而使金属外壳带电，导致触电事故。

3. 这些工具和设备没有固定的工位，运行时振动大，而且可能在恶劣的条件下运行，本身容易损坏而使金属外壳带电，导致触电事故。

三、手持电动工具和移动式电气设备的安全使用

Ⅱ类、Ⅲ类设备没有保护接地或保护接零的要求，Ⅰ类和0Ⅰ类设备必须采取保护接地或保护接零措施。在不接地配电网中，应采用保护接地。这时，配电网中性线只起工作线的作用。对于两相配电线路，为了降低短路或过载造成火灾的危险，相线和中性线都应该装有开关和熔断器。对于三相四线配电线路，为了避免一相负载过大或短路影响其他两相的工作，中性线上只装开关，不装熔断器。在中性点接地的配电网中，应采用保护接零。保护零线上均不得装有开关和熔断器，而且设备的保护零线应接向接零干线，不应接向接零支线，以免由于工作零线断线导致设备外壳带电。

在有爆炸和火灾危险的环境中，为了降低过负荷的危险，相线和工作零线上都装有熔断器。这时，除工作零线外，应另设保护零线。

如果现场没有接零要求，相线、零线上都应该装有熔断器，并装有双极开关，以避免相线、零线混线造成事故以及增加发生短路时熔断的机会，减小火灾危险。

移动式电气设备的保护零线（或地线）应当与电源线有同样的防护措施，即采用带有专用保护芯线的橡皮套软线。专用保护芯线是截面积为0.75～1.5 mm^2的软铜线。

移动式电气设备的电源插座和插销应有专用的接零（地）插孔和插头，其结构应能保证插入时接零（地）插头在导电插头之前接通，拔出时接零（地）插头在导电插头之后断开。同时，其结构还应能保证接零（地）插头和导电插头之间不会互相插错。

一般场所，手持电动工具应采用Ⅱ类设备。在潮湿或金属构架上

等导电性能良好的作业场所，必须使用Ⅱ类或Ⅲ类设备。在锅炉内、金属容器内、管道内等狭窄的特别危险场所，应使用Ⅲ类设备；如果使用Ⅱ类设备，则必须装设额定漏电动作电流不大于15 mA、动作时间不大于0.1 s的漏电保护装置；而且，Ⅲ类设备的安全隔离变压器、Ⅱ类设备的漏电保护装置以及Ⅱ、Ⅲ类设备的控制箱和电源连接器件等必须放在外部。

鉴于不接地配电网中单相触电的危险性小于接地配电网中单相触电的危险性，在接地配电网中，可以装设一台隔离变压器，并由该隔离变压器给设备供电。

除上述几项措施外，操作时利用绝缘手套、绝缘鞋、绝缘垫等安全用具也是防止触电的安全措施。

第5节　电工仪表及测量

在电气装置安装、调试、运行、检查和维修中经常要测量电流、电压、电能、电阻等运行参数和性能参数，以判断其运行状态。因此，专业电工应掌握基本电工仪表及其使用方法。

一、电工仪表基本知识

1. 电工仪表概要

(1) 电工仪表种类

按照指示方式及整体结构，电工仪表分为指针式仪表和数字式仪表。

按照传统的测量机构，电工仪表分为磁电系、电磁系、电动系、感应系等仪表。

如图2—22所示是磁电系仪表测量机构的示意图。测量机构由固定的永久磁铁、可转动的线圈及转轴、游丝、指针、机械调零机构等组成。线圈位于永久磁铁的极掌之间，当线圈中流过直流电流时，线圈在永久磁铁

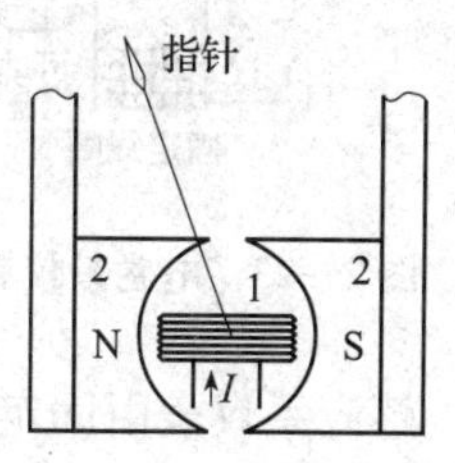

图2—22　磁电系仪表测量机构

1—可动线圈　2—极掌

的磁场中受力，并带动指针、转轴克服游丝的反作用力而偏转。当电磁作用力与反作用力平衡时，指针停留在某一确定位置，刻度盘上给出相应的读数。没有测量信号时仪表指针应指向零位，可由机械调零机构校正零位误差。磁电系仪表的灵敏度和精确度较高，刻度均匀，但必须加上整流器才能用于交流测量，而且过载能力较小。磁电系仪表多用来制作便携式电压表、电流表等表计。

如图 2—23 所示是电磁系仪表测量机构的示意图。测量机构由固定线圈、可动铁片及转轴、指针、机械调零机构等组成。可动铁片位于线圈的空腔部分，当线圈中流过电流时，线圈产生的磁场使铁芯磁化。铁芯磁化后受到磁场力的作用并带动指针偏转。电磁系仪表过载能力强，可直接用于直流和交流测量，但其精确度较低，刻度不均匀。电磁系仪表常用来制作配电柜用电压表、电流表等表计。

如图 2—24 所示是电动系仪表测量机构的示意图。测量机构由固定线圈、可动线圈及转轴、游丝、指针、机械调零机构等组成。当两个线圈中都流过电流时，可动线圈受力并带动指针偏转。电动系仪表可直接用于交、直流测量，精确度较高。电动系仪表制作电压表或电流表时刻度不均匀，制作功率表时刻度均匀。电动系仪表常用来制作功率表、功率因数表等表计。

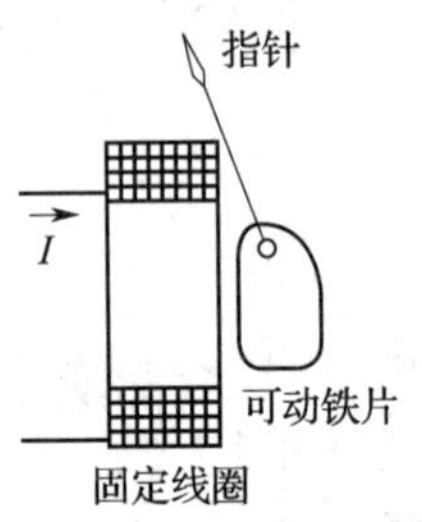

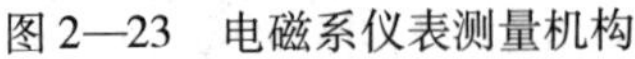
图 2—23　电磁系仪表测量机构

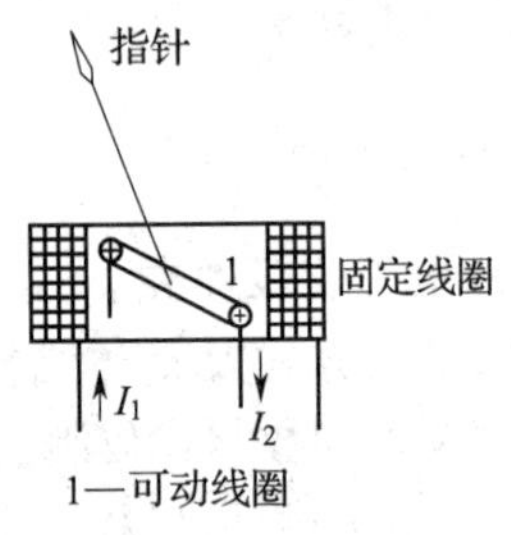

图 2—24　电动系仪表测量机构

感应系仪表由固定的开口电磁铁、永久磁铁、可转动铝盘及转轴、计数器等组成。当电磁铁线圈中流过电流时，铝盘里产生涡流，涡流与磁场相互作用使铝盘受力转动。铝盘转动时切割永久磁铁的磁场产生反作用力矩。感应系仪表主要用于制作交流电能表。

按照安装使用方式，电工仪表分为便携式仪表和安装式仪表。

按照测量方法，电工仪表主要分为直读式仪表和比较式仪表。前者根据仪表指针所指位置从刻度盘上直接读数或由数字式仪表直接显示数字，如电流表、万用电表、兆欧表等。后者是将被测量与已知的标准量进行比较来得到被测量，如电桥、接地电阻测量仪等。

（2）电工仪表的精确度

仪表精确度用引用误差 $K\%$ 表示，即

$$K\% = \frac{|\Delta_m|}{A_m} \times 100\%$$

式中，Δ_m和 A_m分别为最大绝对误差和仪表量程。按照精确度等级，电工仪表分为0.1、0.2、0.5、1.0、1.5、2.5、4.0 七级。

例 5—1　试分别计算用量程 10 A、精确度 1.0 级的电流表和量程 100 A、精确度 0.5 级的电流表测量 8 A 电流时可能产生的绝对误差和相对误差。

解：用量程 10 A、精确度 1.0 级的电流表测量时，绝对误差和相对误差分别为

$$\Delta_{m1} = \pm \frac{K_1 A_{m1}}{100} = \pm \frac{1.0 \times 10}{100} = \pm 0.1\ \text{A}$$

$$\gamma_1 = \frac{\Delta_{m1}}{A_X} = \pm \frac{0.1}{8} = \pm 0.012\,5 = \pm 1.25\%$$

用量程 100 A、精确度0.5 级的电流表测量时，绝对误差和相对误差分别为

$$\Delta_{m2} = \pm \frac{K_2 A_{m2}}{100} = \pm \frac{0.5 \times 100}{100} = \pm 0.5\ \text{A}$$

$$\gamma_2 = \frac{\Delta_{m2}}{A_X} = \pm \frac{0.5}{8} = \pm 0.062\,5 = \pm 6.25\%$$

例题表明，高精确度的仪表不一定能测量得到更精确的结果。为了测量得到精确的结果，合理选择量程是十分重要的。

（3）电工仪表常用符号

为了便于了解仪表的性能和使用范围，在仪表的刻度盘上标有一些符号。电工仪表的常用符号见表 2—11。

表 2—11　　电工仪表的常用符号

符　　号	特　　征	符　　号	特　　征
	磁电系仪表	∠20°	表盘与水平面成 20°角使用
	磁电系比率计		1 级防外电场
	磁电整流系仪表		1 级防外磁场
	电磁系仪表	Ⅳ　Ⅳ	Ⅳ级防外电场及磁场
	电磁系比率计	Ⅲ　Ⅲ	Ⅲ级防外电场及磁场
	电动系仪表	Ⅱ　Ⅱ	Ⅱ级防外电场及磁场
	感应系仪表	A	A 组仪表
	静电系仪表	B	B 组仪表
—	直流表	C	C 组仪表
~	单相交流表	1.5	以标度尺量限百分数误差表示精度 1.5 级
≃	交直流两用表	1.5	以标度尺长度百分数误差表示精度 1.5 级
≋	三相交流表	1.5	以指示值百分数误差表示精度 1.5 级
⊓	表盘水平使用	☆0	不进行绝缘强度试验
⊥	表盘垂直使用（安装式）	☆2	绝缘强度试验电压 2 kV

2. 电流和电压测量

电流和电压测量是最基本的电工测量，分别用电流表和电压表进行测量。配电柜用电压表和电流表的精确度要求不高，多采用电磁系仪表。便携式电压表和电流表的精确度要求较高，多采用磁电系仪表。

（1）电流测量

如图 2—25 所示，将电流表串联在线路中测量电流。为了不影响线路的工作，电流表的内阻应当尽量小。

选用和使用电流表应注意以下事项：

1）分清被测量的电流是直流还是交流。对于非交直流两用表，误用交流表测量直流可能导致仪表被烧坏。

2）测量前应检查仪表外观是否完好，左右摆动仪表时仪表指针应摆动灵活。

3）正确选用仪表量程。量程选择太小，将造成仪表过载，可能损坏仪表；量程选择太大，将导致误差过大，应当按工作电流的 1.5 倍左右选取量程。测量时，仪表指针宜停留在刻度盘的 1/3 ~ 3/4 处。如不知道被测电流的范围，应先用最大量程试测，找出大致范围后，再选用适当量程进行测量。

4）测量直流时，仪表的极性必须正确：仪表正极接电流流入端，仪表负极接电流流出端，即仪表正极接线路正极，仪表负极接线路负极。如不知道被测电流的极性，应先选用最大量程点测，找出极性，再调整极性并选用适当量程进行测量。

5）测量前应做机械调零。

如图 2—26 所示，多量程的磁电系电流表带有转换开关。操作转

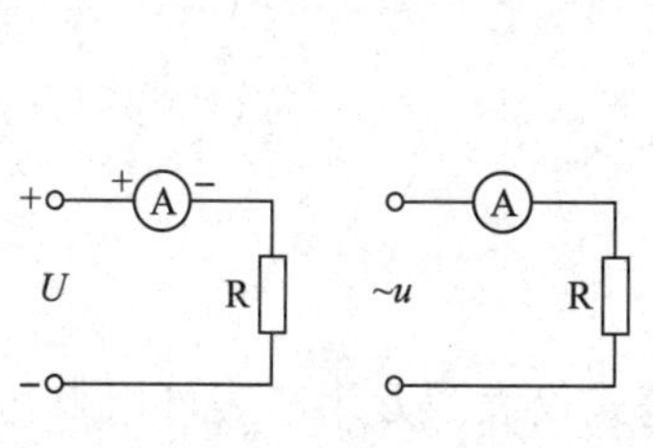

图 2—25　电流测量

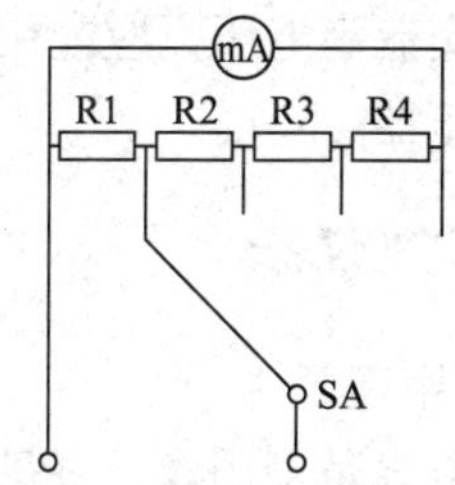

图 2—26　多量程电流表接线

换开关，改变仪表检流计的并联电阻即可改变仪表的量程。并联电阻越小，则仪表量程越大。对于电磁系电流表，改变两个线圈连接方式可以改变量程。

如用小量程电流表测量大电流，则必须配用扩大量程的专用器件。测量交流大电流，应配用电流互感器；测量直流大电流，应配用与仪表并联的分流器（分流电阻）。

(2) 电压测量

如图 2—27 所示，将电压表并联在线路上测量电压。为了不影响线路的工作，电压表的内阻应当尽量大。

除将电压表并联在线路中进行测量外，电压表的选用和使用与电流表的注意事项基本相同。

如图 2—28 所示，多量程的磁电系电压表带有转换开关。操作转换开关，改变仪表检流计的串联电阻即可改变仪表的量程。串联电阻越大，则仪表量程越大。对于电磁系电压表，改变两个线圈连接方式可以改变量程。

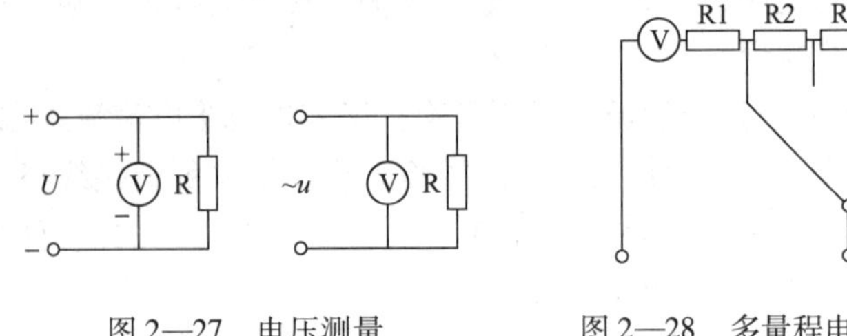

图 2—27　电压测量　　图 2—28　多量程电压表接线

如应用小量程电压表测量高电压，则必须配用扩大量程的专用器件。测量交流高电压，应配用电压互感器；测量直流高电压，应配用串联的分压器。

二、常用电工仪表

1. 万用电表

万用电表是多用途、多量程的便携式仪表。万用电表可用来测量直流电压、交流电压、直流电流、直流电阻等，有的万用电表还可用来测量交流电流、电感、电容等参数。

万用电表由表头、测量线路、转换开关、外壳等组成。指针式万用电表的表头是一只量程数十微安至数百微安的磁电式微安表。测量线路由电阻、电位器、二极管、电池等组成。如图 2—29 所示是万用电表的电路原理图，选择开关 SA2 置于 a 位时，转换开关 SA1 的 1、2、3 挡为交流电压挡，4、5、6 挡为直流电流挡，10、11、12 挡为直流电压挡；选择开关 SA2 置于 b 位时，转换开关 SA1 的 7、8、9 挡为电阻挡。测量交流时需经内部二极管整流。测量电压的分解电路大致如图 2—28 所示，测量电流的分解电路大致如图 2—26 所示。万用电表内部电池、电阻、表头串联后用于电阻测量，测量电阻的分解电路大致如图 2—30 所示。

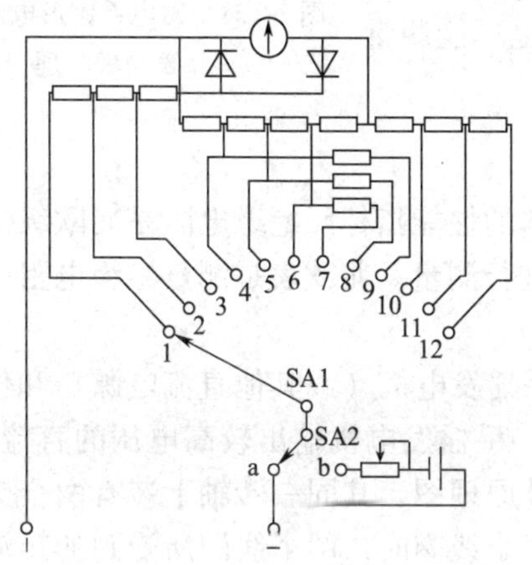

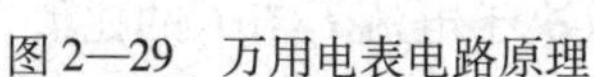
图 2—29 万用电表电路原理

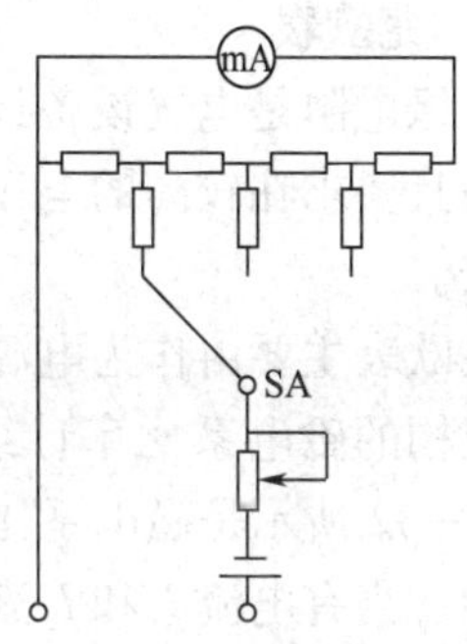

图 2—30 电阻测量电路

很多万用电表上有 dB（分贝）刻线。dB 刻线是用来指示电平的刻线。电平是表示功率或电压的参数，单位是 dB，是无量纲的相对值。电平 S 与功率和电压的关系为

$$S = 10\lg \frac{P_2}{P_1} = 20\lg \frac{U_2}{U_1}$$

在电气测量中，统一规定 $P_1 = 1$ mW 和 $U_1 = 0.775$ V，也就是说，dB 刻线上的“0”位相对的电压为 0.775 V。

2. 钳形电流表

磁电系钳形电流表是由铁芯可开合的电流互感器、磁电整流系交流电流表、绝缘手柄等组成的便携式电流表。其测量原理如图 2—31 所示。被测导线中流过电流 I_1，构成电流互感器的一次线圈，电流互感器的二次线圈输出的电流 I_2 经整流后进行测量。

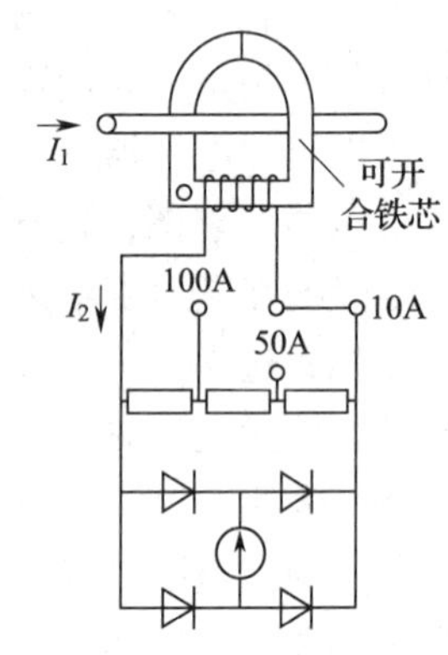

图 2—31　磁电系钳形电流表测量原理

钳形电流表用于在不断开导线的情况下测量线路上的电流。由于电流互感器必须工作在规定的电磁感应状态，磁电系钳形电流表不能测量直流电流，也不能测量异步电动机转子低频电流。

3. 兆欧表

绝缘电阻是电气设备最基本的性能指标。绝缘电阻是兆欧级的电阻，而且要求在较高的电压下进行测量。兆欧表是测量绝缘电阻的专用仪表。

兆欧表主要由作为电源的手摇发电机（或其他直流电源）和作为测量机构的磁电系比率计组成。手摇发电机输出较高电压的直流电。如图 2—32 所示是磁电系比率计原理图，其同一转轴上装有两个交叉的线圈。当有电流 I_1 和 I_2 流过两个线圈时，两个线圈所受到的转动力矩的方向是相反的。指针的偏转角取决于电流 I_1 与 I_2 的比值，而与每个电流的大小无关。

兆欧表测量原理如图 2—33 所示，接入被测绝缘电阻 R_X 即构成两条并联的支路，摇动手摇发电机，电流 I_1 与 I_2 之比为

$$\frac{I_1}{I_2}=\frac{R_2+r_2+R_X}{R_1+r_1}$$

式中，R_1 和 R_2 是兆欧表内置电阻，r_1 和 r_2 是兆欧表两个线圈的电阻。因为 R_1、R_2、r_1、r_2 都是固定数值，所以 I_1 与 I_2 的比值仅仅取决于被测绝缘电阻 R_X。由于指针偏转角只决定于 I_1 与 I_2 的比值，因此这使得指

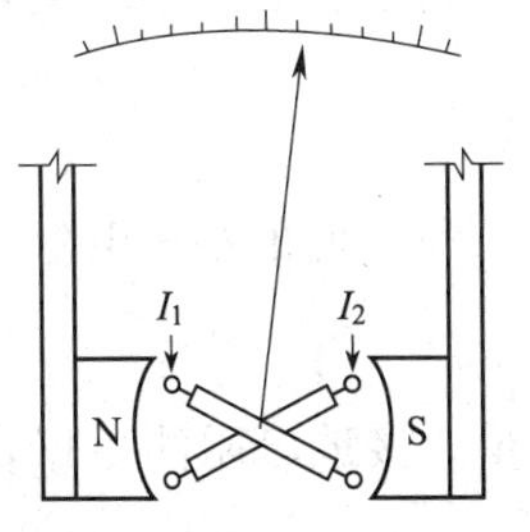

图 2—32　磁电系比率计原理

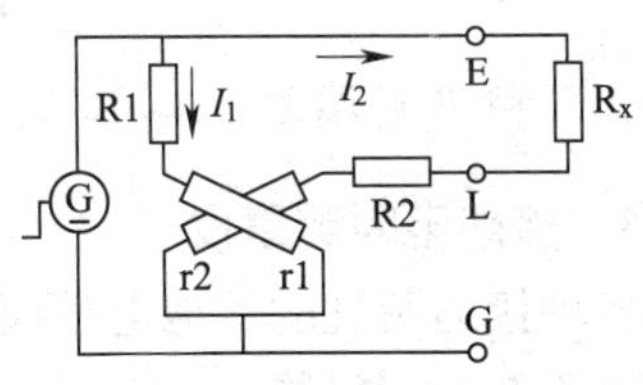

图 2—33　兆欧表测量原理

针偏转角只取决于被测绝缘电阻 R_X，而与 I_1 和 I_2 的大小无关，这就克服了由于手摇时转速不稳定、兆欧表输出电压不稳定导致测量电流不稳定所引起的测量误差。

兆欧表转动部分的转动惯量较大，也能在一定程度上克服手摇不稳定带来的影响。

兆欧表有 E（接地端）、L（线路端）、G（屏蔽端）三个端子。一般测量只用到 E 端和 L 端，E 端接外壳或接地，L 端接被测导体。

兆欧表上的 G 端是消除表面电流对测量准确性影响的专用端子，其作用可由如图 2—34 所示电缆绝缘电阻测量的接线来说明。如不连接 G 端，则表面电流与流经电缆绝缘内部的电流一起进入 L 端，所测得绝缘电阻是体积绝缘电阻和表面绝缘电阻的并联值。如在被测导体的绝缘上包以锡箔，做成屏蔽环，并使之同 G 端连接起来，则表面电流直接流经 G 端构成回路，而不流过比率计的测量线圈。这时，所测得的绝缘电阻只是电缆绝缘的体积绝缘电阻。

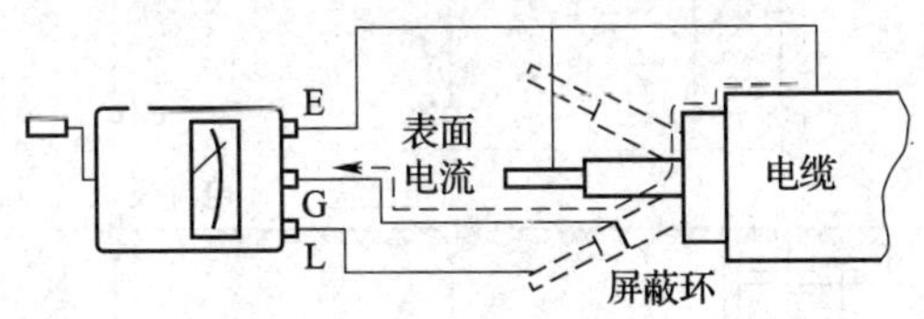

图 2—34　电缆绝缘电阻测量

兆欧表的测量机构是磁电系比率计，未进行摇测时指针不停留在零位，无须进行机械调零，也没有机械调零螺钉或旋钮。

随着温度升高，绝缘电阻迅速降低。不同温度下的绝缘电阻可按下式计算

$$R_{T1} = R_{T2} \times 2^{0.1\times(T_2-T_1)}$$

式中，T_1和T_2是温度，R_{T1}和R_{T2}是相应于T_1和T_2时的绝缘电阻。

4. 接地电阻测量仪

各种接地装置的接地电阻应当定期测量。接地电阻测量仪是测量接地电阻的专用仪器。

最常见的接地电阻测量仪是电位差计型测量仪表。这种接地电阻测量仪本身能产生交变的接地电流，不需外加电源，电流极和电压极也是配套的，使用简单，携带方便，而且抗干扰性能较好，应用十分广泛。

接地电阻测量仪的本体由手摇发电机（或电子交流电源）和电位差计型测量机构组成，主要附件是3条测量导线和两支辅助测量电极。测量仪有C2、P2、P1、C1四个接线端子或E、P、C三个接线端子。测量时，离被测接地体一定距离向地下打入电流极和电压极，如图2—35所示，测量时将连接起来的C2、P2端或E端接于被测接地体，P1端或P端接于电压极，C1端或C端接于电流极。选好倍率，以约120 r/min的转速转动摇把或接通电源，即可产生110~115 Hz的交流电流沿被测接地体和电流极构成回路。调节电位器旋钮，使仪表指针

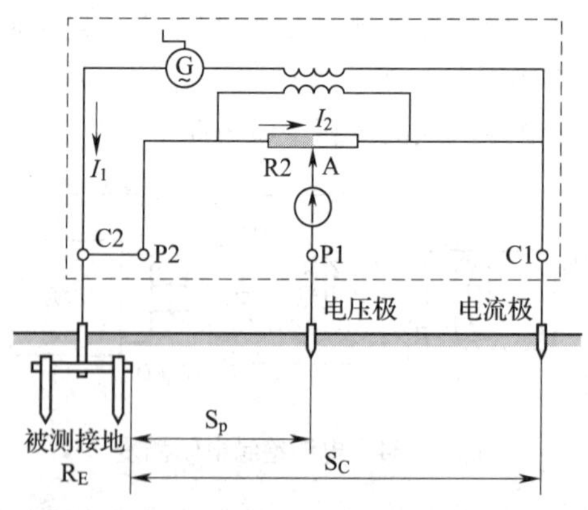

图2—35 接地电阻测量仪接线

保持在中心位置，即可直接由电位器旋钮也就是刻度盘的位置结合所选倍率读出被测接地电阻值。如图 2—35 所示，电流 I_1 流过被测接地电阻，电流 I_2 流过测量仪内的电位器。在测量过程中，当电位差计取得平衡时，检流计指针指向中心位置，A 点与 P1 点（或 P 点）的电位相等，此时

$$I_1 R_E = I_2 R_2$$

式中，R_E 是被测接地电阻，R_2 是电位器左段的电阻。由此不难求得被测接地电阻为

$$R_E = \frac{I_2}{I_1} R_2 = \frac{R_2}{K}$$

式中，$K = I_1/I_2$，是电流互感器的变流比。因为 K 是仪器设计的固定值，因此可以直接由 R_2 按比例给出 R_E。

如被测接地电阻很小且接线很长，则接线电阻可能带来较大的误差。为消除这一误差，应将仪器上的 C2、P2 端子拆开，分别接向被测接地电阻。

一般应当在雨季前或土壤最干燥的其他季节测量。雨天一般不应测量接地电阻，雷雨天不得测量防雷装置的接地电阻。

5. 直流电桥

直流电桥分为直流单臂电桥和直流双臂电桥，前者主要用来测量 1 mΩ 以上的电阻，后者可用来测量 1 mΩ 以下的电阻。双臂电桥能在很大程度上消除连线电阻和接触电阻带来的测量误差。

直流单臂电桥的接线原理如图 2—36 所示，R_X 是被测电阻，R2、R3 和 R4 都是电桥内的可调标准电阻，PA 是检流计，B 和 G 分别是电源回路和检流计回路的按钮开关。当电桥取得平衡时，电流 $I_P = 0$、$I_1 = I_2$、$I_3 = I_4$，同时，c、d 两点电位相等，$U_{ac} = U_{ad}$、$U_{cb} = U_{db}$，即有 $I_1 R_X = I_4 R_4$、$I_2 R_2 = I_3 R_3$。两式左右两边相除得到

$$R_X = \frac{R_2}{R_3} R_4$$

即被测电阻 R_X 决定于倍率（比值）R_2/R_3 和 R_4。倍率 R_3/R_2 由比率臂旋钮调节，R_4 由另外 4 个旋钮构成的比较臂旋钮调节。

为了最大限度地减小连线电阻、接触电阻、接触电动势带来的测量误差，测量低值电阻时需要采用双臂电桥。直流双臂电桥的接线原理如图 2—37 所示，R_X是被测电阻，R_n和 R1、R′1、R2、R′2 都是电桥内的标准电阻，PA 是检流计，SB 和 G 分别是电源回路和检流计回路的按钮开关。当电桥取得平衡时，可以得到

$$R_X = \frac{R_2}{R_1} R_n$$

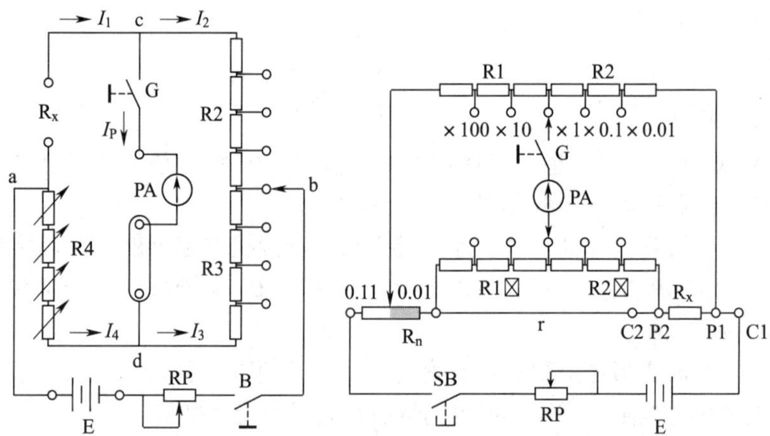

图 2—36　直流单臂电桥的接线原理　　图 2—37　直流双臂电桥的接线原理

6. 电能表

交流电能表是感应系仪表，用于电能测量。电能表分为单相电能表和三相电能表，三相电能表又分为三相两元件电能表和三相三元件电能表。三相两元件电能表只能用于三相三线线路或三相设备电能的测量；三相三元件电能表主要用于低压三相四线配电线路电能的测量。电能表的元件指一个电压电磁铁和一个电流电磁铁的组合体。三相两元件电能表的结构如图 2—38 所示。

电能表由驱动机构、制动元件和积算机构组成。驱动机构主要包括固定的电压电磁铁、电流电磁铁和可转动的铝盘。制动元件主要指卡着铝盘装设的永久磁铁。积算机构包括铝盘转轴上的蜗杆及蜗轮、计数器等元件。

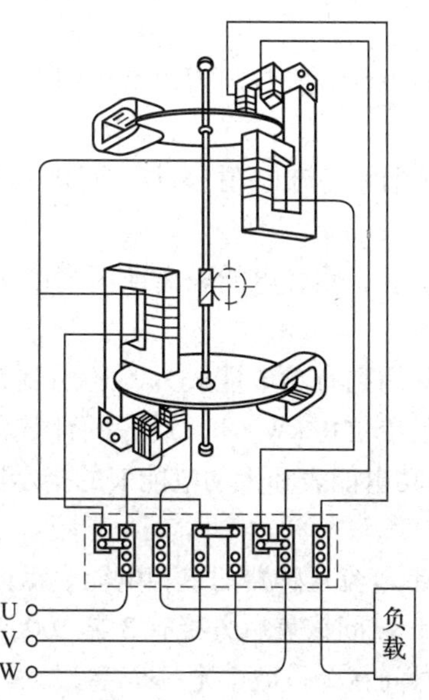

图 2—38　三相两元件电能表的结构

电压电磁铁的线圈与电路并联，获取电路的电压信号；电流电磁铁的线圈与电路串联，获取电路的电流信号。电压线圈和电流线圈的交变磁通都在铝盘中产生涡流，磁通与涡流相互作用产生驱动力矩带动铝盘旋转，旋转的铝盘切割永久磁铁的磁场时产生制动力矩，于是，在一定的负载下，铝盘以一定的转速转动。可以证明，铝盘的转速与电压、电流及功率因数的乘积，即与有功功率成正比。因此，通过积算机构即可记录负载消耗的电能。

单相电能表的额定电压大多为 220 V。三相电能表的额定电压大多为 380 V（三相两元件）和 220/380 V（三相三元件）。带电压互感器的电能表的额定电压大多为 100 V。

电能表的额定电流有 1 A、2 A、3 A、5 A、10 A 等多个等级。凡类似 5（10）A 的标志，括号外数字表示该电能表额定电流为 5 A，括号内数字表示该电能表改变内部接线后其额定电流可扩大为 10 A。带电流互感器的电能表的额定电流大多为 5 A。

电能表的额定电压应与电源电压相适应。额定电流应等于或略大于负荷电流；应用电流互感器时，电流互感器的一次额定电流应等于或略大于负荷电流。

电能表上都标有电能表常数，指的是每用电 1 kW · h 对应的铝盘转数。

电能表电流线圈的直流电阻很小，而电压线圈的直流电阻为 1 000 ~2 000 Ω。

电能表应垂直安装，明装电能表离地面高度为 1.8 ~2.2 m，暗装的不应低于 1.4 m。

在高压系统，除用到有功电能表外，还用到无功电能表，前者的计数器个位数的计量单位是 kW · h，后者的计数器个位数的计量单位是 kvar · h。应用有功电能表和无功电能表的指示数字可以计算平均功率因数。

例 5—2 某不带电流互感器的单相电能表盘面上注明 1 kW · h 相当于5 000铝盘转数，试问该表后方接有 2 盏 100 W 白炽灯时铝盘每分钟转多少转？多长时间在个位数上走一个字？

解： 因为 1 kW · h 铝盘转过5 000 r，$P = 100 \times 2 = 200\ \mathrm{W} = 0.2\ \mathrm{kW}$，所以现在铝盘每小时和每分钟分别转过

$$N_{\mathrm{h}} = 5\ 000 \times 0.2 = 1\ 000\ \mathrm{r/h}$$

$$N_{\mathrm{m}} = N_{\mathrm{h}}/60 = 1\ 000/60 = 16.67\ \mathrm{r/min}$$

因为电能表个位数上每走 1 个字计量的电能是 1 kW · h，所以现在每走 1 个字所用的时间为

$$t = 1/0.2 = 5\ \mathrm{h}$$

三、数字式仪表

数字式仪表是随着电子技术的发展出现的新型仪表。数字式仪表的原理和显示方式都与指示仪表不同，指示仪表直接指示模拟量，以连续方式用标尺读出被测量；数字式仪表则将被测量的模拟量转换成数字量后进行运算和计数，并用数字的形式显示出来。如图 2—39 所示，数字式仪表由模/数（A/D）转换器、电子计数器和数字显示器组成。模/数转换器将被测模拟量离散为脉冲量并转换为数字量，数字量在电子计数器内进行运算和计数，其结果经编码后由数码管显示器或液晶显示器显示出来。

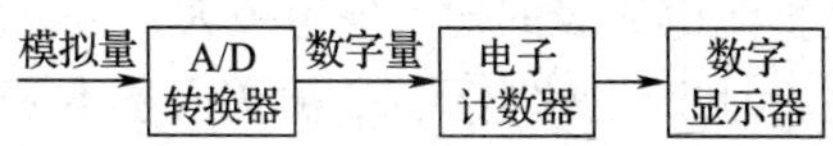

图 2—39　数字式仪表的组成

数字式仪表的优点如下：

1. 数字式仪表以数字的形式显示测量结果，读数方便且不易产生由视觉引起的误差。

2. 数字式仪表没有转动机构，基本上消除了由于摩擦引起的误差，准确度可达 ±0.1%。

3. 数字式仪表测量速度快，每秒可测量 50 次到上万次。

4. 数字式仪表可以实现远距离传送测量结果，且传送过程中结果不易受到干扰和损失。

5. 数字式仪表没有手柄摇动机构，受冲击、振动的影响小。

数字式仪表可制成交、直流电压表，交、直流电流表，电阻计，频率计等多种仪表。大多数数字式仪表是在数字式电压基本表的基础上加上输入电路、转换电路构成的，也就是说，数字式电压基本表相当于指针式仪表的测量机构。数字式电压基本表的量程为直流 200 mV。

数字式直流电压表的原理如图 2—40 所示。被测电压 U 经电阻 R1 和 R2 分压后将 U_{IN} 送入数字式电压基本表的模拟量输入端 IN_+ 和 IN_-，根据分压比即可直接显示被测电压，改变分压比即可改变量程。图中，COM 是模拟信号公共端，使用时与输入信号的负端、基准电压的负端连接。

数字式直流电流表的原理如图 2—41 所示，分流电阻 R 与基本表

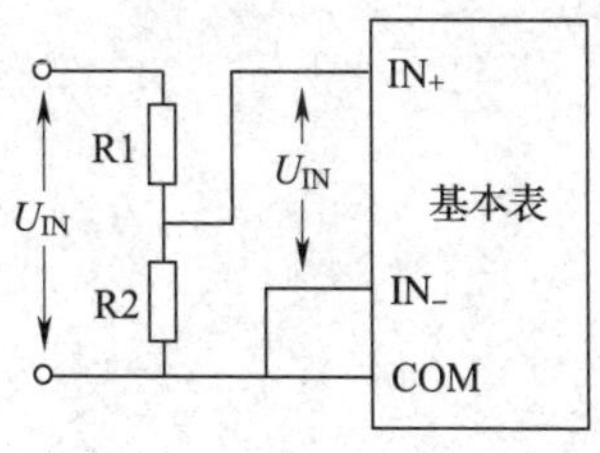

图 2—40　数字式直流电压表

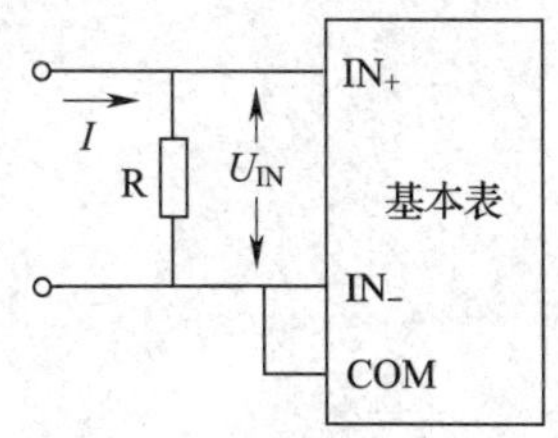

图 2—41　数字式直流电流表

并联。由于数字式直流电流表的输入电阻极大，可以忽略其分流作用，被测电流 I 在电阻 R 上产生的电压 U_{IN} 被送入基本表。根据电阻 R 的大小即可直接显示被测电流，改变分流电阻即可改变量程。

数字万用表可用于交、直流电压，交、直流电流，电阻等多种参数的测量。

第3章　电气防火防爆、防雷和防静电

第1节　电气防火防爆

火灾分为6类：A类火灾指固体物质火灾，B类火灾指液体或可熔化的固体物质火灾，C类火灾指气体火灾，D类火灾指金属火灾，E类火灾为带电火灾，F类火灾为烹饪器具内的烹饪物火灾。

电气火灾约占全部火灾事故总数的30%。电气火灾和爆炸除可能造成人身伤亡和设备毁坏外，还可能造成大规模、长时间停电，给国家财产造成重大损失。

一、电气引燃源

电气引燃源包括电气装置的危险温度和发生在可燃物上的电火花和电弧。

1. 危险温度

由于不存在100%的效率，电气设备运行时总是要发热的。电气设备稳定运行时，其最高温度和最高温升都不应超过允许范围。例如，裸导线和塑料绝缘线的最高温度一般不得超过70℃，橡皮绝缘线的最高温度一般不得超过65℃；油浸式变压器上层油温不得超过85℃；油浸电力电容器外壳温度不得超过65℃；电动机定子绕组最高温度，E级绝缘的为105℃、B级绝缘的为110℃等。当电气设备的正常运行遭到破坏时，发热量增加，温度升高，乃至产生危险温度。电气设备产生危险温度大体包括以下几种情况。

（1）短路

发生短路时，线路中电流增大为正常时的数倍乃至数十倍，而产生的热量又与电流的平方成正比，因此使得温度急剧上升。

电气设备的绝缘老化变质，或受到高温、腐蚀性物质的作用而失去绝缘能力时即可能发生短路；由于雷击等过电压的作用，电气设备的绝缘可能发生击穿而形成短路；导电性粉尘或纤维进入电气设备内部或电气设备受潮也可能引起短路；小动物或生长的植物侵入也可能引起短路；检修中错误操作也可能引起短路等。

（2）接触不良

接触部位是电路的薄弱环节，是产生危险温度的重点部位。不可拆卸的接头连接不牢、焊接不良或接头处夹有杂物，会增加接触电阻，导致危险温度；可拆卸的接头连接不紧密或由于振动而松动也会导致危险温度；可开闭的触点，如各种开关的触点，如果没有足够的接触压力或表面粗糙不平，均可能增大接触电阻，产生危险温度；滑动接触处没有足够的压力或接触不良也会产生危险温度；不同种类导体连接处，由于两者的理化性能不同，接触处极易产生危险温度。

（3）过载

严重过载或长时间过载都会产生危险温度。线路或设备的负载超过额定值，或连续使用时间过长，或乱拉乱接都会导致过载；设计、选用线路或设备时没有考虑足够的裕量，会导致过载；对于恒定负载，三相电动机缺相运行也会导致过载。

（4）铁芯过热

对于电动机、变压器、接触器等带有铁芯的电气设备，如铁芯短路，或线圈电压过高，或通电后铁芯不能吸合，涡流损耗和磁滞损耗增加都将造成铁芯过热并产生危险温度。

（5）散热不良

电气设备的散热或通风措施遭到破坏，如散热油管堵塞、通风道堵塞、安装位置不当、环境温度过高或距离外界热源太近，均可能导致电气设备和线路产生危险温度。

（6）漏电

漏电电流一般不大，不能促使线路熔断器动作。如漏电电流沿线路均匀分布，发热量分散，一般不会产生危险温度，但当漏电电流集中在某一点时，可能引起比较严重的局部发热，产生危险温度。

（7）机械故障

对于带有电动机的设备，如果被卡死或轴承损坏、缺油，造成堵转或负载转矩过大，都将产生危险温度。

（8）电压过高或过低

电压过高，除使铁芯发热增加外，对于恒定电阻负载，还会使电流增大，增加发热；电压过低，除使电磁铁吸合不牢或吸合不上外，对于恒定功率负载，还会使电流增大，增加发热。两种情况都可能导致危险温度。

（9）电热器具和照明灯具

电炉、电烘箱、电熨斗、电烙铁、电褥子等电热器具和照明器具的工作温度较高。例如，电炉电阻丝的工作温度高达800℃，100 W 白炽灯泡表面温度为 170～220℃，1 000 W 卤钨灯表面温度为 500～800℃。如果这些发热部件紧贴可燃物或离可燃物太近，则极易将其引燃而造成火灾。

白炽灯泡灯丝温度为 2 000～3 000℃，当灯泡爆碎时，炽热的钨丝落到可燃物上，也会引起可燃物质燃烧。

灯座内接触不良会造成过热，日光灯镇流器散热不良也会造成过热，都可能引起火灾。

2. 电火花和电弧

电火花是电极间的击穿放电，大量电火花汇集起来即构成电弧。电火花的温度很高，特别是电弧，温度高达 8 000℃。因此，电火花和电弧不仅能引起可燃物燃烧，还能使金属熔化、飞溅，构成二次引燃源。

电火花分为工作火花和事故火花。工作火花指电气设备正常工作或正常操作过程中产生的电火花。例如，控制开关、断路器、接触器接通、断开线路时产生的火花；插销拔出或插入时产生的火花；直流电动机的电刷与换向器的滑动接触处、绕线式异步电动机的电刷与滑环的滑动接触处产生的火花等。

事故火花是线路或设备发生故障时出现的火花。例如，电路发生短路或接地时产生的火花；熔丝熔断时产生的火花；连接点松动或导线断开时产生的火花；变压器、断路器等高压电气设备由于绝缘质量降低发生的闪络等。

事故火花还包括由外部原因引起的火花，如雷电火花、静电火花和电磁感应火花。

除上述外，电动机的转动部件与其他部件相碰还会产生机械碰撞火花。

二、危险物质和爆炸危险环境

1. 危险物质

爆炸性物质、可燃气体、可燃液体、自燃物质、遇水燃烧物质、氧化剂属于有火灾和爆炸危险的物质。下文所说的危险物质指在大气条件下能与空气形成爆炸性混合物的气体、蒸气、薄雾、粉尘、纤维。所谓爆炸性混合物就是一经点燃，燃烧能在整个范围内传播的混合物。这种能与空气形成爆炸性混合物的爆炸危险物质分为三类：Ⅰ类是矿井甲烷；Ⅱ类是爆炸性气体、蒸气、薄雾；Ⅲ类是爆炸性粉尘、纤维。

闪点、燃点、引燃温度、爆炸极限、最小点燃电流比、最大试验安全间隙、蒸气密度是危险物质的主要性能参数。

（1）闪点

闪点是在规定的试验条件下，易燃液体释放出足够的蒸气并在液面上方与空气形成爆炸性混合物，点火时能发生闪燃的最低温度。闪点越低，危险性越大。

（2）燃点

燃点是物质在空气中点火时发生燃烧，移开火源后仍能继续燃烧的最低温度。对于闪点不超过45℃的易燃液体，燃点仅比闪点高1～5℃，因此一般只考虑闪点，不考虑燃点。

（3）引燃温度

引燃温度又称自燃点或自燃温度，是在规定试验条件下，可燃物质不需外来火源即发生燃烧的最低温度。爆炸性气体、蒸气、薄雾按引燃温度可分为6组，其相应的引燃温度范围见表3—1。爆炸性粉尘、纤维按引燃温度可分为3组，其相应的引燃温度范围见表3—2。

表 3—1　　气体、蒸气、薄雾按引燃温度分组

组　别	T1	T2	T3	T4	T5	T6
引燃温度（℃）	>450	450≥T>300	300≥T>200	200≥T>135	135≥T>100	100≥T>85

表 3—2　　粉尘、纤维按引燃温度分组

组　别	T11	T12	T13
引燃温度（℃）	T>270	270≥T>200	200≥T>140

（4）爆炸极限

爆炸极限分为爆炸浓度极限和爆炸温度极限，后者很少用到，通常所指的都是爆炸浓度极限。该极限是指在一定的温度和压力下，混合物中这些物质的气体、蒸气、薄雾或粉尘、纤维与空气形成的能够被引燃并传播火焰的浓度范围。该范围的最低浓度称为爆炸下限，最高浓度称为爆炸上限。例如，甲烷的爆炸极限为 5%～15%，汽油的为 1.4%～7.6%，乙炔的为 1.5%～82%等。

（5）最小点燃电流比

最小点燃电流比的代号为 MICR，是在规定试验条件下，气体、蒸气、薄雾爆炸性混合物的最小点燃电流与甲烷爆炸性混合物的最小点燃电流之比。气体、蒸气、薄雾按最小点燃电流比的分级见表 3—3。

表 3—3　　气体、蒸气、薄雾按最小点燃电流比分级

级　别	Ⅰ	ⅡA	ⅡB	ⅡC
最小点燃电流比	1.0	0.8 < *MICR* ≤ 1.0	0.45 < *MICR* ≤ 0.8	≤0.45

除最小点燃电流比外，还经常用到最小引燃能量。最小引燃能量是在规定的试验条件下，能使爆炸性混合物燃爆所需最小电火花的能量。例如，甲烷的最小引燃能量为 0.33 mJ，乙炔的为 0.02 mJ 等。

（6）最大试验安全间隙

最大试验安全间隙的代号为 MESG，是衡量爆炸性物质传爆能力的性能参数，是在规定试验条件下，两个经长 25 mm 的间隙连通的容器，一个容器内燃爆不引起另一个容器内燃爆的最大连通间隙。气体、蒸气、薄雾爆炸性混合物按最大试验安全间隙的分级见表 3—4。

表 3—4　　气体、蒸气、薄雾按最大试验安全间隙分级

级　别	Ⅰ	ⅡA	ⅡB	ⅡC
最大试验安全间隙（mm）	1.14	0.9 < $MESG$ < 1.14	0.5 < $MESG$ ≤ 0.9	≤0.5

气体、蒸气危险物质分类、分级、分组举例见表 3—5。

表 3—5　　气体、蒸气危险物质的分类、分级、分组举例

类和级	最大试验安全间隙 MESG	最小点燃电流比 MICR	组别及引燃温度（℃）					
			T1	T2	T3	T4	T5	T6
			T > 450	300 < T ≤450	200 < T ≤300	135 < T ≤200	100 < T ≤135	85 < T ≤100
Ⅰ	1.14	1.0	甲烷					
ⅡA	0.9 ~ 1.14	0.8 ~ 1.0	乙烷、丙烷、丙酮、氯苯、苯乙烯、氯乙烯、甲苯、苯胺、甲醇、一氧化碳、乙酸乙酯、乙酸、丙烯腈	丁烷、乙醇、丙烯、丁醇、乙酸丁酯、乙酸戊酯、乙酸酐	戊烷、己烷、庚烷、癸烷、辛烷、汽油、硫化氢、环己烷	乙醚、乙醛		亚硝酸乙酯
ⅡB	0.5 ~ 0.9	0.45 ~ 0.8	二甲醚、民用煤气、环丙烷	环氧乙烷、环氧丙烷、丁二烯、乙烯	异戊二烯			
ⅡC	≤0.5	≤0.45	水煤气、氢、焦炉煤气	乙炔			二硫化碳	硝酸乙酯

2. 爆炸危险环境

为了正确选用电气设备和电气线路，必须正确划分所在环境危险区域的大小和级别。

（1）气体、蒸气爆炸危险环境

根据爆炸性气体、蒸气混合物出现的频繁程度和持续时间将此类危险场所分为0区、1区和2区。

1）0区。指正常运行时持续出现或长时间出现或短时间频繁出现爆炸性气体、蒸气或薄雾，能形成爆炸性混合物的区域。除了装有危险物质的封闭空间，如密闭的容器、储油罐等内部气体空间外，很少存在0区。

2）1区。指正常运行时可能出现（预计周期性出现或偶然出现）爆炸性气体、蒸气或薄雾，能形成爆炸性混合物的区域。

3）2区。指正常运行时不出现，即使出现也只可能是短时间偶然出现爆炸性气体、蒸气或薄雾，能形成爆炸性混合物的区域。

危险区域的级别和大小受释放源特征、通风条件、危险物质性质等因素的影响。

（2）粉尘、纤维爆炸危险环境

根据爆炸性粉尘、纤维混合物出现的频繁程度和持续时间将此类危险场所分为20区、21区和22区。

1）20区。指正常运行时连续出现或长时间出现或短时间频繁出现爆炸性粉尘、纤维，能形成爆炸性混合物的区域。

2）21区。指正常运行时可能出现爆炸性粉尘、纤维，能形成爆炸性混合物的区域。

3）22区。指正常运行时不太可能出现爆炸性粉尘、纤维，不能形成爆炸性混合物的区域。

粉尘、纤维爆炸危险区域的级别和大小受粉尘量、粉尘爆炸极限和通风条件等因素的影响。

（3）火灾危险环境

火灾危险场所分为21区、22区和23区，分别是有可燃液体、有可燃粉尘或纤维和有可燃固体存在的火灾危险环境。

三、防爆电气设备和防爆电气线路

爆炸危险环境使用的电气设备和电气线路，应当不会在使用中产生能构成引燃源的火花、电弧或危险温度。

1. 防爆电气设备

（1）防爆电气设备类型

防爆电气设备有隔爆型、增安型、本质安全型、正压型、充油型、充砂型、无火花型、浇封型、气密型等多种类型。

隔爆型设备是能承受内部的爆炸性混合物发生爆炸而不致受到破坏，而且通过外壳任何结合面或结构间隙，不致由内部爆炸引起外部爆炸性混合物爆炸的电气设备。

增安型设备是在正常时不产生火花、电弧或高温的设备上采取加强措施以提高安全水平的电气设备。

本质安全型设备是正常状态下和故障状态下产生的火花或热效应均不能点燃爆炸性混合物的电气设备。本质安全型设备按其安全程度分为i_a级和i_b级。前者是在正常工作、发生一个故障及发生两个故障时不能点燃爆炸性混合物的电气设备；后者是正常工作及发生一个故障时不能点燃爆炸性混合物的电气设备。

正压型设备是向外壳内充入带正压的清洁空气、惰性气体或连续通入清洁空气以阻止爆炸性混合物进入外壳内的电气设备。正压型设备按其充气结构分为通风、充气、气密三种类型。

充油型设备是将可能产生电火花、电弧或危险温度的带电零部件浸在绝缘油里，使之不能点燃油面上方爆炸性混合物的电气设备。

充砂型设备是将细粒状物料充入设备外壳内，令壳内出现的电弧、火焰传播、壳壁温度及粒料表面温度不能点燃周围爆炸性混合物的电气设备。

无火花型设备是在防止产生危险温度、防冲击、防机械火花、防电缆事故、外壳防护等方面采取措施，以防止火花、电弧或危险温度的产生来提高安全程度的电气设备。无火花型设备在正常条件下不会点燃周围爆炸性混合物，而且一般不会发生有点燃作用的故障。

浇封型设备是将可能产生能点燃混合物的电弧、火花及高温的部件浇封在环氧树脂等浇封剂里面，使其不能点燃周围爆炸性混合物的设备。

气密型设备是用熔化、挤压或胶粘的方法制成气密外壳，防止外部气体进入壳内的设备。

有的防爆电气设备，其本体属于一种防爆类型，但允许安装有其他防爆类型的部件。

（2）防爆电气设备的标志

防爆电气设备的类型标志见表3—6。

表3—6　　防爆电气设备标志

类型	隔爆	增安	本质安全	正压	充油	充砂	无火花	浇封	气密
标志	d	e	i_a和i_b	p	o	q	n	m	h

完整的防爆标志最前面标有“Ex”，表示是某种类型的防爆型设备，但不表示具体的防爆特征，接着依次标明防爆类型、级别和组别。例如，Ex dⅡBT3 表示Ⅱ类 B 级 T3 组的隔爆型电气设备；Ex i_aⅡAT5 表示Ⅱ类 A 级 T5 组的 i_a级本质安全型电气设备；Ex epⅡBT4 表示主体为增安型且有正压型部件的防爆电气设备；Ex dⅡ（NH_3）或 Ex dⅡ氨表示用于氨气环境的隔爆型电气设备；ExdⅠ表示矿用Ⅰ类隔爆型电气设备；ExdⅠ/ⅡBT4 表示可用于Ⅰ类，也可用于Ⅱ类 B 级 T4 组的隔爆型电气设备。

（3）爆炸危险环境中电气设备的选用

应根据电气设备使用环境的等级、电气设备的种类和使用条件选择电气设备。所选用的防爆电气设备的级别和组别不应低于该环境内爆炸性混合物的级别和组别。

在爆炸危险环境应尽量少用携带式设备和移动式设备，应尽量少安装插销座。

为了减少防爆电气设备的使用量，应当考虑把电气设备安装在危险环境之外；即使不得不安装在危险环境内，也应当安装在危险较小的位置。

气体、蒸气爆炸危险环境的低压电气设备的选型见表3—7～表

3—9。表中，“○”表示适用，“△”表示尽量避免采用，“×”表示不适用，“—”表示一般不用。

表 3—7　　电动机防爆结构选型

电气设备类别	爆炸危险环境区别						
	1 区			2 区			
	隔爆型	正压型	增安型	隔爆型	正压型	增安型	无火花型
三相笼型感应电动机	○	○	△	○	○	○	○
三相绕线型感应电动机	△	△	—	○	○	○	×
直流电动机	△	△	—	○	○	—	—

表 3—8　　低压开关和控制器类防爆结构选型

电气设备类别	爆炸危险环境区别								
	0 区	1 区				2 区			
	本质安全	本质安全	隔爆	充油	增安	本质安全	隔爆	充油	增安
刀开关、断路器	—	—	○	—	—	—	○	—	—
熔断器	—	—	△	—	—	—	○	—	—
操作用小开关	○	○	○	○	—	○	○	○	—
配电盘	—	—	△	—	—	—	○	—	—

表 3—9　　照明灯具类防爆结构选型

电气设备类别	爆炸危险环境区别			
	1 区		2 区	
	隔爆型	增安型	隔爆型	增安型
固定式白炽灯	○	×	○	○
移动式白炽灯	△	—	○	—
固定式荧光灯	○	×	○	○

粉尘、纤维爆炸危险环境防爆电气设备的选型见表3—10。

表3—10　粉尘、纤维爆炸危险环境防爆电气设备结构选型

<table>
<tr><td colspan="2" rowspan="3">电气设备类别</td><td colspan="7">爆炸危险环境区别</td></tr>
<tr><td colspan="3">21区</td><td colspan="4">22区</td></tr>
<tr><td>尘密型</td><td>正压型</td><td>充油型</td><td>尘密型</td><td>正压型</td><td>IP65</td><td>IP54</td></tr>
<tr><td colspan="2">变压器</td><td>○</td><td>○</td><td>○</td><td>○</td><td>—</td><td>—</td><td>—</td></tr>
<tr><td colspan="2">配电装置</td><td>○</td><td>○</td><td>—</td><td>—</td><td>—</td><td>—</td><td>—</td></tr>
<tr><td rowspan="2">电动机</td><td>鼠笼型</td><td>○</td><td>○</td><td>—</td><td>—</td><td>—</td><td>—</td><td>○</td></tr>
<tr><td>带电刷</td><td>—</td><td>—</td><td>—</td><td>—</td><td>○</td><td>—</td><td>—</td></tr>
<tr><td rowspan="3">电器和仪表</td><td>固定安装</td><td>○</td><td>○</td><td>○</td><td>—</td><td>—</td><td>○</td><td>—</td></tr>
<tr><td>移动式</td><td>○</td><td>○</td><td>—</td><td>—</td><td>—</td><td>○</td><td>—</td></tr>
<tr><td>携带式</td><td>○</td><td>—</td><td>—</td><td>—</td><td>—</td><td>○</td><td>—</td></tr>
<tr><td colspan="2">照明灯具</td><td>○</td><td>—</td><td>—</td><td>○</td><td>—</td><td>—</td><td>—</td></tr>
</table>

火灾危险环境的电气设备的选型见表3—11。

表3—11　火灾危险环境电气设备防护结构选型

<table>
<tr><td colspan="2" rowspan="2">电气设备类别</td><td colspan="3">火灾危险环境级别</td></tr>
<tr><td>21区（H－1级）</td><td>22区（H－2级）</td><td>23区（H－3级）</td></tr>
<tr><td rowspan="2">电动机</td><td>固定安装</td><td>IP44</td><td rowspan="2">IP54</td><td>IP21</td></tr>
<tr><td>移动式和携带式</td><td>IP54</td><td>IP54</td></tr>
<tr><td rowspan="2">电器和仪表</td><td>固定安装</td><td>充油型、IP54、IP44</td><td rowspan="2">IP54</td><td>IP22</td></tr>
<tr><td>移动式和携带式</td><td>IP54</td><td>IP44</td></tr>
<tr><td rowspan="2">照明灯具</td><td>固定安装</td><td>IP2X</td><td rowspan="4">IP5X</td><td rowspan="4">IP2X</td></tr>
<tr><td>移动式和携带式</td><td>IP5X</td></tr>
<tr><td colspan="2">配电装置</td><td rowspan="2">IP5X</td></tr>
<tr><td colspan="2">接线盒</td></tr>
</table>

2. 防爆电气线路

(1) 线路敷设方式

应当在爆炸危险性较小或距离释放源较远的位置敷设电气线路。电气线路宜沿有爆炸危险的建筑物的外墙敷设；当爆炸危险气体或蒸气比空气密度大时，电气线路应在高处敷设，电缆则直接埋地敷设或电缆沟充砂敷设；当爆炸危险气体或蒸气比空气密度小时，电气线路宜敷设在低处，电缆则采取电缆沟敷设。

爆炸危险环境中电气线路主要有防爆钢管配线和电缆配线，其敷设方式及适用范围见表3—12。

表3—12　　爆炸危险环境配线敷设方式及适用范围

配线方式		区域危险等级				
		0、20	1	2	21	22
本质安全型配线		○	—	—	—	—
镀锌钢管配线		×	○	○	○	○
电缆配线	低压	×	○	○	○	○
	高压	×	△	○	△	○

固定敷设的电力电缆应采用铠装电缆。固定敷设的照明、通信、信号和控制电缆可采用塑料护套电缆。非固定敷设的电缆应采用非燃性橡胶护套电缆。22区敷设在电缆沟内的电缆可采用非铠装电缆。采用非铠装电缆应考虑必要的机械防护。不同用途的电缆应分开敷设。爆炸危险环境不得明敷绝缘导体。

火灾危险环境可采用非铠装电缆配线、明设钢管配线、非燃性护套线配线、明设硬塑料管配线；远离可燃物时可采用瓷绝缘子明设配线。在火灾危险环境内，采用裸铝、裸铜母线应符合下列要求：

1）不需拆卸检修的母线连接处，应采用熔焊或钎焊。

2）螺栓连接（例如母线与电气设备的连接）应可靠，并能防止松脱。

3）在火灾21区和火灾23区，母线宜装设金属网保护，其孔眼直径应能防止直径大于12 mm的固体异物进入壳内；在火灾22区应有防护外罩。

4）当露天安装时，应有防雨、防雪措施。

（2）隔离密封

敷设电气线路的沟道以及保护管，电缆或钢管在穿过爆炸危险环境等级不同的区域之间的隔墙或楼板时，应用非燃性材料严密堵塞。

（3）导线材料

爆炸危险环境应优先采用铜线。

1 区和 21 区的所有电气线路应采用截面积不小于 2.5 mm^2 的铜芯导线。2 区动力线路应采用截面积不小于 1.5 mm^2 的铜芯导线或截面积不小于 4 mm^2 的铝芯导线。2 区照明线路和 22 区所有电气线路应采用截面积不小于 1.5 mm^2 的铜芯导线或截面积不小于 2.5 mm^2 的铝芯导线。

在有剧烈振动处应选用多股铜芯软线或多股铜芯电缆。

爆炸危险环境不宜采用油浸纸绝缘电缆。在爆炸危险环境，低压电力、照明线路所用电线和电缆的额定电压不得低于工作电压，且不得低于 500 V。工作零线应与相线有同样的绝缘能力，并应在同一护套内。对于爆炸危险环境中的移动式电气设备，1 区和 21 区应采用重型电缆，2 区和 22 区应采用中型电缆。

（4）允许载流量

爆炸危险环境导线允许载流量不应高于非爆炸危险环境的允许载流量。1 区、2 区导体允许载流量不应小于熔断器熔体额定电流和断路器长延时过电流脱扣器整定电流的 1.25 倍，也不应小于电动机额定电流的 1.25 倍。高压线路应进行热稳定校验。

（5）电气线路的连接

爆炸危险环境的电气线路不允许有非防爆型中间接头。1 区和 21 区应采用隔爆型接线盒，2 区和 22 区可采用增安型至防尘型接线盒。电缆线路不应有中间接头。

电气线路与电气设备引入装置之间应密封良好。

四、电气防火防爆技术

电气防火、防爆措施是综合性的措施，其他防火、防爆措施对于防止电气火灾和爆炸也是有效的。

1．消除或减少爆炸性混合物

这项措施内容包括采取封闭式作业，防止爆炸性混合物泄漏；清理现场积尘，防止爆炸性混合物积累；设计正压室，防止爆炸性混合物侵入；采取开放式作业或通风措施，稀释爆炸性混合物；在危险空间充填惰性气体或不活泼气体，防止形成爆炸性混合物；安装报警装置，当混合物中危险物质的浓度达到其爆炸下限的10%时报警等。

2．消除引燃源

为了防止出现电气引燃源，应根据爆炸危险环境的特征和危险物的级别、组别选用电气设备和电气线路，并保持电气设备和电气线路安全运行。安全运行包括电流、电压、温升和温度等参数不超过允许范围，绝缘良好，连接和接触良好，整体完好无损，清洁，标志清晰等。

爆炸危险环境电气设备的最高表面温度不得超过表3—13和表3—14中的规定。

表3—13　　气体、蒸气危险环境电气设备最高表面温度

组　别	T1	T2	T3	T4	T5	T6
最高表面温度（℃）	450	300	200	135	100	85

表3—14　　粉尘、纤维危险环境电气设备最高表面温度

<table>
<tr><th rowspan="3">组别</th><th colspan="4">电气设备表面或零部件温度极限值</th></tr>
<tr><th colspan="2">无过负荷可能的设备</th><th colspan="2">有过负荷可能的设备</th></tr>
<tr><th>极限温度（℃）</th><th>极限温升（K）</th><th>极限温度（℃）</th><th>极限温升（K）</th></tr>
<tr><td>T11</td><td>215</td><td>175</td><td>190</td><td>150</td></tr>
<tr><td>T12</td><td>160</td><td>120</td><td>140</td><td>100</td></tr>
<tr><td>T13</td><td>110</td><td>70</td><td>100</td><td>60</td></tr>
</table>

保持设备清洁有利于防火。设备脏污或灰尘堆积既降低设备的绝缘又妨碍通风和冷却，特别是正常时有火花产生的电气设备，很可能由于过分脏污引起火灾。

3. 隔离和间距

室内电压10 kV以上、总油量60 kg以下的充油设备，可安装在两侧有隔板的间隔内；总油量60～600 kg的设备，应安装在有防爆隔墙的间隔内；油量600 kg以上的设备，应安装在单独的防爆间隔内。

10 kV变电所、配电室不得设在爆炸危险环境的正上方或正下方；变电所与各级爆炸危险环境毗连，以及配电室与1区或21区爆炸危险环境毗连时，最多只能有两面相连的墙与危险环境共用；配电室与2区或22区爆炸危险环境毗连时，最多只能有三面相连的墙与危险环境共用。10 kV以下的配电室不宜设在火灾危险环境的正上方或正下方，但可以与火灾危险环境隔墙毗连。配电室允许通过走廊或套间与火灾危险环境相通，但走廊或套间应由非燃材料制成，而且除23区火灾危险环境外，门应设有自动关闭装置。1 000 V以下的配电室可以通过难燃材料制成的门与2区爆炸危险环境和火灾危险环境相通。变电所、配电室与爆炸危险环境或火灾危险环境毗连时，隔墙应用非燃材料制成。与1区和21区环境共用的隔墙上，不应有任何管子、沟道穿过；与2区或22区环境共用的隔墙上，只允许穿过与变电所、配电室有关的管子和沟道，孔洞、沟道应用非燃性材料严密堵塞。毗连变电所、配电室的门、窗应向外开，通向无爆炸或火灾危险的环境。

室外变电所、配电站与建筑物的防火间距见表3—15。室外变、配电装置不应设置在易于沉积可燃粉尘或可燃纤维的地方。

表3—15　室外变电所、配电站与建筑物的防火间距（m）

建筑物特征			变压器总油量（t）		
			5～10	10～50	>50
民用建筑	耐火等级	一、二级	15	20	25
		三级	20	25	30
		四级	25	30	35
丙、丁、戊类厂房及库房		一、二级	12	15	20
		三级	15	20	25
		四级	20	25	30
甲、乙类厂房			25		

续表

建筑物特征		变压器总油量（t）		
		5～10	10～50	>50
甲、乙类库房	储量不超过 10 t 的甲类 1、2、5、6 项物品及乙类物品	25		
	储量不超过 5 t 的甲类 3、4 项物品和储量超过 10 t 的甲类 1、2、5、6 项物品	30		
	储量超过 5 t 的甲类 3、4 项物品	40		

开关、插销、熔断器、电热器具、照明器具、电焊设备、电动机等均应避开易燃物或易燃建筑构件。起重机滑触线的下方，不应堆放易燃物品。

10 kV 及以下架空线路，严禁跨越火灾和爆炸危险环境；当线路与火灾和爆炸危险环境接近时，其间水平距离一般不应小于杆柱高度的 1.5 倍。

4. 爆炸危险环境接地和接零

爆炸危险环境的接地、接零应注意以下几点：

（1）从防止触电的角度考虑不要求接地（或接零）的部位，如交流 127 V 及以下、直流 110 V 及以下的电气设备也应接地（或接零），并实施等电位联结。

（2）将所有设备不带电的金属部分、金属管道以及建筑物的金属结构全部接地（或接零），并连接成连续整体。

（3）采用 TN－S 系统，并装设双极开关同时操作相线和工作零线。保护导体的最小截面积，铜导体不得小于 4 mm^2，钢导体不得小于 6 mm^2。

（4）在不接地配电网中，必须装设一相接地时或严重漏电时能自动切断电源的保护装置或能发出声、光双重信号的报警装置。短路保护应有较高的灵敏度。

五、电气灭火

火灾发生后，电气设备和电气线路可能是带电的，如不注意，可能引起触电事故。根据现场条件，可以断电的应断电灭火；无法断电的则带电灭火。灭火时应注意防止火焰蔓延扩大火灾范围，注意防止发生爆炸。

1. 触电危险和断电

发现起火后，首先要设法切断电源。切断电源应注意以下几点：

（1）火灾发生后，由于受潮和烟熏，开关设备绝缘能力降低，因此，拉闸时最好用绝缘工具操作。

（2）高压应先断开断路器后断开隔离开关，低压应先断开电磁启动器或低压断路器后断开刀开关。

（3）切断电源的范围应选择适当，防止切断电源后影响灭火工作。

（4）剪断电线时，不同相的电线应在不同的部位剪断，以免造成短路；剪断空中的电线时，剪断位置应选择在电源方向的支持物附近，以防止电线断落掉造成接地短路和触电事故。

2. 带电灭火安全要求

带电灭火需注意以下几点：

（1）正确选择适当灭火剂的灭火器。几种灭火器的主要性能见表3—16。二氧化碳灭火器、干粉灭火器可用于带电灭火。泡沫灭火器的灭火剂有一定的导电性，而且对电气设备的绝缘有影响，不宜用于电气灭火，不能用于带电灭火。

表3—16　灭火器的主要性能

灭火器种类	二氧化碳灭火器	干粉灭火器	泡沫灭火器
规格	2 kg 以下 2～3 kg 3～7 kg	8 kg 50 kg	0.01 m^3 0.065～0.13 m^3
药剂	钢筒内装有压缩成液态的二氧化碳	钢筒内装有钾盐或钠盐干粉，并备有盛装压缩气体的小钢瓶	筒内装有碳酸氢钠、发泡剂和硫酸铝溶液
导电性	不导电	不导电	有一定导电性

续表

灭火器种类	二氧化碳灭火器	干粉灭火器	泡沫灭火器
用途	扑救电气、精密仪器、油类和酸类火灾。不能扑救钾、钠、镁、铝等物质的火灾	可扑救电气设备火灾，但不宜扑救旋转电机的火灾。可扑救有机溶剂、石油、石油产品、油漆、天然气和天然气设备火灾	扑救油类或其他易燃液体火灾。不能扑救忌水或带电物火灾
效能	接近着火地点，保持3 m距离	8 kg喷射时间14～18 s，射程4.5 m；50 kg喷射时间50～55 s，射程6～8 m	0.01 m^3喷射时间60 s，射程8 m；0.065 m^3喷射时间170 s，射程13.5 m
使用方法	一手拿喇叭筒对准火源，另一手打开开关	提起圈环，干粉即喷出	倒过来稍加摇动或打开开关，药剂即喷出
保养和检查方法	保管：①置于取用方便处；②注意使用期；③防止喷嘴堵塞；④冬季防冻，夏季防晒 检查：每月测量一次，重量减少1/10者应充气	置于干燥通风处，防受潮、日晒；每年抽查一次干粉是否受潮或结块。小钢瓶内的气体压力每半年检查一次，重量减少1/10者应换气	一年检查一次，泡沫发生倍数低于4倍时，应换药

（2）人体与带电体之间保持必要的安全距离。用水灭火时，水枪喷嘴至电压10 kV及以下带电体的距离应不小于3 m。用二氧化碳等有不导电灭火剂的灭火器灭火时，机体、喷嘴至电压10 kV带电体的最小距离应不小于0.4 m。

（3）对架空线路等空中设备进行灭火时，人体位置与带电体之间的仰角应不超过45°。

（4）如有带电导线断落地面，应在周围画警戒圈，防止可能的跨步电压电击。

3. 充油电气设备灭火

充油电气设备的油，闪点多在 130～140℃，有较大的危险性。如果只是设备外部起火，可用二氧化碳灭火器、干粉灭火器带电灭火。如火势较大，应切断电源，并用水灭火。如油箱破坏，喷油燃烧，火势很大时，除切断电源外，有事故储油坑的应设法将油放进储油坑，坑内和地面上的油火可用泡沫灭火器扑灭；要防止燃烧着的油流入电缆沟而顺沟蔓延，电缆沟内的油火用泡沫覆盖扑灭。

发电机和电动机等旋转电机起火时，为防止轴和轴承变形，可令其慢慢转动，用喷雾水灭火，并使其均匀冷却；也可用二氧化碳或蒸汽灭火，但不宜用干粉、沙子或泥土灭火，以免损伤电气设备的绝缘。

第2节　防　　雷

带电积云是构成雷电的基本条件。当带不同电荷的积云互相接近到一定程度，或带电积云与大地凸出物接近到一定程度时，会发生强烈的放电，发出耀眼的闪光。由于放电时温度高达 20 000℃，空气受热急剧膨胀，会发出爆炸的轰鸣声。这就是闪电和雷鸣。

统计资料表明，我国每年有将近 1 000 人遭雷击死亡，直接经济损失近 10 亿元。雷电灾害是仅次于暴雨洪涝、气象地质灾害的第三大气象灾害。

一、雷电概要

1. 雷电种类

(1) 直击雷

带电积云与地面建筑物等目标之间的强烈放电称作直击雷。直击雷的放电过程如图 3—1 所示。带电积云接近地面时，在地面凸出物顶部感应出异性电荷。当积云与地面凸出物之间的电场强度达到 25～30 kV/cm 时，即发生由带电积云向大地发展的跳跃式先导放电，持续时间为 5～10 ms。当先导放电即将达到地面凸出物时，发生从地面凸出物向积云发展的极明亮的主放电，其放电时间仅 50～100 μs。主放电向上发展，至云端即告结束。主放电结束后空间留有微弱的余光，持续时间为 30～150 ms。

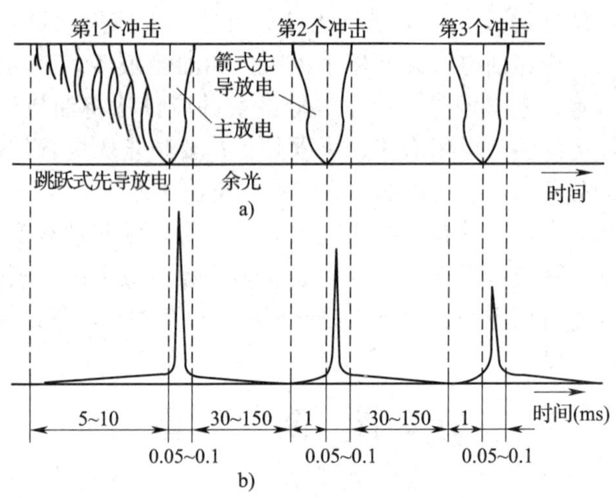

图 3—1　直击雷放电图

a）光学照片图　b）电流波形图

约 50% 的直击雷有重复放电的性质。平均每次雷击有三到四个冲击，最多能出现几十个冲击。第一个冲击的先导放电是跳跃式先导放电，第二个以后的先导放电是箭式先导放电，其放电时间仅为 1 ms。一次雷击的全部放电时间一般不超过 500 ms。

（2）感应雷

感应雷也称作闪电感应，分为静电感应和电磁感应。

静电感应是由于带电积云接近地面，在架空线路导线或其他导电凸出物顶部感应出大量电荷引起的。在带电积云与其他客体放电后，架空线路导线或导电凸出物顶部的电荷失去束缚，以大电流、高电压冲击波的形式，沿线路导线或导电凸出物极快地传播，这一现象也称为静电感应雷。

电磁感应是由于雷电放电时，巨大的冲击雷电流在周围空间产生迅速变化的强磁场引起的。这种迅速变化的磁场能在邻近的导体上感应出很高的电动势。如果是开口环状导体，开口处可能由此引起火花放电；如果是闭合导体环路，环路内将产生很大的冲击电流，这一现象也称为电磁感应雷。

（3）球雷

球雷是雷电放电时形成的发红光、橙光、白光或其他颜色光的火球，出现的概率约为雷电放电次数的2%。球雷的直径为20 cm左右，运动速度约为2 m/s或更高一些，存在时间为数秒钟到数分钟。球雷是一团处在特殊状态下的带电气体。在雷雨季节，球雷可能从门、窗、烟囱等通道侵入室内。

直击雷和感应雷都能在架空线路或空中金属管道上产生沿线路或管道的两个方向迅速传播的闪电冲击波（闪电电涌），而且也都能在空间产生辐射电磁波。

2. 雷电参数

（1）雷暴日

一天之内能听到雷声的就算一个雷暴日。通常说的雷暴日是指年平均雷暴日，单位为d/a。雷暴日数越大，说明雷电活动越频繁。年平均雷暴日不超过15 d/a的地区为少雷区，超过40 d/a的为多雷区。长江流域以南大部分地区属于多雷区，西北很多地区属于少雷区。

（2）雷电流幅值

雷电流幅值指主放电时冲击电流的最大值。雷电流幅值可达数十千安至数百千安。

（3）雷电流陡度

雷电流陡度指雷电流随时间上升的速度。雷电流冲击波波头陡度可达50 kA/μs，时间仅数微秒。由于雷电流陡度很大，因此雷电具有高频特征。

（4）雷电冲击过电压

直击雷冲击过电压高达数千千伏，感应雷冲击过电压也高达数百千伏。

由于雷电的电流幅值和陡度都很大，放电时间很短，因而表现出极强的冲击性。

3. 雷电的危害

雷电有电性质、热性质、机械性质等多方面的破坏作用。雷电的主要危害包括以下几方面：

（1）火灾和爆炸

直击雷放电的高温电弧能直接引燃邻近的可燃物造成火灾；高电压造成的二次放电可能引起爆炸性混合物爆炸；巨大的雷电流通过导体，在极短的时间内转换出大量的热能，可能烧毁导体、熔化导体，导致易燃品的燃烧，从而引起火灾乃至爆炸；球雷侵入可引起火灾；数百万伏乃至更高的冲击电压击穿电气设备绝缘导致的短路也可能引起火灾。

（2）触电

雷电直接对人放电会使人遭到致命电击；二次放电也能造成电击；球雷打击能使人致命；数十至数百千安的雷电流流入地下，会在雷击点及其连接的金属部分产生极高的对地电压，可能直接导致接触电压电击和跨步电压电击；电气设备绝缘损坏后，可能导致高压窜入低压，在大范围内带来触电危险。

（3）设备和设施毁坏

数百万伏乃至更高的冲击电压可能毁坏发电机、电力变压器、断路器、绝缘子等电气设备的绝缘，烧断电线或劈裂电杆；巨大的雷电流瞬间产生的大量热量使雷电流通道中的液体急剧蒸发，体积急剧膨胀，会造成被击物毁坏甚至爆碎；静电力和电磁力也有很强的破坏作用。

（4）大规模停电

电力设备或电力线路遭受雷击破坏后可能导致大规模停电。

4. 防雷分类

防雷建筑物按其火灾和爆炸的危险性、人身伤亡的危险性、政治经济价值分为三类。

（1）第一类防雷建筑物

第一类防雷建筑物有：

1）制造、使用或储存火炸药及其制品，遇电火花会引起爆炸、爆轰，从而造成巨大破坏或人身伤亡的建筑物。

2）位于0区、20区爆炸危险场所的建筑物。

3）位于1区、21区爆炸危险场所，且因电火花引起爆炸会造成巨大破坏和人身伤亡的建筑物。

（2）第二类防雷建筑物

第二类防雷建筑物有：

1）国家级重点文物保护的建筑物。

2）国家级的会堂、办公楼、档案馆，大型展览馆，大型机场航站楼，大型火车站，大型港口客运站，大型旅游建筑，国宾馆，大型城市的重要动力设施。

3）国家级计算中心、国际通信枢纽。

4）国际特级和甲级大型体育馆。

5）制造、使用或储存火炸药及其制品，但电火花不易引起爆炸，或不致造成巨大破坏和人身伤亡的建筑物。

6）位于1区、21区爆炸危险场所，但电火花不易引起爆炸或不会造成巨大破坏和人身伤亡的建筑物。

7）位于2区、22区爆炸危险场所的建筑物。

8）有爆炸危险的露天气罐和油罐。

9）预计雷击次数大于0.05次/a的省、部级办公建筑物和其他重要或人员集中的公共建筑物以及火灾危险场所内的建筑物。

10）预计雷击次数大于0.25次/a的住宅、办公楼等一般民用建筑物或一般工业建筑物。

（3）第三类防雷建筑物

第三类防雷建筑物有：

1）省级重点文物保护的建筑物和省级档案馆。

2）预计雷击次数大于或等于0.01次/a，小于或等于0.05次/a的省、部级办公建筑物和其他重要或人员集中的公共建筑物以及火灾危险场所内的建筑物。

3）预计雷击次数大于或等于0.05次/a，小于或等于0.25次/a的住宅、办公楼等一般民用建筑物或一般工业建筑物。

4）年平均雷暴日15 d/a以上地区高度15 m及15 m以上的烟囱、水塔等孤立高耸的建筑物，年平均雷暴日15 d/a及15 d/a以下地区高度20 m及20 m以上的烟囱、水塔等孤立高耸的建筑物。

二、防雷装置和防雷技术

1. 防雷装置

防雷装置包括外部防雷装置和内部防雷装置。外部防雷装置由接闪器、引下线和接地装置组成，内部防雷装置主要指防雷等电位联结及防雷间距。

(1) 接闪器

避雷针、避雷线、避雷网、避雷带都是经常采用的防雷装置。严格地说，针、线、网、带都只是直击雷防护装置的接闪器。建筑物的金属屋面可作为第一类工业建筑物以外其他各类建筑物的接闪器。这些接闪器都是利用其高出被保护物的凸出地位，把雷电引向自身，然后通过引下线和接地装置，把雷电流泄入大地，以此保护被保护物免受雷击的。

接闪器的保护范围现有两种计算方法。对于建筑物，接闪器的保护范围按滚球法计算；对于电力装置，接闪器的保护范围可按折线法计算。

滚球法是设想一定直径的球体沿地面由远及近向被保护设施滚动，当该球体触及接闪器或其引下线时，球面线即保护范围的轮廓线。滚球的半径按防雷级别确定。各级别的滚球半径见表 3—17，表中除滚球半径外，还给出了避雷网网格的要求。

表 3—17　　滚球半径和避雷网网格（m）

建筑物防雷级别	滚球半径	避雷网网格
第一类防雷建筑物	30	≤5×5 或≤6×4
第二类防雷建筑物	45	≤10×10 或≤12×8
第三类防雷建筑物	60	≤20×20 或≤24×16

折线法是将避雷针或避雷线保护范围的轮廓看作折线，折点在避雷针或避雷线高度的 1/2 处。对于高度 30 m 以下的避雷针，上部折线与垂线的夹角不超过 45°，下部折线与地面的交点至垂足的距离不超过针高的 1.5 倍；对于高度 30 m 以下的避雷线，上部折线与垂线的夹角一般应不超过 20°，下部折线与地面的交点至垂足的距离不超过避

雷线最低点的高度。

接闪器所用材料应能满足机械强度和耐腐蚀的要求，还应有足够的热稳定性。

采用热镀锌钢材制作的接闪器的最小尺寸见表 3—18。接闪器装设在烟囱上方时，由于烟气有腐蚀作用，应适当加大尺寸。

表 3—18　　接闪器常用材料的最小尺寸

类别	规格	圆钢或钢管		扁钢	
		圆钢直径（mm）	钢管直径（mm）	截面积（mm^2）	厚度（mm）
避雷针	针长 1 m 以下	12	20	—	—
	针长 1 ~ 2 m	16	25	—	—
	针在烟囱上方	20	40	—	—
避雷网和避雷带	不在烟囱上方	8	—	50	2.5
	在烟囱上方	12	—	100	4

避雷线一般采用截面积不小于 50 mm^2 的热镀锌钢绞线或铜绞线制作。

用金属屋面做接闪器时，金属板之间的搭接长度不得小于 100 mm；金属板下方无易燃物品时，所用铅板厚度不得小于 2 mm，铁板和铜板厚度不得小于 0.5 mm，铝板厚度不得小于 0.65 mm，锌板厚度不得小于 0.7 mm；金属板下方有易燃物品时，为了防止雷击穿孔，所用铁板、铜板、铝板厚度分别不得小于 4 mm、5 mm、7 mm；金属板不得有绝缘层。

接闪器焊接处应涂防腐漆。接闪器截面锈蚀 30% 以上时应予更换。

（2）避雷器和电涌保护器

避雷器的保护原理如图 3—2 所示。避雷器装设在被保护设施的引入端，正常时处在不通的状态；出现雷击过电压时，击穿放电，切断过电压，发挥保护作用；过电压终止后，迅速恢复正常时的不通状态。

避雷器主要用来保护电力设备和电力线路，也用作防止高电压侵入室内的安全措施。避雷器有保护间隙、管型避雷器和阀型避雷器之分，应用最多的是阀型避雷器。

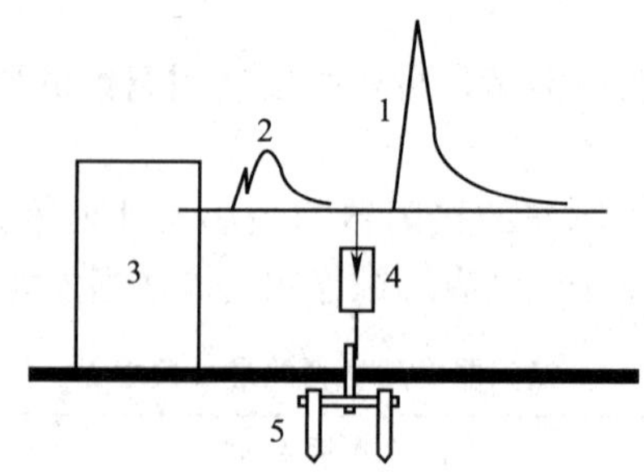

图 3—2　避雷器保护原理

1—线路上的雷电冲击波　2—经过避雷器后的残余波

3—被保护设施　4—避雷器　5—防雷接地

老式阀型避雷器主要由瓷套、火花间隙和非线性电阻阀片组成。瓷套起支撑和密封作用。每个火花间隙由两个黄铜电极夹一个云母垫片组成，云母片的厚度为 0.5 ~ 1 mm。低压阀型避雷器仅 1 个火花间隙，高压阀型避雷器有多个串联的火花间隙。非线性电阻阀片是用金刚砂（碳化硅）颗粒烧结而成的直径 55 ~ 100 mm 的饼形元件。在避雷器火花间隙上串联了非线性电阻之后，能遏制振荡，避免截波，又能限制残压。雷电流通过非线性电阻只遇到很小的电阻，而尾随而来的工频续流会遇到很大的电阻，这为火花间隙切断续流创造了良好的条件。也就是说，非线性电阻和间隙类似一个阀门，对于雷电流，阀门打开，使其泄入地下；对于工频续流，阀门关闭，迅速将其切断。

压敏阀型避雷器是一种新型的阀型避雷器，这种避雷器没有火花间隙，只有压敏电阻阀片。压敏电阻阀片是由氧化锌、氧化铋等金属氧化物烧结制成的多晶半导体陶瓷元件，具有极好的非线性伏安特性。在工频电压的作用下，电阻阀片呈现极大的电阻，使工频电流极小，甚至无须火花间隙即可切断工频续流，恢复正常状态。压敏电阻的通流能力很强，故而体积很小。压敏阀型避雷器适用于高、低压电气设备的防雷保护。

电涌保护器就是低压阀型避雷器。其中，有的以气体放电管、晶闸管为主要元件，有的以压敏电阻、二极管为主要元件。无论哪种电涌保护器，无冲击波时都表现为高阻抗，冲击到来时急剧转变为低阻抗。

（3）引下线

防雷装置的引下线也应满足机械强度、耐腐蚀和热稳定的要求。

引下线一般采用圆钢或扁钢制成，其尺寸要求与避雷网、避雷带相同。如用钢绞线作引下线，其截面积不得小于 50 mm^2。

引下线应避免弯曲而经最短途径接地。建筑物的金属构件（如消防梯等）可用作引下线，但所有金属构件之间均应连成电气通路，并连接可靠。引下线上应有供测量用的断接卡（用混凝土钢筋作引下线的除外）。

第一类和第二类防雷建筑物至少应有两条引下线，其间距离分别不得大于 12 m 和 18 m；第三类防雷建筑物周长超过 25 m 或高度超过 40 m 时也应有两条引下线，其间距离不得大于 25 m。

在易受机械损伤的地方，地面以下 0.3 m 至地面以上 1.7 m 的一段引下线应加塑料管、角钢或钢管保护。采用角钢或钢管保护时，应与引下线连接起来，以减小通过雷电流时的电抗。

引下线截面锈蚀 30% 以上者应予以更换。

（4）防雷接地装置

除独立避雷针外，在接地电阻满足要求的前提下，防雷接地装置可以与其他接地装置共用。

防雷接地装置所用材料应大于一般接地装置的材料。

防雷接地电阻一般指冲击接地电阻。接地电阻值视防雷种类和建筑物类别而定。独立避雷针的冲击接地电阻一般不应大于 10 Ω；附设接闪器每一引下线的冲击接地电阻一般也应不大于 10 Ω，但对于不太重要的第三类建筑物可放宽至 30 Ω。防感应雷装置的工频接地电阻应不大于 10 Ω。防雷电冲击波的接地电阻，视其类别和防雷级别，冲击接地电阻应不大于 5～30 Ω。其中，阀型避雷器的接地电阻一般应不大于 5 Ω。

2. 防雷技术

（1）直击雷防护

第一类防雷建筑物、第二类防雷建筑物、第三类防雷建筑物的易受雷击部位应采取直击雷防护措施；可能遭受雷击，且一旦遭受雷击后果比较严重的设施或堆料（如装卸油台、露天油罐、露天储气罐等）也应采取防直击雷的措施；35 kV 及以上的高压架空电力线路、发电厂和变电站等也应采取防直击雷的措施。

装设避雷针、避雷线、避雷网、避雷带是直击雷防护的主要措施。

避雷针分独立避雷针和附设避雷针。独立避雷针是离开建筑物单独装设的，一般情况下，其接地装置应当单设。严禁在装有避雷针的构筑物上架设通信线、广播线或低压线。利用照明灯塔作独立避雷针支柱时，为了防止将雷电冲击电压引进室内，照明电源线必须采用铅皮电缆或穿入铁管，并将铅皮电缆或铁管埋入地下（埋深 0.5 ~ 0.8 m）经 10 m 以上水平距离才能引进室内。独立避雷针不应设在人经常通行的地方。

附设避雷针是装设在建筑物或构筑物屋面上的避雷针。如果有多支附设避雷针或其他接闪器，应相互连接，并与建筑物或构筑物的金属结构连接起来；其接地装置可以与其他接地装置共用，宜沿建筑物或构筑物四周敷设；接地装置的接地电阻不宜超过 1 ~ 2 Ω。

露天装设的有爆炸危险的金属储罐和工艺装置，当其壁厚不小于 4 mm 时，允许不再装设接闪器，但必须接地，且接地点不应少于两处，其间距离不应大于 30 m，冲击接地电阻不应大于 30 Ω。如金属储罐和工艺装置击穿后不对周围环境构成危险，则允许其壁厚降低为 2.5 mm。

（2）二次放电防护

防雷装置承受雷击时，其接闪器、引下线和接地装置呈现很高的冲击电压，可能击穿与之邻近的导体之间的绝缘，造成二次放电。为了防止二次放电，不论是空气中或地下，都必须保证接闪器、引下线、接地装置与邻近导体之间有足够的安全距离。在任何情况下，第一类防雷建筑物防止二次放电的最小距离不得小于 3 m，第二类防雷建筑物防止二次放电的最小距离不得小于 2 m。不能满足间距要求时应予跨接，即进行等电位连接。

（3）感应雷防护

雷电感应也能产生很高的冲击电压，在电力系统中应与其他过电压同样考虑；在建筑物和构筑物中，主要应考虑由二次放电引起爆炸和火灾的危险。无火灾和爆炸危险的建筑物和构筑物一般不考虑雷电感应的防护。

为了防止静电感应产生高电压，应将建筑物内的金属设备、金属管道、金属构架、钢屋架、钢窗、电缆金属外皮，以及凸出屋面的放散管、风管等金属物件与防雷电感应的接地装置相连。对于金属屋顶，应将屋顶妥善接地；对于钢筋混凝土屋顶，应将屋面钢筋焊成 5 ~ 12 m 的网格，连成通路并予以接地；对于非金属屋顶，宜在屋顶上加装边长 5 ~ 12 m 的金属网格，并予以接地。

为了防止电磁感应，平行敷设的管道、构架、电缆相距不到 100 mm 时，须用金属线跨接，跨接点之间的距离不应超过 30 m；交叉相距不到 100 mm 时，交叉处也应用金属线跨接。管道接头、弯头、阀门等连接处的过渡电阻大于 0. 03 Ω 时，连接处也应用金属线跨接。

（4）雷电冲击波防护

10 kV 变电所、配电站防雷保护接线如图 3—3 所示。图中，FS、FZ 为阀型避雷器，L 为电抗器。

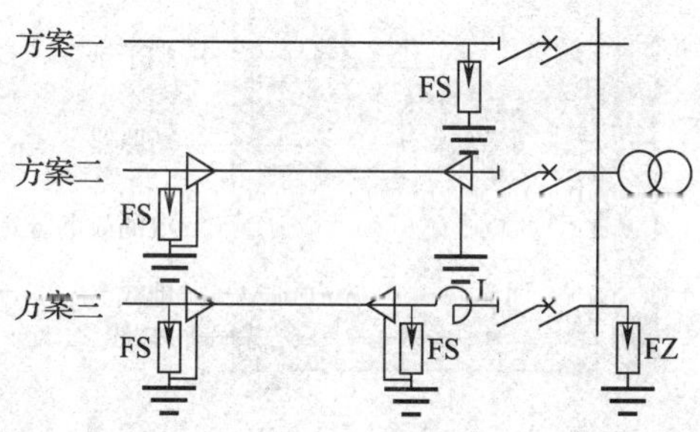

图 3—3　10 kV 变电所、配电站防雷保护接线

如无电缆进线段，10 kV 变电所高压母线上阀型避雷器与变压器之间的电气距离不得大于表 3—19 所列数值。

表 3—19　　避雷器与变压器之间的最大电气距离（m）

进线回路数	1	2	3	⩾4
电气距离	15	23	27	30

对于3～10 kV配电站，可仅在进线上装设阀型避雷器。

对于建筑物，雷电冲击波可能引起火灾或爆炸，也可能伤及人身，为防止雷电冲击波沿低压线进入室内，可采取以下措施：

1）全长直接埋地电缆供电者，入户处电缆金属外皮接地。

2）架空线转电缆供电者，架空线与电缆连接处装设阀型避雷器，并将避雷器、电缆金属外皮、绝缘子铁脚、金具等一起接地。

3）架空线供电者，入户处装设阀型避雷器或保护间隙，并与绝缘子铁脚、金具一起接地。

4）室外天线的馈线临近避雷针或避雷针引下线时，馈线应穿金属管或采用屏蔽线，并将金属管或屏蔽接地。如馈线未穿金属管，又不是屏蔽线，则应在馈线上装设避雷器或放电间隙。

（5）电涌防护

电涌防护指对室内浪涌电压的防护，方法是在配电箱或开关箱内安装电涌保护器。电涌保护器的接线如图3—4所示。

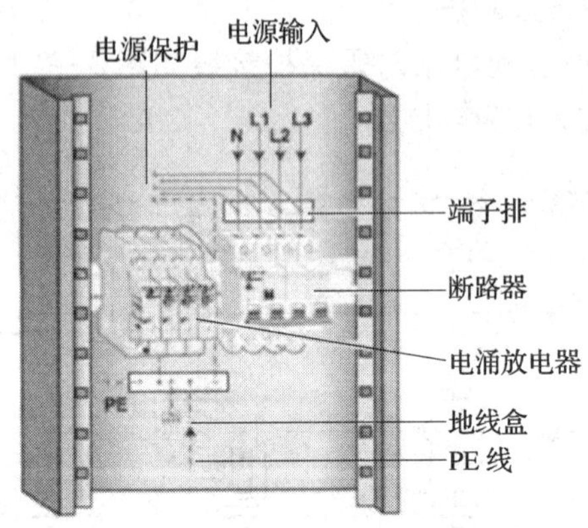

图3—4　电涌保护器的接线

（6）电磁脉冲防护

电磁脉冲防护的基本方法是将建筑物所有正常时不带电的导体进行充分的等电位连接，使之构成严密的闭合回路，并予以接地。同时，在配电箱或开关箱内安装电涌保护器。

（7）人身防雷

雷暴时，带电积云直接对人体放电或雷电流入地下产生对地电压以及二次放电等都可能对人造成致命的电击。

雷暴时，非工作必须，应尽量不要在户外或野外逗留；如有条件，可进入有宽大金属构架或有防雷设施的建筑物、汽车或船只。

雷暴时，应尽量离开小山、小丘、隆起的小道、海滨、湖滨、河边、池塘旁，应尽量避开电力设施、铁丝网、铁栅栏、金属晒衣绳、旗杆、电线杆、烟囱、宝塔、孤独的树木、铁轨附近，应尽量离开没有防雷保护的小建筑物或其他设施。在户外避雨时，要注意离开墙壁或树干 8 m 以外。

雷暴时，不要在河里游泳或划船；应停止高空作业；应避免田间工作、避免露天行走；不要持有高出人体的金属器具。

雷暴时，在户内应注意防止雷电冲击波的危险，应离开照明线、动力线、电话线、广播线、收音机和电视机电源线、收音机和电视机天线以及与其相连的各种金属设备，以防止这些线路或设备对人体二次放电。雷暴时人体最好离开可能传来雷电冲击波的线路和设备 1.5 m 以上。

雷雨天气，还应注意关闭门窗，以防止球雷进入室内造成危害。

第 3 节　静电防护技术

静电是在宏观范围内暂时失去平衡的相对静止的正电荷和负电荷。静电现象是十分普遍的电现象。

一、静电的产生、影响与特点

1. 静电的产生

静电产生的方式很多，其中最常见的方式是接触—分离起电。如图 3—5 所示，当两种物体接触且其间距离小于 25×10^{-8} cm 时，由于不同物质束缚最外层电子的能力不同，将发生电子转移。因此，界面两侧出会出现大小相等、极性相反的两层电荷，这两层电荷称为双电层，其间的电位差称为接触电位差。当两种物体迅速分离时，即可能产生静电。接触电位差虽然只有数毫伏至数百毫伏，但在特定的条件下，可以演变成很高的静电电压。

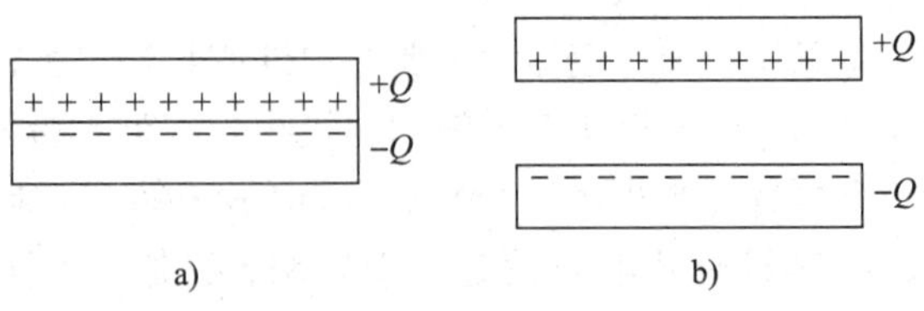

图 3—5　接触—分离起电

a）双电层　b）分离带电

感应起电也是比较常见的起电方式。如图 3—6 所示，当 B 导体与接地体 C 相连时，在带电体 A 的感应下，端部出现正电荷；当 B 导体离开接地体 C 时，B 导体成为带电体。

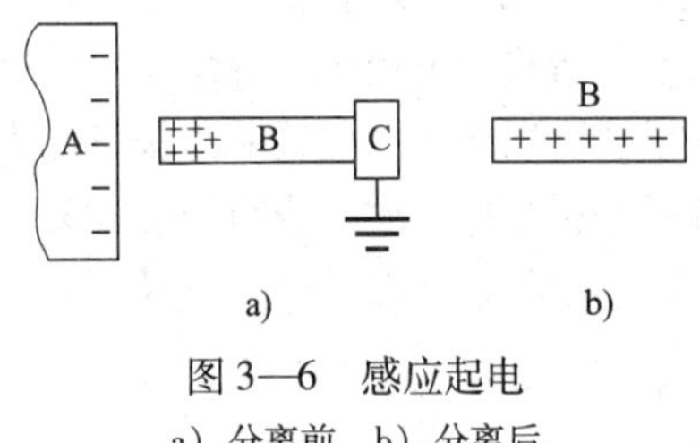

图 3—6　感应起电

a）分离前　b）分离后

除上述两种起电方式外，破断、挤压、吸附也能产生静电。

液体在流动、过滤、搅拌、喷雾、喷射、飞溅、冲刷、灌注、剧烈晃动等过程中会产生静电。如图 3—7 所示，紧贴分界面的电荷层只有一个分子直径的厚度，是不随液体流动的固定电荷层；与其相邻的异性电荷层为数十至数百倍分子直径厚度的随液体流动的滑移电荷层。如果液体在管道内呈紊流状态，则滑移层的电荷被搅动，且不局限在某一范围，而近似地沿管道断面均匀分布。显然，液体流动时，一种极性的电荷随液体流动，形成所谓流动电流。由于流动电流的出现，管道的终端容器里将积累静电。

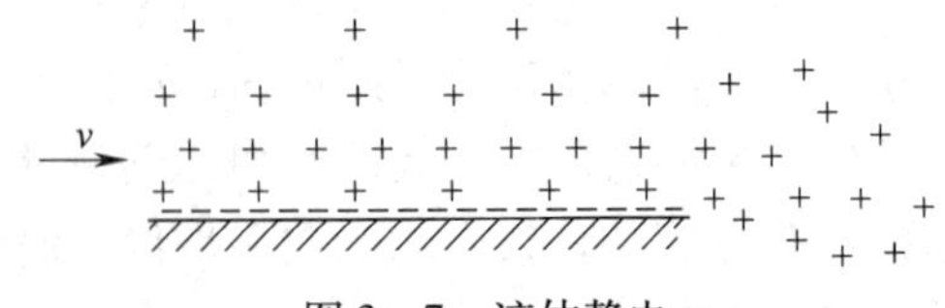

图 3—7　液体静电

下列过程比较容易产生和积累静电：

（1）固体物质大面积的摩擦，固体物质在压力下接触而后分离，固体物质在挤出、过滤时与管道、过滤器摩擦，固体物质的粉碎、研磨。

（2）粉体物料的筛分、过滤、输送、干燥，悬浮粉尘高速运动。

（3）在混合器中搅拌各种高电阻率物质。

（4）高电阻率液体在管道中高速流动，液体喷出管口，液体注入容器发生冲击、冲刷和飞溅。

（5）液化气体、压缩气体或高压蒸气在管道中高速流动和由管口喷出。

（6）穿化纤布料衣服、穿高绝缘鞋的人员操作、行走、起立等。

2. 静电的影响因素

静电的产生和积累受材质、工艺设备和工艺参数、环境条件等因素的影响。

（1）材质和杂质的影响

对于固体，电阻率 $1\times10^{7}\Omega\cdot m$ 以下的，由于泄漏较强而不容易积累静电；电阻率 $1\times10^{9}\Omega\cdot m$ 以上的，容易积累静电。对于液体，电阻率 $1\times10^{8}\Omega\cdot m$ 以下的，由于泄漏较强而不容易积累静电；电阻率 $1\times10^{10}\Omega\cdot m$ 左右的，最容易产生静电；电阻率 $1\times10^{13}\Omega\cdot m$ 以上的，由于其分子极性很弱反而不容易产生静电。

容易得失电子，而且电阻率很高的材料容易产生和积累静电。生产中常见的乙烯、丙烷、丁烷、原油、汽油、轻油、苯、甲苯、二甲苯、硫酸、橡胶、赛璐珞、塑料等都比较容易产生和积累静电。

杂质对静电有很大的影响。静电在很大程度上取决于所含杂质的成分。一般情况下，杂质有增强静电的趋势。

（2）工艺设备和工艺参数的影响

接触面积越大，双电层正、负电荷越多，产生的静电越多。接触压力越大或摩擦越强烈，电荷分离强度越大，产生静电越多。

设备的几何形状也对静电的产生有影响。例如，平皮带与皮带轮之间的滑动位移比三角皮带大，因此产生的静电也比较多。

过滤器会大大增加液体接触和分离程度，可能使液体静电电压增加十几倍到上百倍。

（3）环境条件的影响

湿度对静电泄漏的影响很大。随着湿度增加，绝缘体表面凝成薄薄的水膜，并溶解空气中的二氧化碳气体和绝缘体析出的电解质，使绝缘体表面电阻大为降低，从而加速静电泄漏。空气湿度降低，很多绝缘体表面电阻率升高，泄漏变慢，从而容易积累危险静电。由于空气湿度受环境温度的影响，所以环境温度的变化可能加剧静电的产生。

3. 静电的特点

（1）静电电压高

固体静电电压可达二十万伏，液体静电和粉体静电电压可达数万伏，气体和蒸气静电电压可达一万多伏，人体静电电压也可达一万多伏。

静电电压高的原因不在于静电电量大或静电能量大，而在于电容的变化。电容器上的电压 U、电量 Q、电容 C 三者之间保持 $U=\frac{Q}{C}$ 的关系。对于平板电容器，$C=\frac{\varepsilon S}{d}$，因此

$$U=\frac{Q}{C}=\frac{Qd}{\varepsilon S}$$

式中，ε、S 和 d 为极间电介质的介电常数、极板面积和极间距离。显然，当 Q、ε、S 不变时，U 与 d 成正比。将接近的两个带电面看作是电容器的极板，紧密接触时，其间距离只有 25×10^{-8} cm。若将二者分开 1 cm，则距离增大为原来的 400 万倍。此时，如接触电位差仅为 0.01 V，则在不考虑分开时电荷回流的情况下，两者之间的电压高达 40 000 V。由此可见，静电电压在很大程度上取决于几何条件。

（2）静电泄漏慢

静电泄漏有两条途径：一条是绝缘体表面，一条是绝缘体内部。前者遇到的是表面电阻，后者遇到的是体积电阻。

静电泄漏的速率随着材料介电常数 ε 与电阻率 ρ 乘积的增大而减

小。介电常数与电阻率的乘积称为时间常数，用 τ 表示，即 $\tau = \varepsilon\rho$。很多易起电材料的电阻率都很高，因此其上静电泄漏很慢。例如，某橡胶的电阻率 $\rho = 10^{14}\ \Omega \cdot m$、介电常数 $\varepsilon = 17 \times 10^{-12}$ F/m，则时间常数 $\tau = \varepsilon\rho = 1\ 700$ s，经约14 min 后其上静电才能泄漏一半。

（3）静电放电形式

如图 3—8 所示，静电放电主要有以下几种形式。

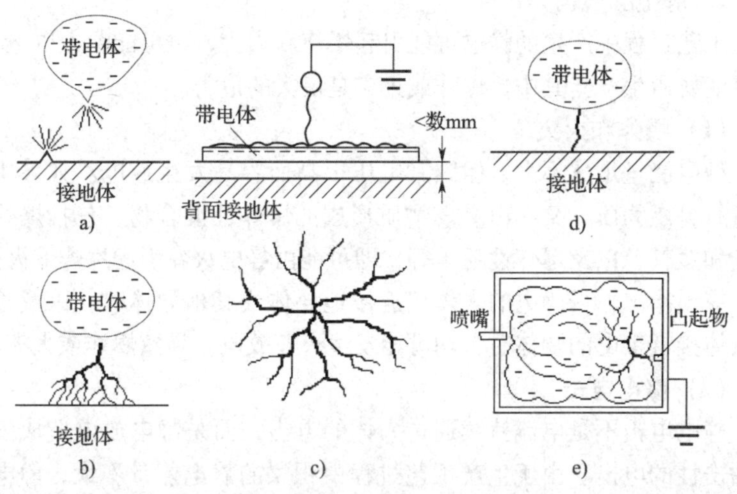

图 3—8　静电放电

a）电晕放电　b）刷形放电　c）传播型刷形放电　d）火花放电　e）云形放电

1）电晕放电。是发生在带电体尖端附近局部区域内的放电。电晕放电可能伴有“嘶嘶”声和淡蓝色光。电晕放电的电流很小，能量密度不高，如不继续发展则没有引燃危险。

2）刷形放电。是火花放电的一种，其放电通道有很多分支，放电时伴有声光。绝缘体束缚电荷的能力很强，其表面容易出现刷形放电。同一带电绝缘体与其他物体之间，可能发生多次刷形放电。刷形放电能引燃一些敏感度高的爆炸性混合物。当高电阻薄膜背面贴有金属导体时，能形成所谓的传播型刷形放电。传播型刷形放电产生密集的火花，引燃危险性较大。

3）火花放电。是放电通道火花集中，即电极上有明显的放电集中点的放电形式。火花放电伴有短促的爆裂声和明亮的闪光，引燃危险性大。

4）云形放电。是悬浮在空气中的带电粒子形成空间电荷云后所发生的闪电状放电。云形放电的引燃危险性也很大。

二、静电危害与防治

1. 静电的危害

工艺过程中产生的静电可能引起爆炸和火灾，也可能给人以电击，还可能妨碍生产。其中，爆炸或火灾是最大的危害。

（1）爆炸和火灾

静电能量虽然不大，但因其电压很高而容易发生放电。如果所在场所有易燃物质，又有由易燃物质形成的爆炸性混合物，包括爆炸性气体和蒸气，以及爆炸性粉尘等，即可能由静电火花引起爆炸或火灾。

应当指出，带静电的人体接近接地导体或其他导体时，以及接地的人体接近带电的物体时，均可能发生火花放电，导致爆炸或火灾。

（2）静电电击

静电电击不是电流持续通过人体的电击，而是静电放电造成的瞬间冲击性的电击。由于生产工艺过程中积累的静电能量不大，静电电击不会使人致命。但是，不能排除由静电电击导致严重后果的可能性。例如，人体可能因静电电击而坠落或摔倒，造成二次事故。静电电击还可能引起工作人员紧张而妨碍工作等。

（3）妨碍生产

在某些生产过程中，如不消除静电，将会妨碍生产或降低产品质量。例如，在电子技术领域，生产过程中产生的静电可能引起计算机、开关等设备中电子元件误动作，或对无线电设备产生干扰，还可能击穿集成电路的绝缘等。

2. 静电防护措施

静电安全防护主要是防止因静电引起爆炸和火灾。以下安全措施除对防止静电引起爆炸、火灾有效外对于防止静电电击和防止静电影响生产也是有效的。

（1）环境危险程度控制

静电引起爆炸和火灾的条件之一是有爆炸性混合物存在。为了防止静电引燃这些物质造成爆炸和火灾，可采取取代易燃介质、降低爆炸性混合物的浓度、减少氧化剂含量等措施控制所在环境的爆炸和火灾危险程度。

（2）工艺控制

工艺控制是从材料的选用、摩擦速度或流速的限制、静电松弛过程的增强、附加静电的消除等方面采取措施，限制和避免静电产生和积累的措施。例如，为了有利于静电的泄漏，可采用导电性工具；为了减轻火花放电和感应带电的危险，可采用阻值为 $10^7 \sim 10^9\,\Omega$ 的静电导电性工具。

为了限制危险静电的产生，烃类燃油在管道内流动时，流速与管径应满足以下关系

$$v^2D \leqslant 0.64$$

式中　v——流速，m/s；

　　　D——管径，m。

为了防止静电放电，在液体灌装、循环或搅拌过程中不得进行取样、检测或测温操作。应使液体静置一定的时间，静电得到足够的消散或松弛后再进行上述操作。

为了避免液体在容器内喷射、溅射，应将注油管延伸至容器底部，且其方向应有利于减轻容器底部积水或沉淀物的搅动。装油前应清除罐底积水和污物，以减少附加静电。

（3）接地

接地的主要作用是消除导体上的静电。

为了防止火花放电，应将可能发生火花放电的间隙跨接连通起来，并予以接地，使其各部位与大地等电位。为了防止感应静电的危险，不仅产生静电的金属部分应当接地，而且其他不相连接但邻近的金属部分也应接地。

因为静电泄漏电流很小，所以防静电接地电阻原则上不超过 1 MΩ 即可，对于金属导体，为了检测方便，可要求接地电阻为 100 ~ 1 000 Ω；对于易产生和积累静电的高绝缘材料，宜通过 $10^6\,\Omega$ 或稍大

一些的电阻接地。

对于感应静电，接地只能消除部分危险。如图 3—9 所示，导体 B 端不接地时，A、B 两端都有静电危险；B 端接地以后，B 端没有放电危险了，但 A 端仍有放电危险。

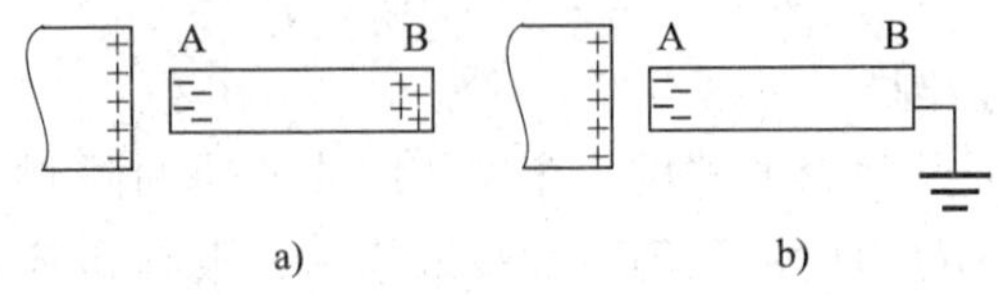

图 3—9　感应带电的接地

a）未接地　b）接地

采用电阻率 $1\times10^{8}\ \Omega\cdot m$ 以下的材料制成静电导电性地面实质上也是一种接地措施。

（4）增湿

为防止大量带电，环境相对湿度应在 50% 以上；为了增强降低静电的效果，相对湿度应提高到 65% ~70%；对于吸湿性很强的聚合材料，为了保证降低静电的效果，相对湿度应提高到 80% ~90%。应当注意，增湿的方法不宜用于消除高温绝缘体上的静电。

（5）抗静电添加剂

抗静电添加剂是化学药剂，具有良好的导电性或较强的吸湿性。因此，在容易产生静电的高绝缘材料中加入抗静电添加剂后，能降低材料的体积电阻率或表面电阻率以加速静电的泄漏，消除静电的危险。

（6）静电消除器

静电消除器是能产生电子和离子的装置。产生的电子和离子与物料上的静电电荷互相中和，从而消除了静电的危险。

静电消除器主要用来消除非导体上的静电。尽管不一定能把带电体上的静电完全消除掉，但可消除至安全范围以内。按照工作原理和结构的不同，静电消除器分为感应式中和器、高压式中和器、放射线式消除器和离子风式中和器。在要求较高的场所，还可以采用组合型的静电中和器。

第4章　低 压 电 器

低压电器可分为控制电器和保护电器。本章包含控制电器、保护电器和继电器、低压配电装置共3节内容。

第1节　控 制 电 器

控制电器主要用来接通或断开线路及控制电气设备。刀开关、低压断路器、减压启动器、电磁启动器属于低压控制电器。

一、控制电器概要

1. 控制电器一般安全要求

不同控制电器各有特点，安全要求也不完全一样。但是，由于大部分控制电器都具有接通和断开线路的功能，相互之间有很多共同之处，因此有共同的安全要求如下：

（1）电压、电流、断流容量、操作频率、温升等运行参数符合要求。

（2）结构形式与使用的环境条件相适应。

（3）安装牢固，连接紧密，机构灵活，操作方便。能防止自行合闸。一般情况下，电源线应接在固定触头上。

（4）灭弧装置（包括灭弧罩、灭弧触头、灭弧用绝缘板）完好。

（5）触头接触表面光洁，接触紧密，并有足够的接触压力；各极触点应当同时动作。

（6）防护完善，门或盖上的联锁装置可靠，外壳、手柄、漆层无变形和损伤。

（7）正常时不带电的金属部分接地（或接零）良好。

（8）绝缘电阻符合要求。

2. 电接触

电接触是有触头电器的共同问题。正常情况下，触头通过工作电流，其发热在许可范围内；闭合状态的触头能可靠接通电路，即使在短路的情况下也能保持稳定。而在短路或严重过载情况下，由于电流远远大于工作电流，接触点温度迅速升高；同时，由于电动力的作用，接触压力减小，使接触点温度大大升高，甚至可导致触头分离而产生强烈电弧，高温和电弧都可能造成触头熔焊。如触头闭合过程中发生弹跳，产生电弧也可能造成触头熔焊。

（1）接触电阻

触头发热主要是由接触处的接触电阻造成的。接触电阻随着温度的升高而增加。接触电阻可按下式计算：

$$R_C = \frac{K}{F^n}$$

式中，K 是与触头材料的物理化学性质以及接触表面情况有关的系数，按表 4—1 取用；F 是触头压力；n 是与接触形式、压力范围和实际接触面的数目等因素有关的指数，在压力不太大的范围内，点接触者 $n=0.5$、线接触者 $n=0.7$、面接触者 $n=1$。

表 4—1　　接触电阻计算系数 K

接触材料		$K\times10^{-3}$	接触材料	$K\times10^{-3}$
铜—铜	线、面接触	0.08 ~0.14	铝—铝	0.127
	点接触	0.15 ~0.19	铝—铜	0.98
铜—铜（表面镀锡）		0.07 ~0.1	铝—黄铜	1.95
银—银		0.06	黄铜—黄铜（清除氧化层后）	0.07
铜—银		0.06	黄铜—铜（清除氧化层后）	0.038

由于铝与铜的 K 值明显较大，实际中应尽量避免铝铜接触。

为了减小接触电阻，应保证足够的触头压力，合理选择接触类型和触头材料，改善接触表面，注意接触表面的清洁。

（2）接触类型

在触点压力较小及触头容量不大时，宜采用点接触。点接触能使压力集中，表面氧化膜容易破裂，能减小接触电阻。面接触主要用于固定连接，其接触压力大、触头散热面大，可以通过较大的工作电流。线接触是介于点接触与面接触之间的接触方式，同时具有两者的部分特点。

（3）触头压力、超程及开距

触头应有足够的终压力，以减少发热，并提高抗熔焊能力和动稳定性。触头应有足够的初压力，以减少触头的振动和电磨损。触头应有足够的超程，以保证触头磨损以后仍能可靠地接触和适应触头振动的需要；触头磨损达到触头厚度的1/3～1/2时应报废。触头应有足够的开距，以满足可靠灭弧和断开后触头间绝缘的需要。

触头在分合过程中具有一定的滚滑运动，以擦去触头长期暴露在空气中表面形成的氧化膜，并使触头闭合位置的接触处与分开时产生电弧处不在同一位置。

（4）触头材料

对触头材料的要求是：

1）物理性能。导电率高，导热性好，熔点高，电阻温度系数小。

2）化学性能。抗氧化，抗硫化，抗腐蚀性气体。

3）机械性能。有一定的硬度，耐磨性好，有一定韧性，耐冲击强度高，易于加工。

4）电气性能。接触电阻小而稳定，抗熔焊性能好，耐电弧腐蚀和烧伤。

低压电器常用的触头材料有铜、银、钨、石墨等及其合金，如银—氧化镉、银—镍、银—铁、银—石墨、铜—钨等。

（5）触头防护层

电接触在空气中，往往由于表面覆有水分、尘埃、油及其他活动的化学物质而形成表面膜层。氧化膜等表面膜层可使接触电阻增加数十至数百倍。为了防止氧化，常采用不易氧化或氧化物电阻率小的材料作为易氧化材料的防护层。

3. 电弧的熄灭

(1) 灭弧方法

拉长电弧可以沿电弧切线方向拉长，也可沿电弧法线方向拉长。法线方向拉长可使电弧与周围介质发生相对运动，提高冷却效果。电弧沿法线方向拉长一般采用吹弧方法。吹弧有用压缩空气吹弧的，也有用磁吹的。磁吹是利用触头回路的电动力或外磁场作用力使电弧运动，低压电器灭弧装置大多采用磁吹效应。

在熔断器中充填石英砂，使熔体熔断时产生的电弧迅速冷却而熄灭的方法就是强冷电弧方法。

在真空中，电弧实质上是金属蒸气的燃烧。由于电弧周围气压很低，在交流电弧电流过零点时，金属蒸气以极快的速度扩散，介质强度迅速恢复而使电弧熄灭。

(2) 灭弧室结构

灭弧室的结构型式很多，最常用的有纵向窄缝、多纵缝、纵向曲缝、横向绝缘栅片和横向金属栅片。一般采用引弧角将电弧迅速引入灭弧室。

1）纵向窄缝。缝的轴线与电弧的轴线重合，缝的宽度小于电弧直径。开断 30 A 以上的电流时，缝的宽度为 2 ~ 3 mm。电弧进入窄缝后与缝壁紧密接触，迅速得到冷却而熄灭。纵向窄缝的优点是电弧与缝壁紧密接触，在磁吹作用下，电弧移动，不断改变与缝壁接触的位置，冷却效果好，对灭弧有利。但因为窄缝内热游离气体不易散去，所以触点动作频率受到限制。

2）多纵缝。灭弧室内有若干条纵向窄缝，电弧进入灭弧室后与缝壁紧密接触受到冷却而迅速熄灭。多条纵缝可加强冷却效果。

3）纵向曲缝。是缝壁凹凸配合成犬牙交错的窄缝灭弧室。与直缝相比，电弧进入灭弧室后被拉得更长，与缝壁的接触面积也更大。由于电弧进入缝壁的阻力较大，纵向曲缝常与强磁吹装置配合使用。

4）横向绝缘栅片。电弧在外磁场的作用下进入绝缘栅片，电弧除被拉长并与绝缘隔板紧密接触得到冷却外，拱形电弧还受到电动力作用而进一步拉长，增强灭弧效果。

5）横向金属栅片。起始介质强度与栅片数量成正比，将电弧分割成若干个短弧，可以建立较高的起始介质强度。金属栅片的良好导热性和热容量有利于灭弧。金属栅片的材料一般为镀铜或镀锌的铁片。栅片的形状考虑到使电弧尽快进入栅片，并在其中尽快地运动，一般都做成“人”字形，且交叉排列。

二、刀开关（低压隔离开关）

刀开关包括胶盖刀开关、石板刀开关、铁壳开关、转换开关、组合开关等。

刀开关的极数是操作的电线数，最常见的有单极开关、两极开关和三极开关。按照控制的电路数，有单投刀开关和双投刀开关。

刀开关是手动开关。刀开关有正面直接操作、正面杠杆操作、侧面直接操作、侧面杠杆操作四种操作方式。刀开关只能用于不频繁操作。

刀开关没有或只有极为简单的灭弧装置，不能切断短路电流。因此，刀开关下方应装有熔体或熔断器。对于容量较大的线路，刀开关须与有切断短路电流能力的其他开关串联使用。

刀开关是靠拉长电弧而使之熄灭的。为了克服手动拉闸不快、电弧强烈燃烧的缺点，容量较大的刀开关常带有快动作开合机构。

刀开关断流能力有限，单独使用时不宜用于大容量线路，胶盖刀开关只能用来控制 5.5 kW 以下的三相电动机。刀开关的额定电压必须与线路电压相适应，380 V 的动力线路，应采用额定电压 500 V 的刀开关；220 V 的照明线路，可采用额定电压 250 V 的刀开关。对于照明负荷，刀开关的额定电流应大于负荷电流；用刀开关操作异步电动机及其他有冲击电流的动力负荷时，刀开关的额定电流应大于负荷电流的 3 倍。还应注意，刀开关所配用熔断器和熔体的额定电流不得大于刀开关的额定电流。

铁壳开关也是手动开关电器，主要由刀形触点、熔断器、铁制外壳、操作手柄等几部分组成。铁壳开关借助专门的弹簧和凸轮机构使拉闸、合闸迅速进行。有的铁壳开关带有简单的灭弧装置，所以断流能力较强，能用来控制 15 kW 以下的三相电动机，其额定电流也应大于电动机额定电流的 3 倍，并不小于所配用熔断器的额定电流。铁壳开关有铁壳保护，其铁盖上有机械联锁装置，能保证合闸时打不开盖，而开盖时合不上闸。因此，铁壳开关在使用中比较安全。

转换开关和组合开关也有专门机构使拉闸、合闸能迅速进行。转换开关主要用于小容量（7.5 kW 以下）电动机的正、反转等控制，其手柄按 45° －0° －45°有三个位置，中间是断开电源的位置，左右两边的或者都是正转位置，或者一个是正转位置，另一个是反转位置。转换开关的前面最好加装刀开关，以免停机时由于某种偶然因素使手柄受到碰撞而造成误操作。转换开关和插座的前面应加装熔断器。

低压配电盘上，经常用到熔断器式刀开关，这种开关由具有高分断能力的填料管式熔断器、静触头、杠杆操作机构和底座组成。熔断器作为动触刀，其上方和下方分别装有两个栅片灭弧室。在正常供电的情况下，由开关的触头接通和分断电路，线路短路时由熔断器分断故障电流。正面杠杆操作的熔断器式刀开关如图 4—1 所示。

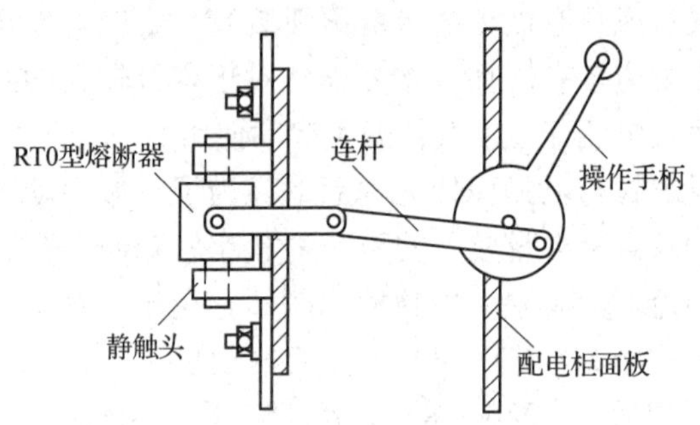

图 4—1　正面杠杆操作的熔断器式刀开关

安装刀开关应注意以下问题：

1. 除转换开关和组合开关外，刀开关应垂直安装。在合闸状态时，操作手柄应向上。

2. 连接紧密、接触良好；大容量触头宜涂电力复合脂。

3. 双投刀开关在分断位置时，动触头应可靠定位，不得自行合闸。

4. 杠杆机构应灵活，操作应能到位。

5. 动触头与静触头中心对正，各相触头分合同步。

在刀开关与低压断路器串联安装的线路中，送电时应先合上电源侧隔离开关，再合上负荷侧隔离开关，最后接通断路器。停电时顺序相反。

三、低压断路器

1．低压断路器原理和接线

低压断路器是具有很强灭弧能力的低压开关。低压断路器主要由感受元件、执行元件和传递元件组成。感受元件感受电路中不正常的状态参量或操作人员的操作指令，经传递元件推动执行元件动作。过电流脱扣器、失压脱扣器、分励脱扣器都属于感受元件。执行元件指触头和灭弧室，触头用来接通或断开电路，灭弧室用来配合触头熄灭电弧。传递元件是承担力的传递和变换的零部件，包括传动机构、脱扣机构、主轴、脱扣轴等。

低压断路器的动作原理如图4—2所示，其主触头、辅助触头由传动杆联动。

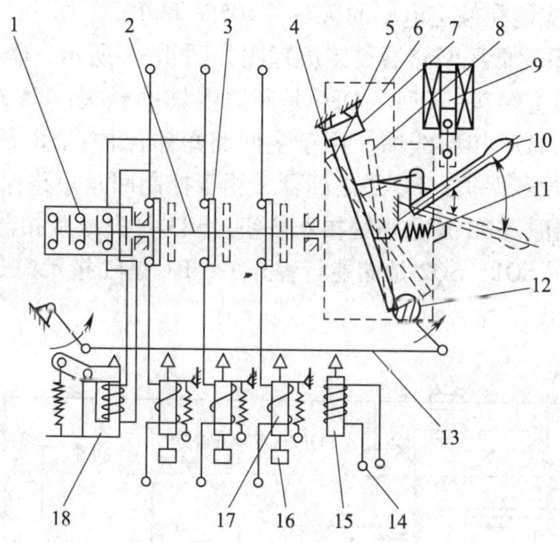

图4—2　低压断路器原理

1—辅助触头　2—传动杆　3—主触头　4—自由脱扣位置　5—闭合位置
6—自由脱扣机构　7—锁扣　8—再扣位置　9—闭合电磁铁　10—操作手柄
11—分断弹簧　12—脱扣半轴　13—脱扣杆　14—接控制电源　15—分励脱扣器
16—延时装置　17—过电流脱扣器　18—欠电压脱扣器

当逆时针方向推动操作手柄时，操作力经自由脱扣机构传递给传动杆，使触头闭合。然后由锁扣将自由脱扣机构锁住，保持断路器在合闸状态。断路器由储能弹簧实现分闸，分闸速度很高。

为了实现过载和短路保护，断路器主电路内串联有过电流脱扣器。当任何一相主电路的电流超过一定数值时，过电流脱扣器产生的电磁力克服弹簧的反作用力吸引衔铁向上运动，其上顶板推动脱扣杆，使脱扣半轴逆时针方向运动，从而使自由脱扣机构脱扣，在拉力弹簧的作用下，断路器跳闸。有的断路器经辅助触头连接有欠电压脱扣器。当主电路内电压消失或降低至额定电压的40%～75%时，欠电压脱扣器的电磁吸力不足以继续吸住衔铁，在弹簧力的作用下衔铁的顶板推动脱扣杆，使断路器跳闸。有的断路器还经辅助触头连接有分励脱扣器。分励脱扣器按照操作人员的命令或继电保护信号使分励脱扣器线圈通电，线圈通电后，衔铁向上运动，推动脱扣杆，使断路器跳闸。分励脱扣器应能在额定电压的75%～105%下可靠工作。

DW15 系列低压断路器控制原理图如图 4—3 所示，QS 是刀开关；QF 是断路器主触头、QF1～QF6 是断路器辅助触头；TA 是电流互感器；FA 是电磁脱扣器线圈，用于主回路短路保护；FR 是热继电器，用于主回路过载保护；FU 是熔断器，用于控制回路短路保护；SB1 是合闸储能按钮、SB2 是分励脱扣器按钮、SB3 是失压脱扣器按钮、SB4 是合闸按钮；SQ1、SQ2 是储能行程开关；RL 是红指示灯，合闸指示

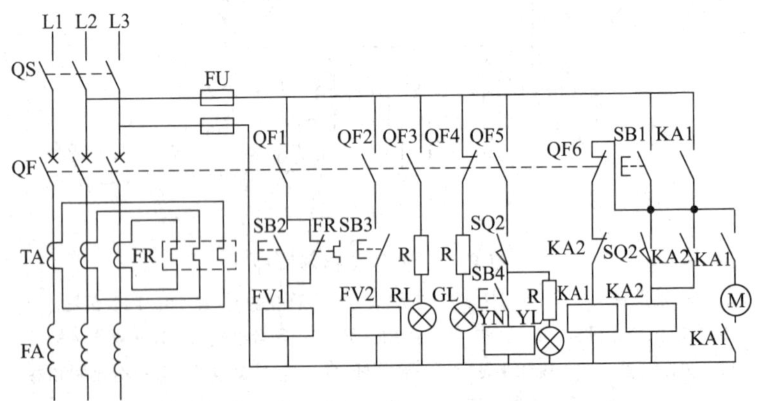

图 4—3　DW15 系列低压断路器控制原理图

灯；GL 是绿指示灯，分闸指示灯；YL 是黄指示灯，储能完成指示灯；M 是储能电动机；KA1、KA2 是中间继电器；FV1 是分励脱扣器线圈、FV2 是失压脱扣器线圈、YN 是合闸电磁铁线圈。

合闸过程：按下 SB1→KA1 吸合→储能电动机得电运转→储能完成后 QS1 闭合→KA2 吸合→KA1 断开→储能电动机停转→YL 亮，再按下 SB4→YN 吸合→断路器合闸。

分闸过程：按下 SB2→FV1 吸合→断路器分闸或按下 SB3→FV2 释放→断路器分闸。

2. 低压断路器的性能

低压断路器常采用对接式触头、桥式触头或插入式触头。容量较大的断路器还装有辅助触头。大容量断路器的主触头包含导电触点和弧触头，两者并联，接通时弧触头先接通，分断时弧触头后断开，可以免在导电触点上产生电弧。触头必须具备额定电流下长期工作的载流能力，必须能安全可靠地接通和分断极限短路电流，还必须有足够的电气寿命。

低压断路器采用金属栅片式灭弧室，室壁用石棉水泥或耐弧塑料等材料制成，在电弧高温的作用下能产生有利于灭弧的气体。灭弧室必须保证能迅速而可靠地熄灭电弧，并尽可能减小飞弧距离，灭弧室还必须有良好的绝缘性能、耐热性能和机械强度。

低压断路器装有多种脱扣器，以实现短路、过载、失压等保护的需要。低压断路器有良好的保护特性，能在极短的时间内，乃至线路电流尚未达到稳定的短路电流前即完全断开线路；其反时限特性能与被保护对象的过载特性理想地配合。低压断路器特性易于调节和整定，便于实现多级保护。很多低压断路器装有漏电脱扣器，称为漏电断路器。

低压断路器有手柄传动、杠杆传动、电磁铁传动、电动机传动、气动传动和液压传动等操作方式。手柄传动和杠杆传动的操作力和机构消耗的功率都不宜太大，操作时断路器闭合要快，但冲击性要小。

低压断路器的自由脱扣机构可保证只有在自由脱扣机构扣上时，传动机构才能带动触头系统一起运动并使之闭合；而当脱扣之后，传动机构与触头之间失去制约关系，触头分断，在脱扣器和自由脱扣机构复位之前，不论传动机构在什么位置，都将暂时失去操作功能，不能合闸送电。

低压断路器有很强的分断能力。例如，某低压断路器的额定电流为1 500 A，而对于交流 380 V、$\cos\varphi \geqslant 0.4$ 电路的最大分断电流为 20 kA。广泛用于民用住宅、小型商场及公共建筑的微型断路器的分断能力一般为 4.5 kA。

低压断路器广泛用于交、直流配电线路，可控制回路的通断，并使之免受过电流、短路、欠电压等故障的危害。低压断路器也可用于电动机的不频繁启动以及电路的不频繁操作和切换。

低压断路器瞬时动作过电流脱扣器的动作电流的调整范围多为额定电流的 4 ~ 10 倍，其整定电流应大于线路上可能出现的最大峰值电流，并应小于线路末端单相短路电流的 2/3。长延时动作过电流脱扣器应按照线路的计算负荷电流或电动机的额定电流整定，因用于过载保护，其特性是反时限的。短延时动作过电流脱扣器一般都是定时限的，延时为 0.1 ~ 0.4 s，该脱扣器亦按线路最大峰值电流整定，但其整定电流值应大于或等于下级低压断路器短延时或瞬时动作过电流脱扣器整定值的 1.2 倍。一台低压断路器可能装有以上三种过电流脱扣器，也可能只装有其中的一种或两种。如图 4—4 所示，上级低压断路器的保护特性应高于下级的保护特性，且二者不能交叉。

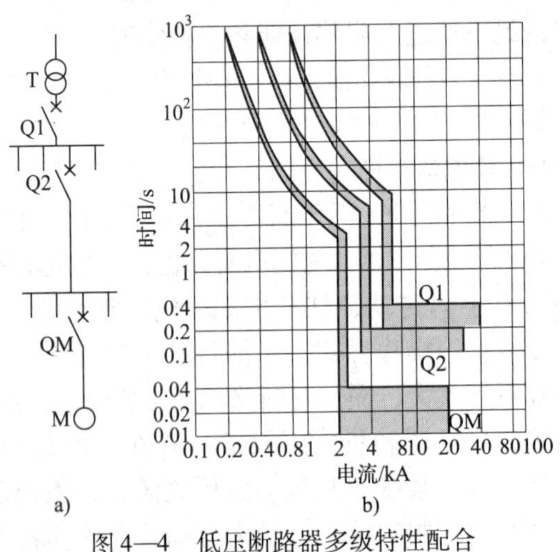

图 4—4　低压断路器多级特性配合

a）配电系统简图　b）保护特性

选用时，应当注意低压断路器的额定电压及其欠电压脱扣器的额定电压不得低于线路的额定电压；低压断路器的额定电流及其过电流脱扣器的额定电流不应小于线路的计算负荷电流；低压断路器的极限通断能力不应小于线路的最大短路电流。

四、接触器

接触器分为交流接触器和直流接触器，属于自动化电器，应用接触器可以实现自动控制和远距离控制。接触器适用于频繁操作。在用电领域，经接触器控制的电能占全部用电能量的50%以上。

接触器是电磁启动器的核心元件。接触器的工作原理如图4—5所示，当吸引线圈通电时，衔铁被吸合，带动触头动作；吸引线圈断电时，在弹簧作用下，衔铁迅速跳开。

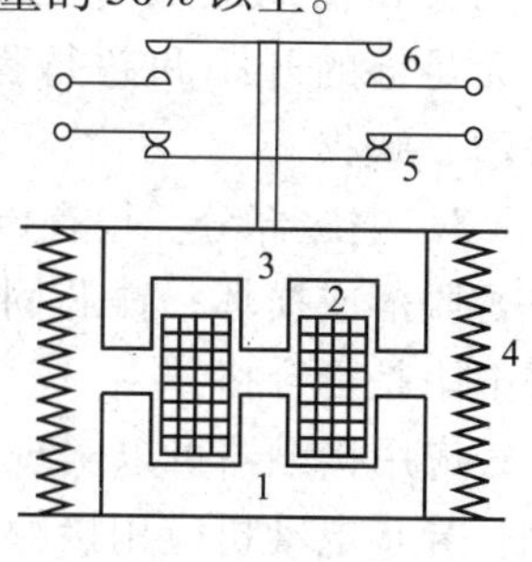

图4—5　接触器工作原理
1—铁芯　2—线圈　3—弹簧　4—衔铁　5—常闭触头　6—常开触头

接触器的铁芯和衔铁用硅钢片叠压而成，为了减小铁芯吸合时的噪声和振动，铁芯端面上装有短路环。吸引线圈的参数决定于控制回路的电压，与主回路的电压不一定相同，比较多见的是交流380 V和220 V吸引线圈。接触器的触头分为主触头和辅助触头，主触点容量大，多为常开触头，接在主回路中；辅助触头额定电流多为5 A，接在控制回路中。接触器的主触头多装有不同型式的陶土灭弧室，灭弧能力较强。

交流接触器的吸引线圈在额定电压的85% ~105%下能正常工作。当线圈上的电压低于额定值的40%时，衔铁释放，即本身具有欠电压保护功能。

接触器的允许操作频率一般为300 ~1 200次/h，机械寿命为数十万次至数百万次，电气寿命是机械寿命的5% ~20%。

接触器能接通、分断正常工作的电路，但不能切断短路电流，而只能在一定时间内承受短路电流。

接触器的额定电流应按电动机的额定电流和工作状态来选择，

一般应选为电动机额定电流的1. 3 ~2 倍，工作繁重者应取较大的倍数。

对运行中的交流接触器应经常检查以下内容：

1. 整体部分。检查工作电流是否超过接触器的额定电流；接触器温度是否过高；分合指示是否与接触器的实际状态相符；连接和安装是否牢固；机构是否灵活；接地或接零是否良好；接触器运行环境有无有害因素。

2. 触头及灭弧部分。检查接触是否良好、紧密，是否过热；主触头和辅助触头有无变形和烧伤痕迹，触头有无足够的压力、有无足够的开距和超行程；主触头同时性是否良好；灭弧罩有无松动、缺损。

3. 电磁部分。检查声音是否过大；铁芯是否吸合良好；短路环是否脱落或损坏；铁芯固定螺纹是否松动；吸引线圈是否过热；绝缘电阻是否合格。

应用接触器可以实现电动机启动、调速、反转、制动等多种控制。异步电动机应用接触器的启动与能耗制动控制线路如图 4—6 所示。图中，M 是电动机，QS1、QS2 是断路器，KM1、KM2 是接触器，FR 是热继电器，FU 是熔断器，SB1、SB2、SB3 是控制按钮。按下 SB1 时，KM1 得电，其常闭辅助触头打开，防止 KM2 得电，实现联锁；其常开辅助触头闭合，实现自锁；其常开主触头闭合，电动机启动。

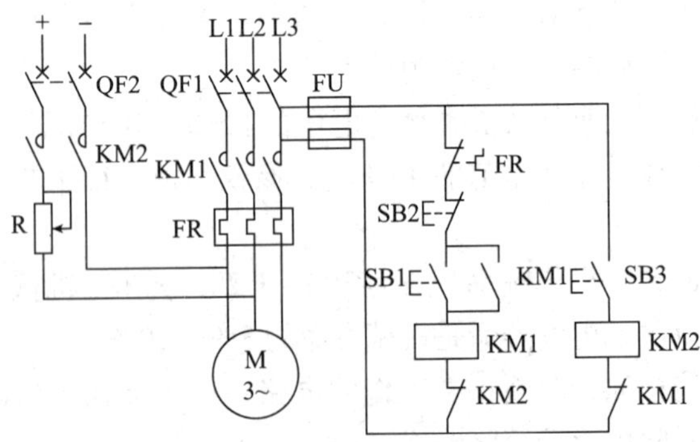

图 4—6　异步电动机启动与能耗制动控制线路

按下 SB2，KM1 断电，电动机逐渐停车。如需要电动机迅速停车，按下 SB2 后，接着按下 SB3，KM2 得电，其常闭辅助触点打开，防止 KM1 得电，实现联锁，其常开主触头闭合，电动机接通直流电源，实现能耗制动。

五、控制器

控制器是电力传动控制中用来改变电路状态的多触头开关电器。常见的有平面控制器、凸轮控制器和主令控制器。

凸轮控制器常用来控制绕线型电动机的启动和正、反转，如图 4—7 所示是其接线原理图。控制器的操作手轮零位左右各有 5 个位置。控制器有大小 12 副触头，图中带点的位置表示相应的触头是接通的，最上面 4 副触头用来换接电动机定子接线，控制电动机正反转，

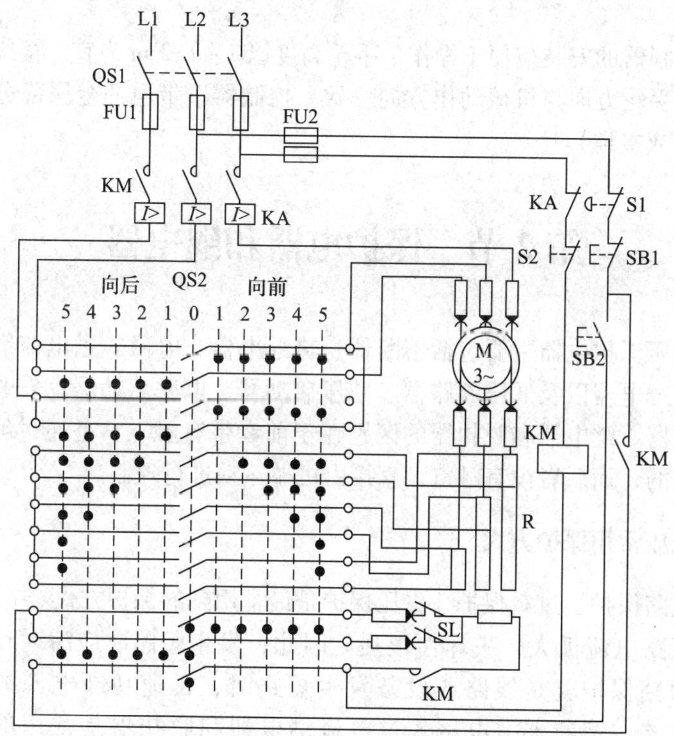

图 4—7　凸轮控制器接线原理图

这4副触头需要切换比较大的电流，装有灭弧装置；中间的5副触头是逐级切除转子外接电阻用的；下面3副是辅助触头，其上两副串联于行程开关SL线路，起联锁起用，其下一副是用作零位保护的，即保证停车时如果手轮不在零位，则不能接通主线路。

电动机的主线路靠接触器KM操作，由熔断器FU1和过电流继电器KA分别担任短路保护和过载保护。接触器KM的控制回路中装有熔断器FU2、紧急闸刀开关S1、停车按钮SB1、启动按钮SB2、过电流继电器的常闭触头KA、门窗安全开关S2、凸轮控制器的零位保护触头等元件。与启动按钮并联的联锁分支装有接触器的常开触头KM、行程开关SL、凸轮控制器的辅助触头等元件。上述元件对人身安全和设备安全起着重要作用，例如，FU2作短路保护之用，S1作紧急停车之用，KA作过载保护之用，S2作安全联锁之用，SL作行程限制之用等。

控制器的安装应便于操作，手轮高度以1～1.2 m为宜。接线时应注意使手轮方向与机械动作方向一致。控制器不带电的金属部分应当接零（或接地）。

第2节　保护电器和继电器

低压保护电器主要包括熔断器、热继电器、电磁式过电流继电器和电压继电器以及低压断路器、减压启动器、电磁启动器里安装的各种脱扣器。继电器和脱扣器的区别在于前者带有触点，是通过触点进行控制的，而后者没有触点，直接由机械运动进行控制。

一、低压常用保护方式

短路保护、过载保护、失压保护是最常用到的保护方式。

短路电流极大，破坏性很强。因此，发生短路时应瞬时切断电源。短路保护就是线路或设备发生短路时，迅速切断电源的一种保护方式。熔断器、电磁式过电流继电器和脱扣器是常用的短路保护元件。

过载保护是当线路或设备的载荷超过允许范围时，能延时切断电源的一种保护方式。热继电器和热脱扣器是常用的过载保护元件。熔断器可用作照明线路或其他没有冲击载荷的线路或设备的过载保护元件，具有延时特性的电磁式过电流继电器也可作为线路和设备的过载保护元件。

失压保护是当电源电压消失或低于某一限值时，能自动断开线路的一种保护方式，其作用是保证当电压恢复时，设备不致突然启动而造成事故；同时，能避免设备在过低的电压下勉强运行而受到损坏。失压保护由失压脱扣器、接触器等元件完成。

二、熔断器

熔断器有管式熔断器、插式熔断器、螺塞式熔断器等多种形式，几种典型熔断器的结构如图 4—8 所示。管式熔断器有两种，一种是纤维管式，由纤维材料分解大量气体灭弧；一种是填料管式，陶瓷管内填充石英砂，由石英砂冷却和熄灭电弧。填料式熔断器和螺塞式熔断器都是封闭式结构，电弧不容易与外界接触，适用范围较广。管式熔断器多用于大容量的线路，一般动力负荷大于 60 A 或照明负荷大于 100 A 者应采用管式熔断器。螺塞式熔断器和插式熔断器用于中、小容量线路。

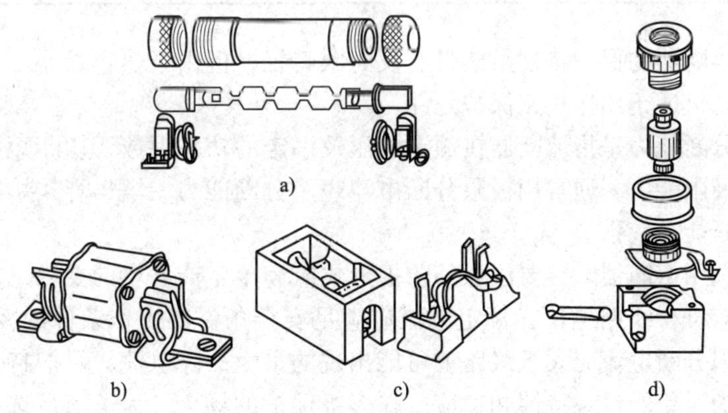

图 4—8　熔断器的结构

a）纤维管式　b）填料管式　c）插式　d）螺塞式

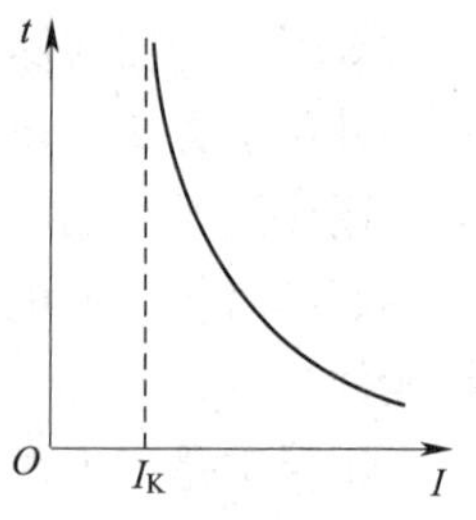

图4—9　熔断器保护特性

熔断器的熔体做成丝状或片状。低熔点熔体由锑铅合金、锡铅合金、锌等材料制成；高熔点熔体由铜、银、铝制成。

保护特性和分断能力是熔断器的主要技术参数。保护特性指流过熔体的电流与熔断时间的关系曲线。如图 4—9 所示，保护特性是反时限曲线，而且有一个临界电流 I_K。在临界电流长时间的作用下，熔体能达到刚好不会熔断的稳定温度。熔体的额定电流小于其临界电流，临界电流与额定电流之比称为熔化系数。熔化系数越小，过载保护的灵敏度越高。额定电流 10 A 及 10 A 以下熔体的熔化系数约为 1.5；10 A 以上、30 A 及 30 A 以下的约为 1.4；30 A 以上的约为 1.3。几种熔断器的保护特性见表4—2。

表 4—2　　熔断器保护特性

型　号	额定电流（A）	相当于下列电流倍数的熔断时间（s）						
		2	3	4	5	6	8	10
RM（380V）	600	400	50	15	9	6	2	1.2
RT0	100	720	35	8	2.5	1.3	0.6	0.3
RL1	20	60	0.7	0.25	0.12	0.07	0.04	0.02

熔断器的保护特性虽然带有反时限特征，但由于热容量小，动作很快，仍适于用作短路保护元件。

分断能力是指熔断器在额定电压及一定的功率因数下切断短路电流的极限能力，通常用极限分断电流表示分断能力。填料管式熔断器的分断能力较强。

选用熔断器时，要注意其防护形式应满足生产环境的要求，额定电压应符合线路电压，额定电流应满足安全条件和工作条件的要求，其极限分断电流应大于线路上可能出现的最大故障电流，保护特性应与保护对象的过载特性相适应。在多级保护的场合，为了满足选择性的要求，上一级熔断器的熔断时间一般应大于下一级的 3 倍。为保护硅整流装置，应采用有限流作用的快速熔断器。

对于笼型电动机，熔体额定电流按下式选取

$$I_{FU} = (1.5 \sim 2.5)I_{M}$$

式中　I_{FU}——熔体额定电流，A；

I_{M}——电动机额定电流，A。

对于多台笼型电动机，熔体额定电流按下式选取

$$I_{FU} = (1.5 \sim 2.5)I_{MM} + \Sigma I_{M}$$

式中　I_{MM}——额定电流最大的一台电动机的额定电流，A；

ΣI_{M}——其他电动机额定电流之和，A。

以上两式中，如为轻载启动或减压启动，应取用较小的计算系数；如为重载启动或全压启动，应取用较大的计算系数。

对于单台电力电容器和电力电容器组，熔体额定电流分别按下式选取

$$I_{FU} = (1.5 \sim 2.5)I_{C}$$

$$I_{FU} = (1.3 \sim 1.8)I_{C}$$

式中　I_{C}——电容器额定电流，A。

对于没有冲击负荷的线路，熔体额定电流可按下式选取

$$I_{FU} = (0.85 \sim 1)I_{W}$$

式中　I_{W}——线路导线许用电流，A。

同一熔断器可以配用几种不同规格的熔体，但熔体的额定电流不得超过熔断器的额定电流。熔断器的触点应保持接触良好、有足够的接触压力。在有爆炸危险的环境，不得装设电弧可能与周围介质接触的熔断器；一般环境也必须考虑防止电弧飞出的措施。应当在停电以后更换熔体；不得轻易改变熔体的规格；不得使用不明规格的熔体，更不准随意使用铜丝或铁丝代替熔体。

三、热继电器和热脱扣器

热继电器和热脱扣器是利用电流的热效应制成的。热继电器的基本结构如图4—10所示，它主要由热元件、双金属片、扣板、拉力弹簧、绝缘拉板、触点等元件组成。负荷电流通过热元件并使其发热，位于热元件近旁的双金属片被加热而变形。双金属片由两层热膨胀系数不一样的金属片冷压黏合而成，上层热膨胀系数小，下层热膨胀系数大，受热后向上弯曲。当双金属片向上弯曲到一定程度时，扣板失

去约束，在拉力弹簧作用下迅速绕扣板轴逆时针转动，并带动绝缘拉板向右方移动断开触点。一些热继电器在一次电路缺相时也能动作，起缺相保护作用。

对于电磁启动器，热继电器的触点串联在吸引线圈回路中；对于减压启动器，热继电器的触点串联在失压脱扣器线圈回路中；而对于低压断路器，热脱扣器直接把机械运动传递给开关的脱扣轴。这样，热继电器或热脱扣器的动作就能通过电磁起启器、减压启动器或低压断路器断开线路。

同一热继电器或同一热脱扣器可以按照需要配用几种规格的热元件，每种热元件的动作电流还可在66% ~100%的范围内调节。

热继电器和热脱扣器的热容量较大，动作不快，只适用于过载保护，而不适用于短路保护。为适应电动机过载特性的需要，热元件通过整定电流时，继电器或脱扣器不动作；通过1.2倍整定电流时，动作时间不超过20 min；通过1.5倍整定电流时，动作时间不超过2 min。为适应电动机启动要求，热元件通过6倍整定电流时，动作时间应不超过5 s。

热元件的额定电流原则上按电动机的额定电流选取；对于过载能力较低的电动机，如果启动条件允许，可按其额定电流的60% ~80%选取；对于工作繁重的电动机，可按其额定电流的1.1 ~1.25倍选取。对于照明线路，可按负荷电流的0.85 ~1倍选取。

四、电磁式过电流继电器与失压脱扣器

电磁式过电流继电器（或脱扣器）是依靠电磁的作用进行工作的，其工作原理如图4—11所示。电磁部分主要由线圈和铁芯组成。线圈串联在主线路中，当线路电流达到继电器（或脱扣器）的整定电流时，在电磁吸力的作用下，衔铁很快被吸合。衔铁运动或者带动触点实现控制，或者驱动脱扣轴实现控制。

交流过电流继电器的动作电流可在其额定电流110% ~350%的范围内调节，直流的可在其额定电流70% ~300%的范围内调节。

不带延时的电磁式过电流继电器的动作时间不超过0.1 s，短延时的仅为0.1 ~0.4 s，这两种都适用于短路保护。长延时的电磁式过电

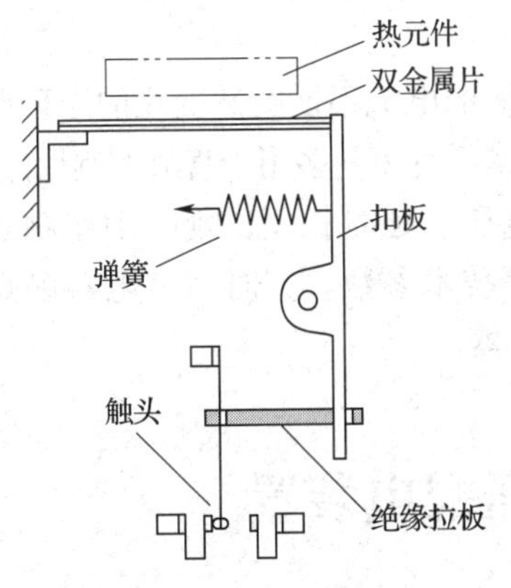

图 4—10　热继电器原理图

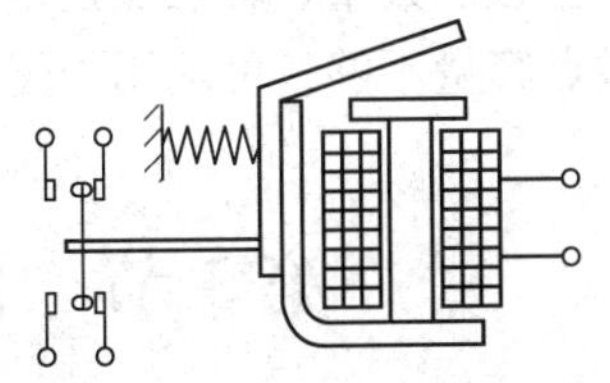

图 4—11　电磁式过电流继电器工作原理图

流继电器的动作时间都在 1 s 以上，而且具有反时限特性，适用于过载保护。

失压脱扣器也是利用电磁的作用进行工作的，所不同的是正常工作时衔铁处在闭合位置，而且吸引线圈并联在线路上。当线路电压消失或降低至 40% ~75% 时，衔铁被弹簧拉开，通过脱扣机构，减压启动器或低压断路器断开电源。

选用电磁式过电流继电器时，除注意工作电流（或电压）、吸合电流（或电压）、释放电流（或电压）、动作时间等参数应符合要求外，还应注意其触点的分断能力、机械寿命和电气寿命、工作制等技术数据。

五、时间继电器

时间继电器是取得控制延时的继电器。时间继电器种类很多，常见的有电子式时间继电器、空气阻尼式时间继电器和电磁式时间继电器。

电子式时间继电器是利用电子线路中的电容器充放电原理制成的，其特点是体积小、延时范围为 0. 1 ~3 600 s，应用范围正不断扩大。

空气阻尼式时间继电器是利用空气的阻尼作用制成的，其特点是工作可靠、延时范围为 0. 4 ~180 s，是交流控制电路中常用的时间继电器。

电磁式时间继电器是利用电感线圈的电流不能突然变化的原理制成的，其特点是结构简单、使用寿命长、延时短，多用于直流控制回路。

选用时间继电器应当考虑额定电压、延时长短，延时动作触点和瞬时动作触点数量、触点额定电流等技术参数。如时间继电器触点数量或触点容量不够，可配用中间继电器。

第 3 节　低压配电装置

低压配电装置包括低压配电柜、配电箱等成套装置。

一、低压配电柜

低压配电柜有固定式、抽屉式和手车式三种类型，固定式低压配电柜有靠墙安装的和离墙安装的两种，离墙安装的应用更为普遍一些。就防护类型来看，低压配电柜主要有开启式结构、防护式结构和封闭式结构。

固定式低压配电柜的柜面分为三段，即仪表面板、操作面板及柜门。仪表面板装有仪表和转换开关；操作面板装有刀开关、低压断路器、按钮、信号灯等；柜门内装有继电器盘、电度表等。固定式低压配电柜的一次接线方案很多，典型的一次接线如图 4—12a 所示。

抽屉式低压配电柜可装 3 ~6 个或更多的抽屉，抽屉后板装有主电路隔离插座，前面设有摇门或前后都设有摇门，前门上可装设二次仪表、按钮、开关、操作手柄等元件。抽屉靠丝杠拧入到工作位置。抽屉式配电柜设有联锁装置，以保证抽屉未接触严密前不能送电，其典型一次接线如图 4—12b 所示。手车式低压配电柜的主开关安装在手车上。手车室位于配电柜的下部，其背面为可开启的门。

低压配电装置除应满足正常条件下电压、电流等的要求外，还应满足短路条件下动稳定和热稳定的要求。

配电装置的布置应考虑设备的操作、搬运、检修和试验的方便。

成排布置，长度超过6 m者，柜后通道应有两个通向本室或其他房间的出口，并应布置在通道的两端。当两出口之间的距离超过15 m时，其间还应增加出口。

成排布置的配电柜的通道一般不得小于表4—3所列数值。低压配电室通道上方裸带电体距地面的高度，位于柜前时不应低于2.5 m，加护网后，护网最低高度不应低于2.2 m；位于柜后时不应低于2.3 m，否则应加遮护，遮护后的高度不应低于1.9 m。

表4—3　　配电柜通道（m）

类别	单排布置		双排对面布置		双排背对背布置		多排同向布置	
	柜前	柜后	柜前	柜后	柜前	柜后	柜前	柜后
固定式	1.5	1.0	2.0	1.0	1.5	1.5	2.0	—
抽屉式和手车式	1.8	0.9	2.3	0.9	1.8	1.5	2.3	—
控制柜	1.5	0.8	2.0	0.8	—	—	2.0	—

二、配电箱

配电箱分为动力配电箱和照明配电箱。插座箱、电度表箱等也具有配电箱的一些特征。配电箱的主要电气元件是开关和熔断器，其典型接线如图4—13所示。

配电箱应使用不可燃材料制作。配电箱有落地式安装、嵌入式安装、半嵌入式安装、悬挂式安装等安装方式，嵌入式安装属于暗装方式。

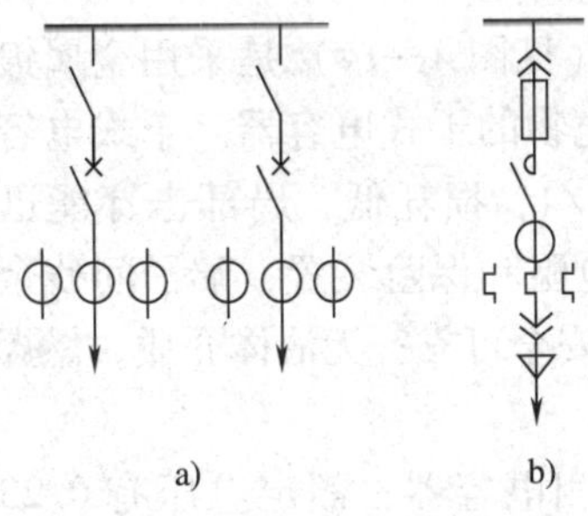

图4—12　低压配电柜典型一次接线

a）固定式　b）抽屉式

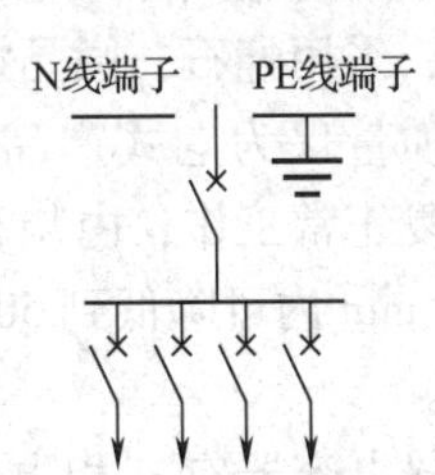

图4—13　配电箱接线

配电箱内母线应涂有相色标志。配电箱后面的配线应排列整齐，绑扎成束，并用卡钉固定；箱后引出线和引入的导线应留出适当余度，以便检修。导线穿过铁板时应装橡皮护套。配电箱二次回路应使用截面积不小于 2.5 mm^2 的铜芯绝缘导线。垂直装设的开关、熔断器等电器应上端接电源，下端接负荷，工作零线在端子排上的分路排列应与熔断器的位置相对应。

箱内各种开关处于断路状态时，刀片及可动部分原则上不应带电。明装配电盘上的电器应有外壳保护，带电部分不得裸露。

如存在工作零线且有接地（零）的要求，箱内应分别装有 N 线端子排和 PE 线端子排；引入线处及末端配电盘处 PE 线应做重复接地；配电箱的金属构架、金属外壳等接地（零）应良好。

三、电力电容器

本部分介绍的电力电容器是并联移相电容器。移相电容器的直接作用是并联在线路上以提高线路的功率因数。安装移相电容器能改善电能质量、降低电能损耗，还能提高供电设备的利用率。

1. 电力电容器结构

老式电力电容器由外壳和芯子组成，为油浸纸绝缘密封结构。外壳上装有出线绝缘套管、接地螺钉等。芯子由一些电容元件串联、并联组成，电容元件用铝箔制作电极，用电容器纸、聚丙烯薄膜或复合绝缘膜作为绝缘介质，外壳内以绝缘油作为浸渍介质。由于内部充满绝缘油，老式电力电容器有爆炸的危险性。

新系列自愈式低压电力电容器（见图 4—14）是采用金属镀膜替代铝箔，采用蛭石、微晶蜡作为填充物的干式电容器。干式电容器的体积、质量仅为老式产品的 1/5 ~ 1/4，损耗低，局部击穿能迅速自愈，恢复正常工作；内装有自放电电阻和保险装置，端子间残余电压在 1 ~ 3 min 内可降低到 50 ~ 75 V，安全可靠；无液体介质，燃爆危险性很小。

干式电容器有三相电容器和单相电容器；额定电压有 0.23 kV、0.4 kV、1.05 kV 等多种规格；额定容量多为 10 ~ 40 kvar；在 1.1 倍额定电压、1.3 倍额定电流下允许连续运行；运行环境温度为 −25 ~

50℃；极间绝缘电阻不小于1 000 MΩ。

2．补偿原理

电力系统中，电动机及其他有铁芯线圈的设备用得很多。这类设备除从线路中取得一部分电流做功外，还要从线路上取得一部分不做功的电感电流，这就使得线路上的总电流会额外加大一些。功率因数越低，线路的额外负担越大，发电机、电力变压器及配电装置的额外负担也越大，这除了降低线路及电力设备的利用率外，还会增加线路上的功率损耗，增加线路上的电压损失，降低供电质量。因此应当提高功率因数。提高功率因数最方便的方法是并联电容器，用以产生超前的电容电流去抵消落后的电感电流，将不做功的无功电流减小到一定的范围以内。

并联电容器的补偿原理如图4—15所示，I_R是有功电流，I_C是电容电流，I_{L0}和I_L分别是补偿前和补偿后的感性无功电流，I_0和I分别是补偿前和补偿后线路上的总电流，φ_0和φ分别是补偿前和补偿后的功率因数角。显然，补偿后线路上的总电流明显减小。

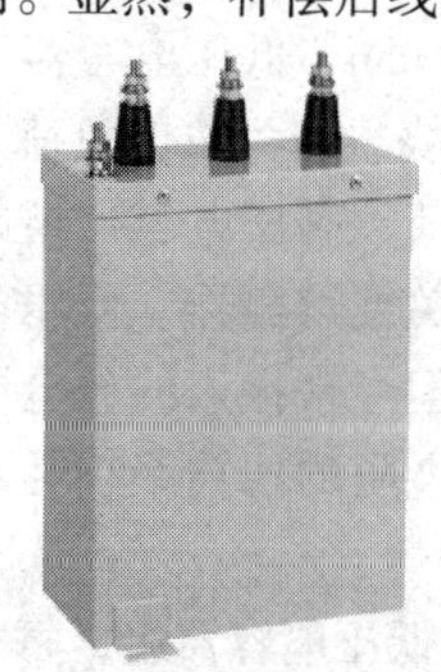

图4—14　干式电容器

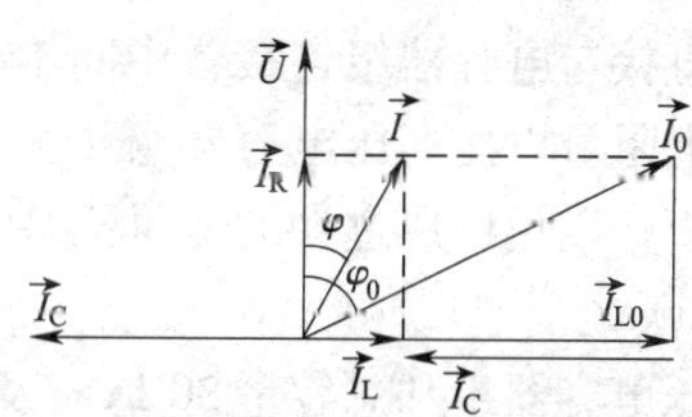

图4—15　电容补偿原理

由图4—15可知，如将功率因数从$\cos\varphi_0$提高到$\cos\varphi$，则需要的电容电流为

$$I_C = I_{L0} - I_L = I_R(\tan\varphi_0 - \tan\varphi)$$

由该式不难求得要求补偿的无功功率为

$$Q = P(\tan\varphi_0 - \tan\varphi)$$

式中　Q——需要的无功功率，kvar；

P——平均有功功率（或计算有功功率），kW。

补偿用电力电容器或者安装在高压边，或者安装在低压边，可以集中安装，也可以分散安装。因为电容器只是减小并联点前面线路上的电流，所以，低压补偿比高压补偿效果好，分散补偿比集中补偿效果好。但从节省投资和便于管理的角度考虑，集中补偿比分散补偿简单。

3. 电容器安装和接线

电容器所在环境的温度、相对湿度、海拔高度不应超过产品的技术指标；周围不应有腐蚀性气体或蒸气、不应有大量灰尘或纤维；所安装环境应无易燃、易爆危险或强烈振动。

电容器分层安装时层与层之间不得有隔板，以免阻碍通风；相邻电容器之间的距离不得小于 5 cm；上、下层之间的净距不应小于 20 cm；下层电容器底面对地高度不应小于 30 cm。

电容器外壳和钢架均应采取接地（或接零）措施。

电容器应有合格的放电装置，即能保证电容器两端的电压从峰值降至 50 V 所用的时间，高压电容器不超过 5 min，低压电容器不超过 1 min。高压电容器可以用电压互感器的高压绕组作为放电负荷，低压电容器可以用灯泡或电动机绕组作为放电负荷。高压电容器组的放电装置应直接与电容器组连接，中间不装设开关或熔断器。低压电容器的放电电阻可以比高压电容器组稍大一些，但经常接入的放电电阻也不宜太小，以免造成过大的能量损耗。放电电阻的比功率损耗不应超过 1 W/kvar。

高压电容器组和总容量 30 kvar 及以上的低压电容器组，每相应装电流表；总容量 60 kvar 及以上的低压电容器组应装电压表。

低压三相电容器内部为三角形接线。单相电容器应根据其额定电压和线路的额定电压确定接线方式：电容器额定电压与线路线电压相符时采用三角形接线；电容器额定电压与线路相电压相符时采用中性点不接地的星形接线。为了取得良好的补偿效果，应将电容器分成若干组分别接向电容器母线，每组电容器应能分别控制、保护和放电。低压电容器典型接线如图 4—16 所示。

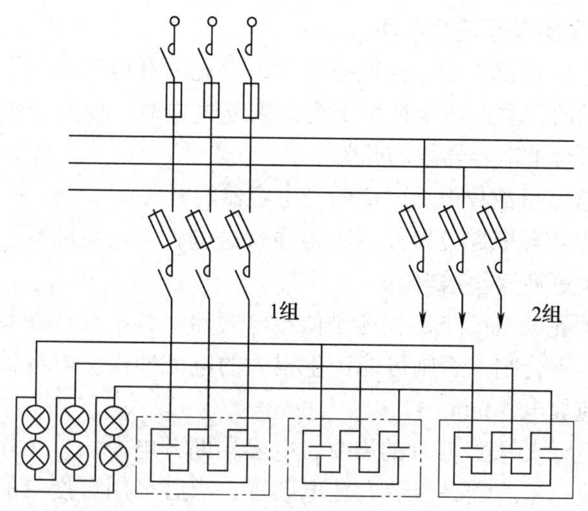

图 4—16　低压电容器接线

4. 电容器运行参数

电容器运行中电流不应长时间超过电容器额定电流的 1.3 倍，电压不应长时间超过电容器额定电压的 1.1 倍，外壳温度不得超过生产厂家的规定值（一般为 60℃或 65℃）。

电容器各接点应保持连接良好，不得有松动或过热现象；套管应清洁，且不得有放电痕迹；外壳不应有明显变形、不应有漏油痕迹。电容器的开关设备、保护电器和放电装置应保持完好。

5. 电容器投入和退出

正常情况下，应根据线路上功率因数和电压的高低投入或退出并联电容器。当功率因数低于 0.9、电压偏低时应投入电容器组；当功率因数趋近于 1 且有超前趋势、电压偏高时应退出电容器组。

当运行参数异常，超出电容器的工作条件时，应退出电容器组。如果电容器三相电流明显不平衡，也应退出运行。

当发现电容器连接点严重过热甚至熔化，瓷套管严重闪络放电，外壳严重膨胀变形，电容器或其放电装置发出严重异常声响，电容器爆裂或电容器起火、冒烟时，应紧急退出运行。

6. 电容器操作注意事项

（1）正常情况下全站停电操作时，应先断开电容器的开关，后断开各路出线的开关；正常情况下全站恢复送电时，应先合上各路出线的开关，后合上电容器线的开关。

（2）全站事故停电后，应断开电容器的开关。

（3）电容器断路器跳闸后不得强行送电；熔丝熔断后，查明原因之前，不得更换熔丝送电。

（4）不论是高压电容器还是低压电容器，都不允许在其带有残留电荷的情况下合闸。否则可能产生很大的电流冲击。电容器重新合闸前，至少应放电 3 min。

（5）为了检查、修理的需要，电容器断开电源后，工作人员接近之前，不论该电容器是否装有放电装置，都必须用可携带的专门放电负荷进行人工放电。

7. 电容器保护

低压电容器组总容量不超过 100 kvar 时，可用交流接触器、刀开关、熔断器或刀熔开关保护和控制；总容量 100 kvar 以上时，应采用低压断路器保护和控制。

内部未装熔丝的 10 kV 电力电容器应每台装熔丝保护。如电力网高次谐波超过允许值，可加装串联电抗器（感抗值为容抗值的3% ~ 5%）抑制谐波或加装压敏电阻及 RC 过电压吸收装置。

8. 电容器故障判断及处理

（1）渗漏油。渗漏油主要由产品质量不高或运行维护不周造成。外壳轻度渗油时，应退出后将渗油处除锈、补焊、涂漆，予以修复；严重渗漏油时应更换电容器。

（2）外壳膨胀。主要由电容器内部分解出气体或内部部分元件击穿造成。外壳明显膨胀应更换电容器。

（3）温度过高。主要由过电流（电压过高或电流含有谐波）或散热条件差造成，也可能由介质损耗增大造成。应严密监视，查明原因，做针对性的处理。如不能有效地控制过高的温度，则应退出运行；如是电容器本身的问题，应予以更换。

（4）套管闪络放电。主要由套管脏污或套管缺陷造成。如套管未损坏，放电仅由脏污造成，应停电清洁，擦净套管；如套管有损坏，应更换电容器。处理工作应停电后进行。

（5）异常声响。异常声响由内部故障造成。异常声响严重时，应立即退出运行，并停电更换电容器。

（6）电容器爆破。由内部严重故障造成。应立即切断电源，处理完现场后更换电容器。

（7）熔丝熔断　如电容器熔丝熔断，不论是高压电容器还是低压电容器，均应查明原因，并做适当处理后再投入运行。

第5章　电　动　机

电动机分为直流电动机和交流电动机。交流电动机分为同步电动机和异步电动机（即感应电动机），而异步电动机又分为绕线型电动机和笼型电动机。特种电动机指伺服电动机、脉冲电动机等用于自动控制系统的电动机。本书主要介绍异步电动机。本章包含异步电动机的基本问题、异步电动机的控制、异步电动机的运行、单相异步电动机和特种电动机共4节内容。

第1节　异步电动机的基本问题

一、异步电动机的结构

异步电动机由定子、转子等部件组成。如图5—1所示是笼型异步电动机的结构。

1. 定子

电动机的静止部分称为定子，定子主要由定子铁芯、定子绕组、机座等部件组成。

定子铁芯是电动机磁路的一部分，由表面涂有绝缘漆的硅钢片叠压而成。在铁芯的内圆冲有均匀分布的槽，糟内嵌放定子绕组。

定子绕组是电动机的电路部分，通入交流电后在电动机内产生旋转磁场。绕组的绝缘包括对地绝缘、相间绝缘、层间绝缘和匝间绝缘。三相电动机的三相绕组有的接成星形，有的接成三角形。

机座的作用是固定定子铁芯、通过两个端盖支撑转子、保护电动机的电磁部分和散热。中小型异步电动机的机座是铸铁件。封闭式电动机的机座外面有散热筋以增加散热面积。

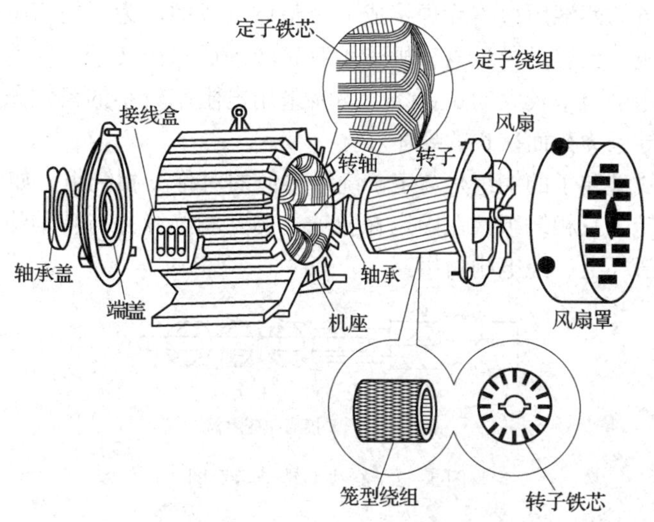

图 5—1　笼型异步电动机的结构

2. 转子

电动机的转动部分称为转子，转子主要由转子铁芯、转子绕组和转轴等部件组成。

转子铁芯也是电动机磁路的一部分，也用硅钢片叠压而成。硅钢片外圆冲有均匀分布的槽孔，用来安置转子绕组。小型异步电动机的转子铁芯直接压装在转轴上，大中型异步电动机（转子直径 300 ~ 400 mm）的转子铁芯则借助于支架装在转轴上。为了改善电动机的性能，笼型异步电动机转子铁芯都采用斜槽结构（即转子槽与电动机转轴的轴线成夹角）。

转子绕组的作用是切割定子磁场，产生感应电动势和电流，并在旋转磁场的作用下受力使转子转动。按照构造，转子分为笼型转子和绕线型转子。

笼型转子每个槽内仅一个转子导条，导条两端用短路环连成整体。中小型笼型电动机采用铸铝转子，这种转子是采用离心铸铝法，用熔化了的铝水将转子笼条、短路环、内风扇叶片浇铸成一个整体制成的。大中型电动机常采用铜条转子，这种转子是在转子铁芯槽内放置铜条，并将铜条的两端用短路环焊接成一个整体制成的。为了提高电动机的启动转矩，大容量异步电动机采用双笼转子或深槽转子，双笼转子的外笼采用电阻率较大的黄铜条，内笼采用电阻率较小的紫铜条；深槽转子的导条为截面狭长的导体。

绕线型转子的绕组是与定子绕组类似的对称三相绕组。如图 5—2 所示，转子三相绕组接在固定在转轴上的互相绝缘并与转轴绝缘的三个铜制滑环上，经电刷引出。

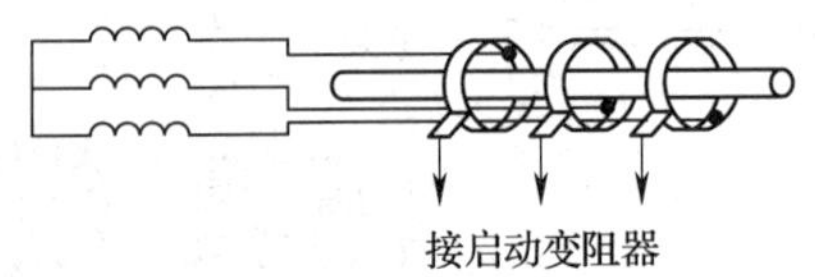

图 5—2 绕线型转子示意图

转轴用以传递转矩及支撑转子的重量，用中碳钢制成。

3. 其他附件

端盖装在机座的两侧，起支撑转子的作用。轴承连接转动部分和不动部分，一般采用滚动轴承。轴承盖用以保护轴承，使轴承内的润滑油脂不致溢出。风扇用于冷却电动机。

二、异步电动机的原理

1. 旋转磁场

下面以两极单相电动机为例说明电动机的旋转磁场。其接线如图 5—3 所示。沿圆周相隔 90°装有两套绕组，其中，第一套绕组与电容串联，电流 i_1超前电流 $i_2$90°。电流波形及合成磁场矢量如图 5—4 所示。所产生的磁场有以下规律：

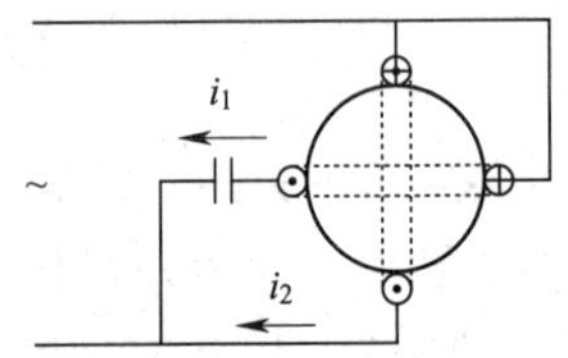

图 5—3 两极单相电动机接线图

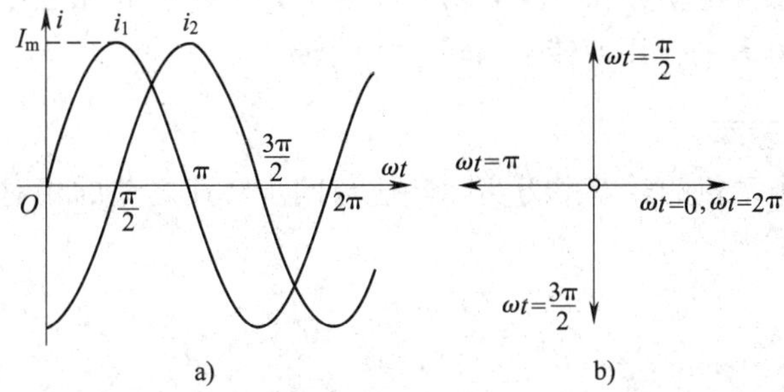

图 5—4　单相电动机电流波形及合成磁场矢量图

a）电流波形图　b）合成磁场矢量图

（1）$\omega t=0$ 时，$i_1=0$、$i_2=-I_m$，合成磁场方向从左到右。

（2）$\omega t=\pi/2$ 时，$i_1=I_m$、$i_2=0$，合成磁场大小不变，方向从下到上。

（3）$\omega t=\pi$ 时，$i_1=0$、$i_2=I_m$，合成磁场大小不变，方向从右到左。

（4）$\omega t=3\pi/2$ 时，$i_1=-I_m$、$i_2=0$，合成磁场大小不变，方向从上到下。

（5）$\omega t=2\pi$ 时，合成磁场大小不变，方向从左到右，旋转一周。

两极单相电动机的旋转磁场具有以下特点：（1）旋转方向为电流超前的绕组到电流落后的绕组的方向；（2）大小保持不变；（3）转速与电流的角频率相等。旋转磁场的转速称为同步转速。可以证明，对于 p 对磁极的电动机，旋转磁场的转速为

$$n_1=\frac{60f}{p}$$

式中　n_1——同步转速，r/min；

f——电源频率，Hz；

p——极对数。

三相电动机的旋转磁场有类似特点，这里不再赘述。

2. 受力分析

如图 5—5 所示，当定子旋转磁场以 n_1 的同步转速旋转时，转子导

体中产生感应电动势和感应电流 I_2。由于 I_2 与磁通 Φ 相互作用，转子导体受到力 F 的作用使转子以转速 n 旋转。

3. 转差率

异步电动机的转差率为实际转速与同步转速之差的相对值，用百分数表示，即

$$s = \frac{n_1 - n}{n_1} \times 100\%$$

异步电动机的额定转差率多为 2% ~6% 。

三、异步电动机的转矩

机械特性是转速与转矩的关系。可以证明，异步电动机转速与转矩的关系近似为

$$M \approx C_m U^2 \frac{sr_2}{r_2^2 + (sx_{20})^2}$$

式中，C_m是取决于电动机结构的常数，U 是电源电压，s 是转差率，r_2是转子绕组每相电阻，x_{20}是转子堵转时的每相电抗。按上式绘制的异步电动机的机械特性如图 5—6 所示，M_L是负载转矩，曲线 1 ~6 是不同转子电阻情况下的机械特性曲线。曲线 6 是基本机械特性曲线，其特点是:

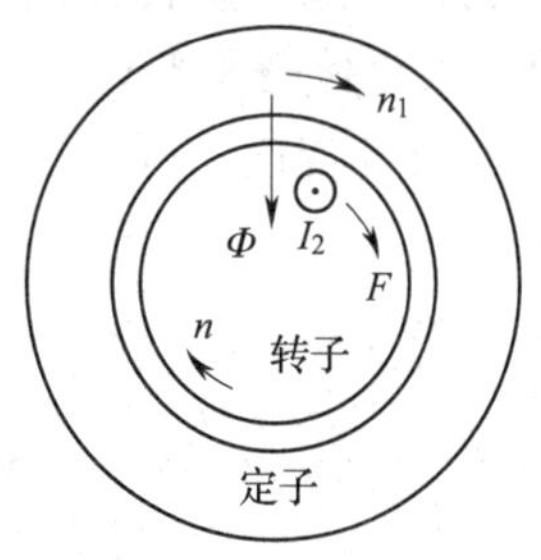

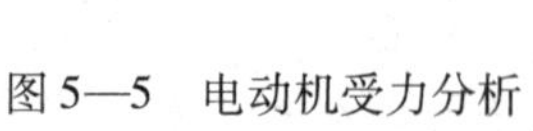

图 5—5　电动机受力分析

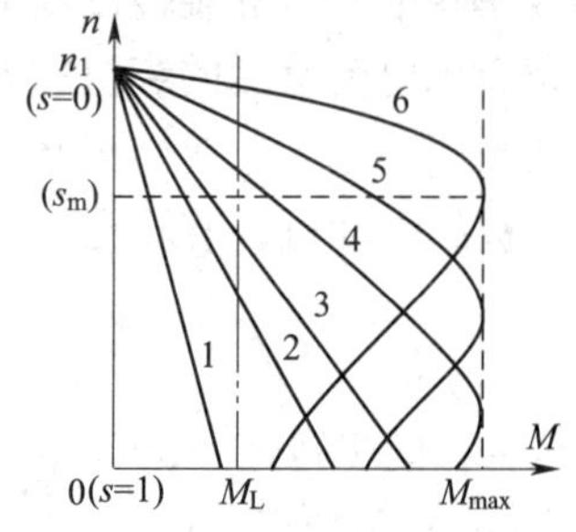

图 5—6　异步电动机的机械特性

1. 转矩 M 与电压 U 的平方成正比。

2. 转矩 M 有一最大值 M_{max}，称为最大转矩，相应的转差率 s_m 称为临界转差率。

3．启动瞬间（$n=0$，$s=1$）的转矩不等于最大转矩，称为堵转转矩。

可以证明，异步电动机的最大转矩与转子电阻无关，但随着转子电阻增大，临界转差率也增大，图 5—6 中，第 1 条曲线转子电阻最大，第 6 条曲线转子电阻最小。绕线型异步电动机就是利用改变转子外接电阻来实现平稳启动和调速的。

四、异步电动机的运行状态

异步电动机有如下几种运行状态：

1．异步运行状态（电动机状态），即 $0<n<n_1$、$M>0$ 的状态，是最常见的电动机拖动状态。

2．反接制动状态，即 $n<0$、$M>0$ 的状态。起重机重载下降时会出现这种状态。

3．发电制动状态，即 $n>n_1$、$M<0$ 的状态。起重机重物下降时可能出现这种状态。

4．堵转状态，即 $n=0$ 的状态。电动机不得长时间停留在堵转状态。

5．同步状态，即 $n=n_1$ 的状态。一般不会长时间停留在同步状态。

五、异步电动机的技术参数

异步电动机的铭牌上应标有名称、型号、额定功率、额定电压、额定电流、接法、工作定额、额定转速、频率、防护等级、绝缘等级、质量、出厂日期、出厂编号、生产厂名称等数据。典型铭牌如下：

三相异步电动机	
型号　Y180M－2	标准编号
功率　22 kW	电压　380 V
电流　42.2 A	接法　△
定额　连续（或 S1）	转速　2 940 r/min
频率　50 Hz	绝缘等级　B
防护等级　IP44	质量　180 kg
出厂编号　×××	出厂日期　年　月　日
××电机厂	

Y 系列电动机型号说明如下：

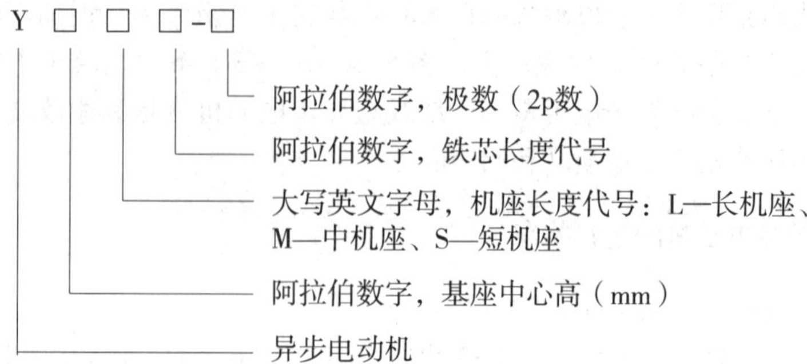

电动机的额定功率是指额定运行条件下转轴上输出的机械功率，单位为 kW。额定电压指线电压，单位为 V。额定电流指线电流，单位为 A。接法应与电压相对应，Y 系列电动机功率 3 kW 及以下的采用星形接法，其他的采用三角形接法。工作定额指电动机的额定运行方式，常见的有连续工作方式和断续工作方式，标明断续工作的电动机不得连续工作，否则，必须降低容量使用。Y 系列电动机防护等级为 IP44，采用 B 级绝缘，其允许的最高工作温度为 130℃。

三相异步电动机的额定电流按下式计算：

$$I = \frac{P \times 1\ 000}{\sqrt{3}U\eta\cos\varphi}$$

式中 P——额定功率，kW；

η——效率；

U——额定线电压，V；

I——额定线电流，A；

$\cos\varphi$——功率因数。

第 2 节　异步电动机的控制

一、启动控制

启动瞬间，异步电动机转子绕组以同步速度切割旋转磁场，产生的感应电动势很大，使得这一瞬间的电流高达电动机额定电流的 5 ~ 7 倍。启动电流太大可能大幅度增加线路上的电压降，不但可能导致该电动机启动失败，还可能导致其他设备停车，还可能造成设备和线路的损坏。因此，公用低压配电网中 10 kW 以上的笼型电动机、小区低压配电室供电的 14 kW 以上的笼型电动机、专用变压器供电的启动时额定功率不超过变压器容量 10% 的电动机均应采取降压启动方式。

1. Y - △降压启动

Y - △启动是启动时将三相绕组接成星形联结，待启动接近终了时将三相绕组改成三角形联结（见图 5—7）的启动方式。启动时相电压降低为额定电压的 $1/\sqrt{3}$，相电流也降低为直接启动时的 $1/\sqrt{3}$，由于线电流是相电流的 $\sqrt{3}$ 倍线电流降低为直接启动时的 1/3，堵转转矩也降低为直接启动时的 1/3。这种启动方法只能用于三角形接法的笼型电动机的轻载启动。

2. 自耦降压启动

自耦降压启动的原理如图 5—8 所示。启动时电动机经自耦变压器降压（比较多见的是将电源电压降低为 65% 和 80%）接通电源，启动临近终了时甩掉自耦变压器直接接通电源。对于将电源电压降低为 65% 和 80% 的自耦降压启动，电动机电流也降低为直接启动时的 65% 和 80%，线路电流则降低为直接启动时的 42. 25% 和 64%，堵转转矩也降低为直接启动时的 42. 25% 和 64%。由于堵转转矩较大，这种启动方式与电动机的接法无关，可用于笼型电动机负载启动。

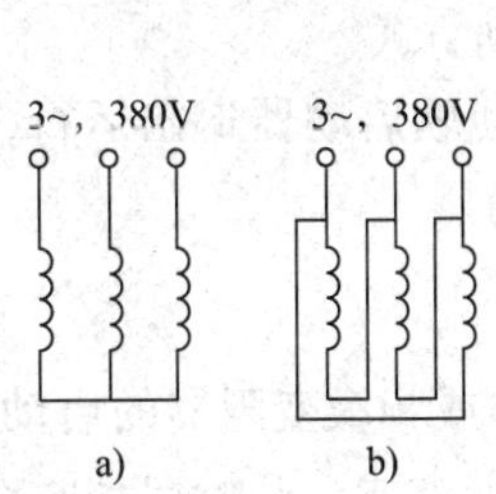

图 5—7　Y - △降压启动
a）启动　b）运行

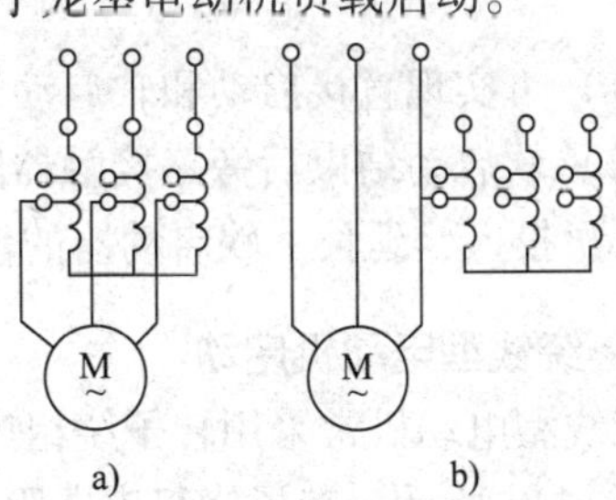

图 5—8　自耦降压启动原理
a）启动　b）运行

自耦降压启动器的自耦变压器都是按短时工作设计的，使用中应注意每次启动时间不能太长，一段时间内启动次数不能太多，而且相邻两次启动之间需间隔一段时间。

此外，笼型电动机还可采用延边三角形降压启动、定子绕组串电抗或串电阻启动方式。延边三角形降压启动的电动机的每相绕组必须引出三个端子。串电抗或串电阻启动方式的功率损失和电压损失都比较大，只能用于轻载启动的电动机。

3. 软启动

上述降压启动方法只是在一定程度上减小了启动时的电流冲击。随着电子技术的发展，应用晶闸管技术，可以实现在启动过程中逐渐升高加到电动机上的电压，把笼型电动机启动冲击电流限制在最小范围内。这种启动方式就是所谓的软启动。

软启动器是一种集电动机软启动、软停车和多种保护功能于一体的自动控制装置。软启动器串联在电源与被控电动机之间。软启动器有斜坡电压启动、限流启动、自由停机、软停机等多种控制方式可供选择，可获得理想的输入电压及预期的启动功能（见图 5—9）。

软启动器以单片机为控制核心，以晶闸管为主要开关元件实现控制。软启动器有调压方式和变频方式两种类型。前者应用较多，以反并联的三相晶闸管作为调压器，控制晶闸管的导通角，即可改变电动机的输入电压。

大多数软启动器装有旁路接触器（见图 5—10）。旁路接触器的作用是：

（1）可实现直接启动和软启动两种启动方式。

（2）软启动结束后旁路接触器闭合，使软启动器退出运行，至停车时再次投入，延长了软启动器的使用寿命。

4. 绕线型电动机启动

绕线型电动机常采用转子绕组串电阻器或频敏变阻器的启动方式。如图 5—11a 所示为转子绕组串电阻器的启动方式。开始启动时在转子电路中串入外接电阻，既能限制堵转电流，又能取得较大的堵转转矩；然后逐级切除外接电阻，使电动机平稳加速；最后全部切除外接电阻，

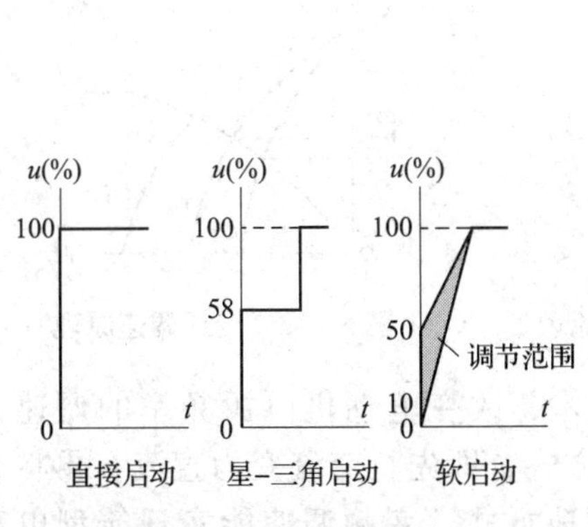

图 5—9　软启动电压特征

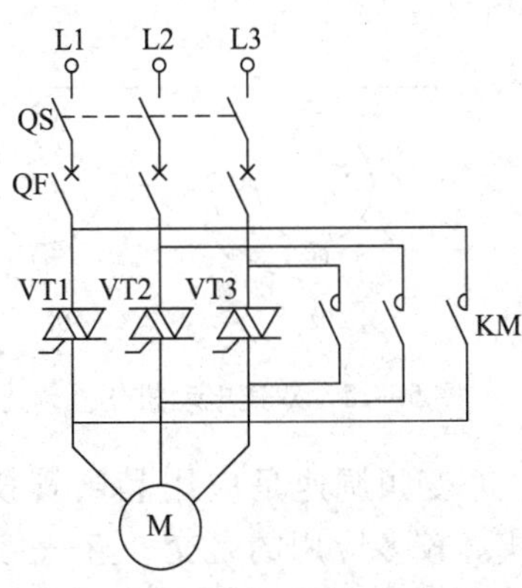

图 5—10　软启动器接线原理

并将转子绕组短路，电动机转入正常运行。由于电阻要消耗能量，所以这种方法不够经济。

如图 5—11b 所示为转子绕组串频敏变阻器的启动方式。串频敏变阻器实质上是铁芯功率损耗较大的电抗器。开始启动时，转子频率高，变阻器的阻抗也大；随着转子转速增加，转子频率降低，变阻器的阻抗自动减小；启动完毕后，切除变阻器，并将转子短路。频敏变阻器结构简单，不需逐级切换，可靠性较高，而且便于实现自动控制。

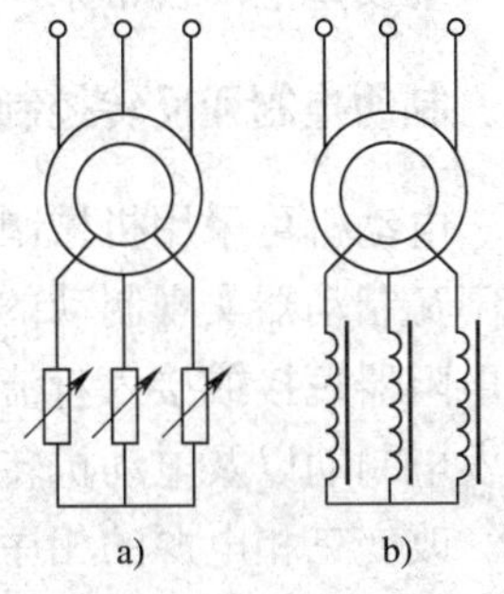

图 5—11　绕线型电动机启动

a）串电阻器　b）串频敏变阻器

二、调速控制

笼型电动机可采用变极调速、变压调速和变频调速。变极调速是通过改变定子绕组的连接方式来实现的。如图 5—12 所示为由四个导体组成的一相绕组，改变绕组的连接方式可实现二极、四极的转换。变极调速为有级调速，调速比有 2∶1、3∶2 和 4∶3∶2 等几种。

变压调速是利用转矩与电压的平方成正比，与定子绕组串联阻抗分压的调速方式，其调速原理如图 5—13 所示。这种调速方式适用于转子电阻较大的电动机。

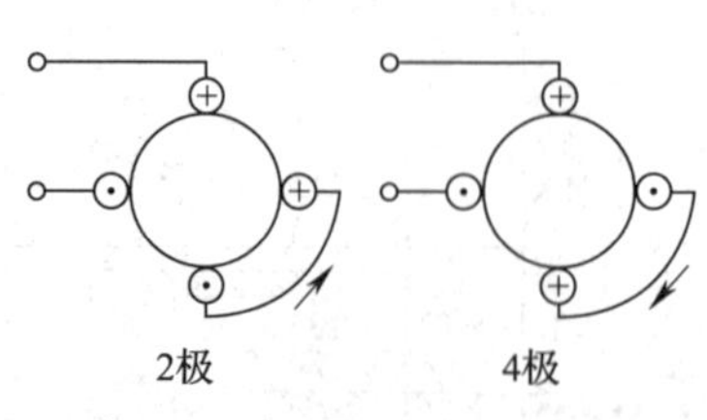

图 5—12　双速电动机变极调速原理

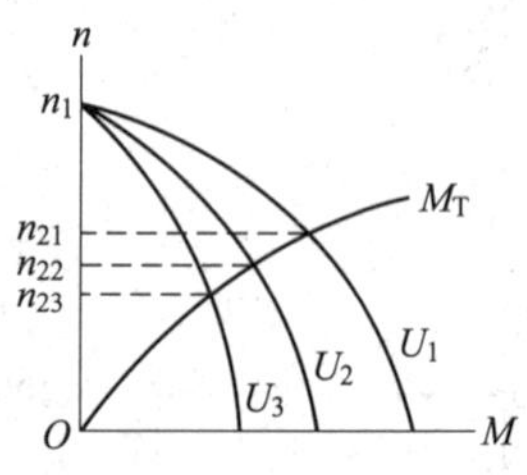

图 5—13　变压调速原理

变频调速是应用晶闸管技术，改变电动机电源频率的调速方式。较多应用的是交—直—交方式，即先将交流变为直流，再将直流逆变为频率可调的交流的调速方式。变频调速能实现笼型电动机的平滑调速，而且调速精度高、便于控制，是极有发展前途的调速方式。

绕线型电动机常采用转子外接电阻器调速，其调速范围可达3∶1。

三、制动控制和反转控制

电动机可采用机械制动和电气制动。机械制动是借助制动电磁铁和闸瓦制动器实现制动的。电气制动包含电动机定子绕组断开电源后经电阻器短接或接入直流电源的能耗制动、电动机转速超过同步转速的发电制动以及电动机转速反向或电源反接的反接制动。

改变三相电源的相序，即将三相电动机的电源任意调换两相，即可改变旋转磁场的方向，实现电动机反转。

四、异步电动机的选用

笼型电动机的转子绕组是笼状短路绕组，结构简单、工作可靠、维护方便，但启动性能和调速性能差。笼型电动机广泛用于各种机床、泵、风机等多种机械的电力拖动，是应用最多的电动机。

绕线型电动机转子结构比笼型电动机较为复杂，加之有电刷与滑环的接触使得可靠性较低，但绕线型电动机的启动及调速性能较好。绕线型电动机主要用于启动频繁，控制要求较高的场合，如起重运输机械和一些冶金机械等。

应当根据环境条件选用相应防护等级的电动机。例如，多尘、水土飞溅或火灾危险场所应选用封闭式电动机，爆炸危险场所应选用防爆型电动机等。

电动机的功率必须与生产机械负荷的大小及其持续和间断的规律相适应。电动机功率太小，势必造成电动机过负荷工作，造成电动机过热。

第3节　异步电动机的运行

一、电动机安全运行条件

新安装的三相笼型异步电动机在投入运行前应检查接法是否正确，与电源电压是否相符；防护是否完好；外壳接零或接地是否良好；绝缘电阻是否合格；各部螺钉是否紧固；盘车是否正常；启动装置是否完好。带负荷前应空载运行一段时间。空载试运行时转向、转速、声音、振动、电流应无异常。

1. 运行参数

电动机的电压、电流、频率、温升等运行参数应符合要求。电压波动不得超出 -5% ~10% 的范围，电压不平衡不得超过 5%，电流不平衡不得超过 10%。当环境温度为 35℃时，电动机的允许温升可参考表 5—1 所列数值；环境温度低于 35℃时，电动机功率可增加 $(35-T)\%$，

表 5—1　　环境温度 35℃时电动机允许温升（K）

部位	绝缘等级					测量方法
	A	E	B	F	H	
绕组	70	85	95	105	130	电阻法
铁芯	70	85	95	105	130	温度计法
滑环	70					温度计法
滚动轴承	80					温度计法
滑动轴承	45					温度计法

但最多不得超过10%；环境温度高于35℃时，电动机功率应降低（$T-35$）%。电动机运行时的声音应当轻而均匀。电动机的滑动接触处只允许有不连续的或微弱的火花。电动机振动的双幅值可参考表5—2所列许可值。

表5—2　　电动机振动许可值

同步转速（r/min）	3 000	1 500	1 000	≤750
双振幅值（mm）	0.05	0.085	0.10	0.12

2. 绝缘

任何情况下，电动机的绝缘电阻不得低于每伏工作电压1 000 Ω。电动机的各项绝缘电阻不应低于表5—3所列数值。

表5—3　　电动机绝缘电阻允许值

额定电压（V）	6 000			<500			≤42		
绕组温度（℃）	20	45	75	20	45	75	20	45	75
交流电动机定子绕组（MΩ）	25	15	6	3	1.5	0.5	0.15	0.1	0.05
绕线型电动机转子绕组和滑环（MΩ）	—	—	—	3	1.5	0.5	0.15	0.1	0.05

3. 保护

电动机必须装设短路保护和接地故障保护，并根据需要装设过载保护、断相保护和低电压保护。熔断器、瞬时动作过电流脱扣器、电流继电器可用作短路保护元件。瞬时动作过电流脱扣器或电流继电器的整定电流应大于电动机的堵转电流。热继电器可用作过载保护元件，其额定电流应取为电动机额定电流的1～1.5倍，整定值应接近但不小于电动机的额定电流。

4. 维护和维修

电动机应保持主体完整、零附件齐全、无损坏，并保持清洁。电动机应定期进行检修和保养工作。日常检修工作包括清除外部灰尘和油污、检查轴承并换补润滑油、检查滑环和整流子并更换电刷、检查接地（零）线、紧固各螺钉、检查引出线连接和绝缘、检查绝缘电阻。启动设备应与电动机同时检修。交流电动机大修后的试验项目包括测量各部位的绝缘电阻、500 kW 以上的电动机测量吸收比、定子绕组和绕线型转子绕组交流耐压试验（40 kW 以下者只摇测绝缘电阻）、定子绕组极性测定、空载试验以及高压 500 kW 以上者直流耐压试验。

5. 资料

除原始技术资料外，还应建立电动机运行记录、试验记录、检修记录等资料。

二、异步电动机不对称运行

异步电动机允许在一定范围内降低容量不对称运行。例如，三相电动机可以去掉一相，将其余两相中的一相直接接单相电源，另一相串联电容后接单相电源作单相电动机运行。但是，故障不对称运行往往是烧毁电动机和导致电击事故的主要原因。

1. 三相电动机缺一相运行

三相 380 V 电动机缺一相后，变为 380 V 单相运行，旋转磁场变为脉振磁场。可以证明，一个脉振磁场能够分解为两个大小相等、转向相反、转速相同的旋转磁场，每个旋转磁场的大小为脉振磁场的 1/2。这时，堵转转矩为零，即电动机在停止状态，理论上是不能启动的。因为电动机的堵转电流比正常工作的电流大得多，所以，在这种情况下接通电源时间过长或多次频繁地接通电源，将导致电动机烧毁。

运行中的三相电动机缺一相时，如负载转矩很小，仍可维持运转，仅转速略有降低，并发出异常声响。但是，对于恒功率负载，线路电流将增加为正常时的 $\sqrt{3}$ 倍，运行时间过长也会烧毁电动机。

为防止缺一相运行烧毁三相电动机，可以采取多种保护方案，其中，有利用电压变化的方案，也有利用电流变化的方案。有些热继电器也带有缺相保护功能。

2. 三相电动机两相一零运行

三相电动机两相一零运行是一种十分危险的运行方式，是由于一条相线与接向金属外壳的保护零线接错造成的。这时电动机外壳带电，触电危险性很大。该运行方式下供给电动机的电压为不对称三相电压，即一个线电压和两个相电压，正转转矩约为额定转矩的4/9，反转转矩约为额定转矩的1/9，堵转转矩为额定堵转转矩的1/3。因此，如果负载转矩不大，接通电源时，电动机仍能正向启动；运行时转速变化很小，异常声音也不明显。正因为如此，这种故障状态不易被察觉，使人忽略电动机外壳带电的危险。

三、异步电动机故障

1. 温升过高

电动机温升过高的可能原因是：电动机绕组匝间短路、相间短路、端子短路或接地短路时，短路电流使绕组发热剧增造成温升过高；电动机铁芯短路，涡流损耗使铁芯发热剧增造成温升过高；三相电动机缺相运行时另两相电流增大使发热增加（如处在堵转状态则电流剧增），造成温升过高；电动机严重过载时由于电流过大使发热增加造成温升过高；电动机启动过于频繁由于启动电流大而使发热增加造成温升过高；电动机电气接触不良或接触压力不够或接线端子松动使连接部位发热增加造成温升过高；电源电压过高或过低使电动机发热增加造成温升过高；轴承损坏或缺油、转动部分与固定部分摩擦或撞击、风扇故障或电动机机械性堵转使轴承等部位发热增加造成温升过高；电动机散热机构故障或环境温度过高使电动机温升过高。

2. 振动和响声异常

电动机安装地基不平或安装不好、电动机的轴承有缺陷或安装不良、电动机的定子或转子绕组局部短路、定子铁芯压装不紧等故障会使电动机发生异常振动及声响。如启动时响声大，且三相电流相差大，则可能是一相绕组首、末端反接造成的。

3. 内部冒烟起火

电动机内部短路故障引起严重发热、电刷火花太大或内部发生火花放电等均可能引起电动机内部冒烟起火。

4. 不能启动或转速下降

电源缺相或电压过低、定子绕组断路、接线端子松脱、转子断条、接线错误、负载过大或机械卡塞等会造成电动机启动困难甚至不能启动或转速下降。

5. 三相电流不平衡

电源电压不平衡、定子绕组匝数错误、接线错误或有短路故障均会造成三相电流不平衡。

6. 电刷冒火

电刷牌号不符，电刷压力过大或过小，电刷与滑环接触不好，滑环不平、不圆或积有污垢均可能造成电刷冒火，或造成滑环过热乃至烧坏。

7. 外壳带电

电动机漏电或绝缘电阻大幅度降低、相线碰壳、未接保护线或外界原因可造成外壳带电。

对于运行中的电动机，当发生人身事故、电动机起火冒烟、电动机缺相、电动机内发出撞击声、电动机转速突然明显下降、电动机温度超过允许值而且继续上升、持续剧烈地振动、控制电器严重故障或过热、被拖动机械或传动装置故障时，应立即断开电源。

第4节　单相异步电动机和特种电动机

一、电容分相启动电动机

如图5—14所示，电容分相启动电动机定子上装有主绕组W1和启动绕组W2，启动绕组与启动电容C和启动开关K串联。启动时，开关K闭合，绕组W1和绕组W2中的电流产生旋转磁场，电动机转动并加速，至转速达到额定转速的80%时，开关K断开，电动机转入正常运行。

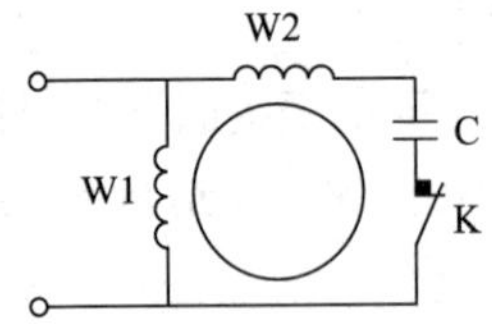

图 5—14　电容分相启动电动机

启动开关 K 有两种类型，即离心式开关和电流继电器。离心式开关的原理是至一定转速时，离心力克服弹簧压力，接点打开；电流继电器的线圈与主绕组串联，启动瞬间继电器吸合，至一定转速时，继电器的电磁吸力不足以克服弹簧拉力而释放，接点打开。

电容分相启动电动机堵转转矩较大、堵转电流较小。电容分相启动电动机的极数为 2 极和 4 极，功率为 120 ~ 750 W。

二、电容运行电动机

电容运行电动机定子上装有主绕组和辅助绕组，辅助绕组与电容串联后与主绕组接同一电源。因为电容始终接在电路中，所以不能采用电解电容。电容器容量较小。

电容运行电动机堵转转矩较小，极数为 2 极和 4 极，功率为 4 ~ 180 W。

三、电阻分相启动电动机

电阻分相启动电动机定子上也装有主绕组和启动绕组，主绕组的电阻小（匝数小、导线粗），电抗大（位于槽底部）；启动绕组的电阻大（匝数大、导线细），电抗小（位于槽上层）。因此，两个绕组里的电流也有相位差，能产生旋转磁场。至转速达到额定转速的 80% 时，断开启动绕组。

电阻分相启动电动机堵转转矩较小、堵转电流较大。电阻分相启动电动机的极数为 2 极和 4 极，功率为 40 ~ 370 W。

四、罩极式电动机

罩极式电动机分显极式（集中绕组式）和隐极式（分布绕组式）

两种结构形式。显极式罩极式电动机的定子磁极如图 5—15 所示，约 1/3 的磁极套有短路环。因此，同一磁极上的磁通分成 Φ_1 和 Φ_2，且 Φ_1 领前于 Φ_2，接通电源后产生从左向右（顺时针方向）的旋转磁场。隐极式罩极式电动机没有凸出的磁极，但每一隐极都有两套分布绕组，其中，辅助绕组起短路环的作用。

罩极式电动机的堵转转矩小，功率为 0.5 ~ 120 W。

五、特种电动机

1. 单相串励电动机

单相串励电动机是一种小容量交、直流两用电动机，其结构类似串励直流电动机。定子上有位置固定的磁极及励磁绕组，转子上的电枢绕组经换向器（整流子）、电刷与定子绕组串联。其接线如图 5—16 所示。电枢电流与气隙磁通相互作用产生转动力矩，无论是交流电源或直流电源，转动力矩的方向都是确定的。

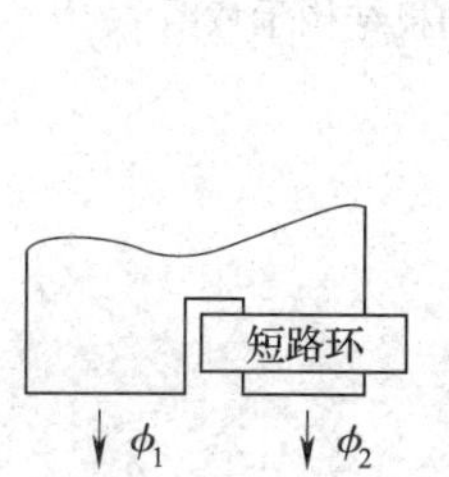

图 5—15　罩极式电动机的定子磁极

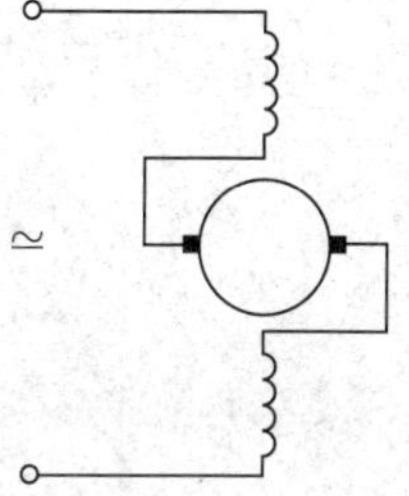

图 5—16　单相串励电动机接线

单相串励电动机的堵转转矩大、转速高（可达 20 000 r/min）、调速方便、机械特性软（电磁转矩随转速上升而迅速减小），适用于各种手持式电动工具。

2. 步进电动机

步进电动机即脉冲电动机，如图 5—17 所示是最简单的反应式步进电动机的结构示意图。定子上有凸出的磁极及励磁绕组，转子上只有凸出的磁极，定子极数与转子极数不相等。图中，定子为三相六极，转子为四极。如定子通电顺序为 AB－BC－CA－AB……方式，即所谓三相双三拍方式，则定子每转换一次（拍），转子转过 30°，即步距角为 30°；如定子通电顺序为 A－AB－B－BC－C－CA－A……方式，即所谓三相六拍方式，则步距角为 15°。小步距角步进电动机的步距角只有 1.5°甚至更小一些。

步进电动机的作用是将电脉冲信号转变为机械位移或机械转速。

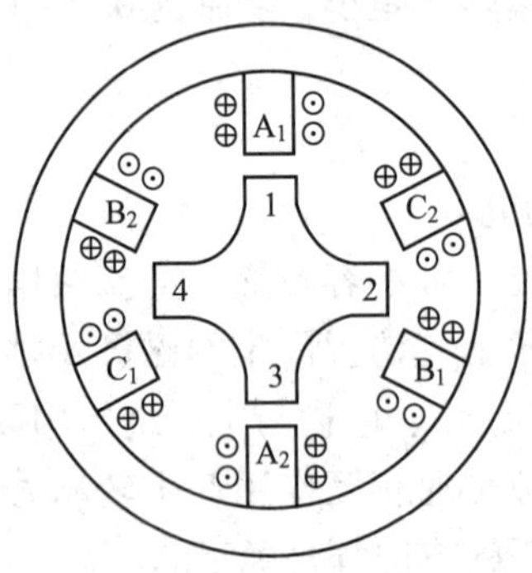

图 5—17　反应式步进电动机结构示意图

第6章 电力线路

电气线路分为电力线路和控制线路，前者用来输送电能，后者用来输送信号。电力线路分为架空线路、电缆线路、穿管线路等。本章包含架空线路、电缆线路、室内配线、电力线路安全条件、电力线路常见故障和巡视检查共5节内容。

第1节 架空线路

一、架空线路组成

凡档距超过25 m，利用杆塔敷设的高、低压电力线路都属于架空线路。架空线路主要由导线、杆塔、横担、绝缘子、金具、拉线及其基础组成。

架空线路的导线用以输送电流，多采用钢芯铝绞线、硬铜绞线、硬铝绞线和铝合金绞线。因铝线易受碱性和酸性物质的侵蚀，所以，腐蚀性强的环境应采用铜线。不得采用单股铝线或单股铝合金线架空敷设。厂区、居民区内的低压架空线路应采用绝缘导线。

架空线路的杆塔用以支承导线及其附件，有空心钢筋混凝土杆、铁塔和木杆之分。钢筋混凝土经久耐用，不受气候影响，不易腐蚀，维护简单，应用最为广泛。按其功能，杆塔主要分为以下几种类型：

1. 直线杆。位于线路的直线段上，仅作支持导线、绝缘子和金具用。能承受线路侧面的风力，但不能承受线路方向的拉力。直线杆占全部电杆数的80%左右。

2. 耐张杆。位于线路直线段上的若干直线杆之间或位于有特殊要求处。设置耐张杆便于架线施工。在断线事故或架线时的紧线情况下，耐张杆能承受一侧导线的拉力。10 kV 耐张杆之间的距离一般为 2 km 左右。跨越杆塔是高大、加强的耐张型杆塔，用于线路跨越铁路、公路、河流等处。

3. 转角杆。位于线路改变方向的地方，能承受两侧导线的合力。

4. 分支杆。位于线路的分支处，能承受线路各方向的合力。

5. 终端杆。位于导线的首端和终端，能承受线路方向全部导线拉力。

架空线路的横担用以支承导线。架空线路常用的横担有木横担、铁横担和瓷横担。木横担具有良好的防雷性能，但易腐朽，使用时应做防腐处理。铁横担坚固耐用，但防雷性能不好，并需做防锈处理。瓷横担是绝缘子与普通横担的组合体，结构简单，安装方便，电气绝缘性能也比较好，但机械强度较差。

架空线路的绝缘子用以支承、悬挂导线并使之与杆塔绝缘，架空线路用绝缘子多采用针式、蝶式和悬式绝缘子。

架空线路的金具主要用于固定导线和横担，包括线夹、横担支撑、抱箍、垫铁、连接金具等金属器件。

架空线路的拉线及其基础用以平衡杆塔各方向受力，保持杆塔的稳定性。拉线用钢丝绳或镀锌铁丝绞合制作，大致可以分为终端拉线、转角拉线、人字拉线、高桩拉线和自身拉线。

如图 6—1 所示是钢筋混凝土电杆装置示意图。

架空线路造价低、机动性强、便于施工和检修。但架空线路妨碍交通和建设，易受空气中杂物的污染，而且，架空线路可能碰撞或过分接近树木及其他高大设施或物件，导致触电、短路等事故。

二、架空线路安装

1. 电杆

选用木电杆时，梢径不应小于 150 mm，外皮去净后不得有腐朽、严重弯曲、劈裂等迹象，顶部应做成斜坡形，顶部和根部应做防腐处理。

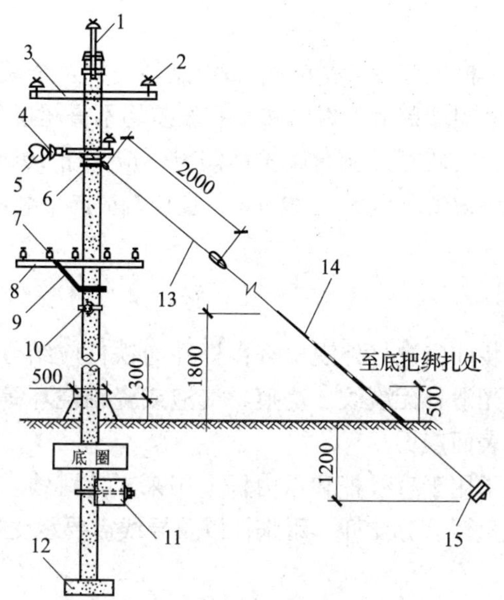

图 6—1　钢筋混凝土电杆装置示意图

1—高压杆头　2—高压针式绝缘子　3—高压横担　4—高压悬式绝缘子　5—高压蝶式绝缘子　6—拉线抱箍　7—低压针式绝缘子　8—低压横担　9—横担支撑　10—低压蝶式绝缘子　11—卡盘　12—底盘　13—拉线上把　14—拉线底把　15—拉线盘

选用钢筋混凝土电杆时，其表面应光洁平整、壁厚应均匀、钢筋不得外露，横向裂纹宽度不得超过 0.2 mm，裂纹长度不超过 1/3 周长，杆身弯曲度不超过杆长的 0.2%。电杆立起前，应将顶端封堵，防止电杆投入使用后，杆内积水腐蚀钢筋。

10 kV 及以下直线杆档距顺线路方向的偏差不应超过档距的 3%，横向位移偏差不应超过 50 mm，杆梢偏斜不应超过梢径的 1/2。

电杆必须有足够的埋设深度，为杆长的 1/10 加 0.7 m，且不得小于 1.5 m。如遇土质松软、有流沙、地表水位较高等情况，应做专门处理。变压器台的电杆埋设深度不应小于 2 m。采用卡盘或横木对基础进行补强者，卡盘或横木埋设深度不应小于电杆埋深的 1/3，并不得小于 0.5 m。钢筋混凝土拉线盘和木制地锚埋设深度一般为 1.2 m。

2. 横担

直线杆的单横担应装于受电侧，90°度转角杆及终端杆的单横担应装于拉线侧。横担端部上下偏差和左右偏差均不得超过 20 mm。

瓷横担垂直安装时，顶端顺线路偏斜不应大于 10 mm；水平安装时，顶端顺线路偏斜不应大于 20 mm，且顶端应向上翘起 5°～10°，固定处应加软垫。

3. 绝缘子

绝缘子安装前应进行外观检查：瓷件与铁件应结合紧密，铁件镀锌良好，瓷釉光滑且无裂纹、烧痕、气泡或瓷釉烧坏等缺陷。瓷件在安装时应清除表面灰垢。

针式绝缘子用于直线杆和承力杆上用来支持跳线。蝶式绝缘子用于终端杆、转角杆、分支杆、耐张杆以及导线需要承受拉力的地方。

4. 拉线

拉线与电杆的夹角不应小于 45°，如果受到地形限制时，也不应小于 30°。拉线穿过公路时，对路面最低垂直距离不应小于 6 m。

终端杆及耐张杆的拉线应与线路方向对正，分角拉线应与线路分角线方向对正，防风拉线应与线路方向垂直。

合股镀锌拉线不应少于三股，单股直径不应小于 4 mm，绞合应均匀。

一根电杆上装设多条拉线时，各拉线受力应均匀。

拉线与导线之间的距离，10 kV 者不应小于 200 mm，1 kV 以下者不应小于 100 mm。

拉线绝缘子距地面不应小于 2.5 m。拉线（紧）绝缘子可防止维修人员杆上带电作业时误触拉线造成触电，还可防止导线与拉线短路时造成地面人员触电。

5. 导线

架设过程中，应防止导线发生断股、磨伤、扭曲、死弯等情况。绞线截面损伤不得超过 4%。同一档距内，每条导线最多只能有一个接头，接头离固定点的距离应大于 0.5 m。接户线在档距内不应有接头。不同材料、不同规格、不同绞向的导线严禁在档距内连接。

相序排列顺序是：面向负荷从左侧起，低压为 L1、N、L2、L3；高压为 L1、L2、L3。

引流线与导线之间的距离，10 kV 者不应小于 300 mm，1 kV 以下者不应小于 150 mm。

三、架空线路的间距

架空线路的导线与地面、与各种工程设施、与建筑物、与树木、与其他线路之间，以及同一线路的导线与导线之间均需保持一定的安全距离。除新安装的线路和大修后线路外，运行中的旧线路也应保持足够的安全距离。

架空线路导线与地面和水面的距离，不应小于表 6—1 所列数值。

表 6—1　　架空线路导线与地面和水面的最小距离（m）

线路经过地区	线路电压（kV）		
	<1	10	35
居民区	6	6.5	7
非居民区	5	5.5	6
不能通航或浮运的河、湖（冬季水面）	5	5	5.5
不能通航或浮运的河、湖（50 年一遇的洪水水面）	3	3	3
交通困难地区	4	4.5	6
步行可以到达的山坡	3	4.5	5
步行不能到达的山坡、峭壁或岩石	1	1.5	3

架空线路应避免跨越建筑物，不应跨越可燃材料屋顶的建筑物。架空线路必须跨越建筑物时，应与有关部门协商并取得该部门的同意。架空线路导线与建筑物的距离不应小于表 6—2 所列数值。

表 6—2　　架空线路导线与建筑物的最小距离（m）

线路电压（kV）	≤1	10	35
垂直距离	2.5	3.0	4.0
水平距离	1.0	1.5	3.0

架空线路导线与街道树木或厂区树木的距离不应小于表 6—3 所列数值。架空线路导线与绿化区或公园树木的距离不得小于 3 m。

表 6—3　架空线路导线与街道树木或厂区树木的最小距离（m）

线路电压（kV）	≤1	10	35
垂直距离	1.0	1.5	3.0
水平距离	1.0	2.0	—

架空线路应与有爆炸危险和有火灾危险的厂房保持必需的防火间距。

架空线路导线与道路、通航河流、管道索道及与其他电气线路（等设施）交叉或接近时的距离不应小于表 6—4 所列数值。表中各项水平距离如为开阔地区，一般不应小于电杆的高度。表中特殊管道指输送易燃易爆介质的管道。

表 6—4　架空线路导线与其他设施的最小距离（m）

<table>
<tr><th colspan="5" rowspan="2">项　目</th><th colspan="3">线路电压（kV）</th></tr>
<tr><th>≤1</th><th>10</th><th>35</th></tr>
<tr><td rowspan="8">铁路</td><td rowspan="4">标准轨距</td><td rowspan="2">垂直距离</td><td colspan="2">至钢轨顶面</td><td>7.5</td><td>7.5</td><td>7.5</td></tr>
<tr><td colspan="2">至承力索或接触线</td><td>3.0</td><td>3.0</td><td>3.0</td></tr>
<tr><td rowspan="2">水平距离</td><td rowspan="2">电杆外缘至轨道中心</td><td>交叉</td><td colspan="3">5.0</td></tr>
<tr><td>平行</td><td colspan="3">杆高加 3.0</td></tr>
<tr><td rowspan="4">窄轨</td><td rowspan="2">垂直距离</td><td colspan="2">至钢轨顶面</td><td>6.0</td><td>6.0</td><td>7.5</td></tr>
<tr><td colspan="2">至承力索或接触线</td><td>3.0</td><td>3.0</td><td>3.0</td></tr>
<tr><td rowspan="2">水平距离</td><td rowspan="2">电杆外缘至轨道中心</td><td>交叉</td><td colspan="3">5.0</td></tr>
<tr><td>平行</td><td colspan="3">杆高加 3.0</td></tr>
<tr><td rowspan="2">道路</td><td colspan="4">垂直距离</td><td>6.0</td><td>7.0</td><td>7.0</td></tr>
<tr><td colspan="4">水平距离（电杆至道路边缘）</td><td>0.5</td><td>0.5</td><td>0.5</td></tr>
<tr><td rowspan="3">通航河流</td><td rowspan="2">垂直距离</td><td colspan="3">至 50 年一遇的洪水位</td><td>6.0</td><td>6.0</td><td>6.0</td></tr>
<tr><td colspan="3">至最高航行水位的最高桅顶</td><td>1.0</td><td>1.5</td><td>2.0</td></tr>
<tr><td>水平距离</td><td colspan="3">边导线至河岸上缘</td><td colspan="3">最高杆（塔）高</td></tr>
<tr><td rowspan="2">弱电线路</td><td colspan="4">垂直距离</td><td>1.0</td><td>2.0</td><td>3.0</td></tr>
<tr><td colspan="4">水平距离（两线路边导线间）</td><td>1.0</td><td>2.0</td><td>4.0</td></tr>
</table>

续表

<table>
<tr><td colspan="3" rowspan="2">项　　目</td><td colspan="3">线路电压（kV）</td></tr>
<tr><td>≤1</td><td>10</td><td>35</td></tr>
<tr><td rowspan="4">电力线路</td><td rowspan="2">≤1 kV</td><td>垂直距离</td><td>1</td><td>2</td><td>3</td></tr>
<tr><td>水平距离（两线路边导线间）</td><td>2.5</td><td>2.5</td><td>5.0</td></tr>
<tr><td rowspan="2">10 kV</td><td>垂直距离</td><td>2</td><td>2</td><td>3</td></tr>
<tr><td>水平距离（两线路边导线间）</td><td>2.5</td><td>2.5</td><td>5.0</td></tr>
<tr><td rowspan="3">特殊管道</td><td rowspan="2">垂直距离</td><td>电力线路在上方</td><td>1.5</td><td>3.0</td><td>3.0</td></tr>
<tr><td>电力线路在下方</td><td>1.5</td><td>—</td><td>—</td></tr>
<tr><td colspan="2">水平距离（边导线至管道）</td><td>1.5</td><td>2.0</td><td>4.0</td></tr>
<tr><td rowspan="3">索道</td><td rowspan="2">垂直距离</td><td>电力线路在上方</td><td>1.5</td><td>2.0</td><td>3.0</td></tr>
<tr><td>电力线路在下方</td><td>1.5</td><td>2.0</td><td>3.0</td></tr>
<tr><td colspan="2">水平距离（边导线至管道）</td><td>1.5</td><td>2.0</td><td>4.0</td></tr>
</table>

架空线路导线之间的最小距离应根据运行经验确定，可参考表6—5所列数值。表中所列数值适用于导线的各种排列方式。靠近电杆的两导线间的水平距离不应小于0.5 m。

表6—5　　　　架空线路导线之间的最小距离（m）

线路电压（kV）	档距（m）								
	≤40	50	60	70	80	90	100	110	120
≤1	0.3	0.4	0.45	0.5	—	—	—	—	—
10	0.6	0.65	0.7	0.75	0.85	0.9	1.0	1.05	1.15

几种电气线路同杆架设时应取得有关部门同意，而且必须保证电力线路位于弱电线路上方，高压线路位于低压线路上方。导线之间的最小距离不应小于表6—6所列数值。

表6—6　　　　不同线路同杆架设的最小距离（m）

项　　目	直线杆	分支杆和转角杆
10 kV与10 kV	0.8	0.45/0.6[①]
10 kV与低压	1.2	1.0

续表

项　目	直线杆	分支杆和转角杆
低压与低压	0.6	0.3
低压与弱电	1.5	1.2

①距上面的横担采用0.45 m，距下面的横担采用0.6 m。

以上各项距离均需考虑气温、风力、覆冰等气象条件的影响。

四、接户线和进户线

接户线是从配电网到用户进线处第一个支持物的一段导线，进户线是从接户线引入室内的一段导线。接户线和进户线应采用绝缘导线。

低压进户线的进户管口对地面高度不应小于2.75 m；10 kV进户线一般不应小于4.5 m。低压接户线跨越通车街道时，对地距离不应小于6 m；跨越通车困难的街道时，对地距离不应小于3.5 m。进户线对地距离不应小于2.7 m。沿墙敷设的绝缘导线对地面距离不应小于3 m，导线间距离可取20～30 cm。水平敷设时中性线应在最外侧，垂直敷设时中性线应在最下方。

低压接户线与建筑物有关部位的距离不应小于下列数值：

1. 与接户线下方窗户的垂直距离不应小于30 cm。
2. 与接户线上方阳台或窗户的垂直距离不应小于80 cm。
3. 与阳台或窗户的水平距离不应小于75 cm。
4. 与墙壁、构架的距离不应小于5 cm。

低压接户线的档距不宜超过25 m，档距超过25 m时应设接户杆。

第2节　电缆线路

一、电缆线路组成

电缆线路主要由电力电缆、终端头、中间接头及支撑件组成。

电力电缆主要由导电芯线、绝缘层和保护层组成。芯线分铜芯和铝芯两种。绝缘层分塑料绝缘、橡皮绝缘、浸渍纸绝缘等几种。保护层分内护层和外护层，内护层分铅包、铝包、聚氯乙烯护套、交联聚乙烯护套、橡胶套等多种；外护层包括黄麻衬垫、钢铠、防腐层等。交联聚乙烯绝缘电缆的结构如图 6—2 所示。

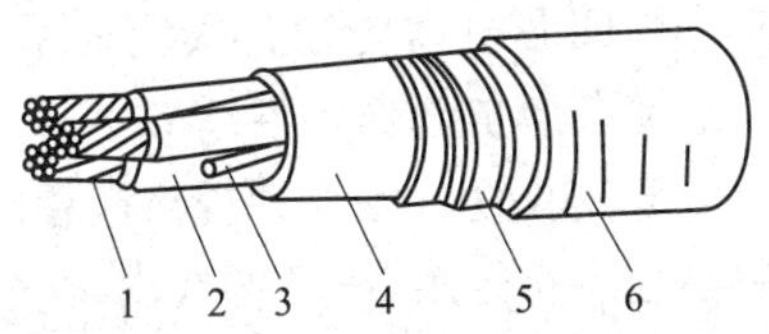

图 6—2　交联聚乙烯绝缘电缆

1—缆芯　2—交联聚乙烯绝缘　3—填充物　4—聚氯乙烯内护层
5—钢铠或铝铠外护层　6—聚氯乙烯外护层

电缆终端头分户外、户内两大类。户外用的有铸铁外壳、瓷外壳的终端头和环氧树脂的终端头；户内用的主要有尼龙和环氧树脂的终端头。环氧树脂终端头成形工艺简单，与电缆金属护套有较强的结合力，有较好的绝缘性能和密封性能。

电缆中间接头主要有铅套中间接头、铸铁中间接头和环氧树脂中间接头。10 kV 及以下的中间接头多采用环氧树脂浇注。

电缆终端头和中间接头是整个电缆线路的薄弱环节，约有 70% 的电缆线路故障发生在终端头和中间接头上，其安全运行对减少和防止事故有着十分重要的意义。

与架空线路相比，电缆线路除不妨碍市容和交通外，更重要的是供电可靠，不受外界影响，不易发生因雷击、风害、冰雪等自然灾害造成的故障。在现代化企业中，电缆线路得到了广泛的应用，特别是在有腐蚀性气体或蒸气，易燃、易爆的场所应用最为广泛。

二、电缆线路安装

电缆的敷设方法有电缆沟或电缆隧道敷设、直接埋入地下敷设、桥架敷设、支架敷设、钢索吊挂敷设等。

1. 电缆安装一般要求

安装前应检查电缆通道是否畅通，排水是否良好；检查隧道内照明、通风是否符合要求；检查电缆型号、电压、规格是否符合设计要求；检查电缆外观有无损伤、绝缘是否良好；检查电缆放线架放置是否稳妥等。

敷设时不应损坏电缆沟、电缆隧道、电缆井和人井的防水层。

三相四线系统应采用四芯电力电缆，不应采用三芯电缆另加一根单芯电缆或以导线、电缆金属护套作中性线。

并联使用的电力电缆其长度、型号、规格应相同。

电缆的最小弯曲半径应符合表6—7的要求，表中D为电缆外径。

表6—7　　电缆最小弯曲半径

<table>
<tr><th colspan="2">电缆类型</th><th>多芯</th><th>单芯</th></tr>
<tr><td colspan="2">控制电缆</td><td>10D</td><td></td></tr>
<tr><td rowspan="3">橡皮绝缘电力电缆</td><td>无铅包或钢铠护套</td><td colspan="2">10D</td></tr>
<tr><td>裸铅包护套</td><td colspan="2">15D</td></tr>
<tr><td>钢铠护套</td><td colspan="2">20D</td></tr>
<tr><td colspan="2">聚氯乙烯绝缘电力电缆</td><td colspan="2">10D</td></tr>
<tr><td colspan="2">交联聚乙烯绝缘电力电缆</td><td>15D</td><td>20D</td></tr>
</table>

电力电缆并列敷设时，接头的位置应相互错开；明敷时接头应用托板固定；直埋时接头盒外面应有防止机械损伤的保护盒（环氧树脂接头盒除外），位于冻土层内的保护盒内应注以沥青。

电缆敷设应排列整齐，不得交叉，应加以固定，并装设标志牌。在电缆终端头、电缆接头、拐弯处、夹层内、隧道及竖井的两端、人井内等处应装设标志牌。

电缆进入电缆沟、隧道、竖井、建筑物、盘（柜）处应予以封堵。

黏性油浸纸绝缘电缆最高点与最低点之间的最大位差，低压无铠装者不应超过20 m、有铠装者不应超过25 m，10 kV者均不应超过15 m。

2．厂房及隧道、沟道内电缆敷设

电力电缆和控制电缆不应配置在同一层支架上，高、低压电力电缆，强电、弱电控制电缆应按顺序分层配置。

在缆桥、缆架上安装电缆时，相同电压的电缆可以并列敷设，电缆之间的距离应符合设计要求，一般不应小于3.5 cm。

控制电缆在普通支吊架上不应超过1层，桥架上不应超过3层；交流三芯电力电缆，在普通支吊架上不应超过1层，桥架上不应超过2层。

明敷在室内及电缆沟、隧道、竖井内带有麻护层的电缆，应剥除麻护层，并对其铠装做防腐处理。

室内无铠装电缆水平明敷时距地面高度不应小于2.5 m，垂直明敷高度1.8 m以下时应有防护机械损伤的措施。1 kV及以下电力电缆或控制电缆与1 kV以上电力电缆应分开安装；并列安装时，其间距不应小于150 mm。相同电压的电力电缆相互间的净距不应小于35 mm。

电缆与热力管道、热力设备之间的净距，平行时不应小于1 m，交叉时不应小于0.5 m。当受条件限制难以实现时，应采取隔热保护措施。电缆不可平行敷设于热力设备和热力管道的上方。

中低压电缆各支持点间的距离应符合设计要求，并大于表6—8所列数值。

表6—8　　中低压电缆各支持点间的距离（mm）

电缆类型	水平距离	垂直距离
全塑型电力电缆	400	1 000
其他型电力电缆	800	1 500
控制电缆	800	1 000

电缆垂直或超过45°角倾斜敷设的每个支架上及电缆桥架上每隔2 m处，水平敷设的首末两端、转弯、接头两端处以及每隔5～10 m处应固定。

电缆进入建筑物、隧道，穿过楼板及墙壁处，从沟道引至电杆、设备、墙外表面或屋内行人容易接近的距地面2 m以下的一段，以及其他可能受到机械损伤的地方应穿管保护或加保护罩，保护管管口应密封，每根电力电缆单独穿入保护管内。保护管内径不应小于电缆外径的1.5倍。交流单芯电缆不得单独穿钢管敷设。

电缆敷设完毕后，应及时清除杂物，盖好盖板。必要时，还应将盖板缝隙密封。

3. 电缆直埋敷设

电缆直埋敷设容易施工、散热良好，但检修、更换不便，不能可靠地防止外力损伤，而且易受土壤中酸、碱物质的腐蚀，因此非铠装电缆不得直接埋设。

电缆直埋及标桩做法如图6—3所示。

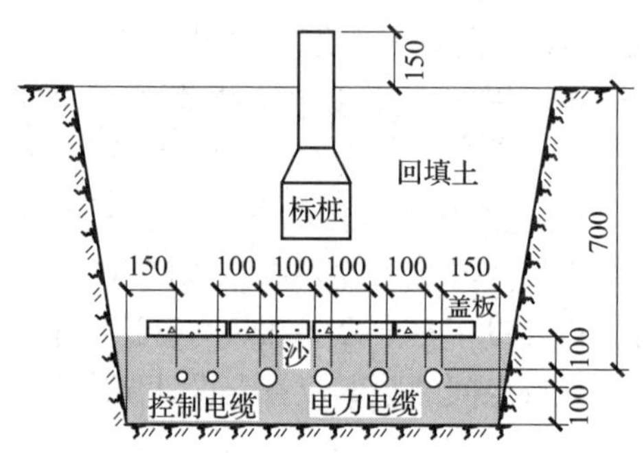

图6—3 电缆直埋及标桩做法

直埋电缆的上、下部应铺以不小于100 mm厚的软土或沙层，并加盖板保护，其覆盖宽度应超过电缆两侧各50 mm。软土或沙子中不应有石块或其他硬质杂物。回填土应分层夯实。

多根电缆并列直埋时，电缆间水平净距不应小于100 mm。为有利于散热，并排埋设的电缆不宜超过6根。

在直埋电缆线路有可能受到机械性损伤、化学作用、地下电流、振动、热源、腐烂植物、虫鼠等危害的地段，应采取保护措施。

电缆应埋设在建筑物的散水以外。一般情况下不得将电缆平行敷设于管道的正上方或正下方。

直埋电缆表面距地面的距离不应小于0.7 m，穿过农田时不应小于1 m；电缆应埋设于冰冻层以下，否则应加保护措施。

电缆相互之间，电缆与其他管道、道路、建筑物等设施之间平行和交叉时的最小净距见表6—9。

表 6—9　直埋电缆之间或与其他设施之间的最小距离（m）

<table>
<tr><th colspan="2">敷设条件</th><th>平行敷设</th><th>交叉敷设</th></tr>
<tr><td colspan="2">10 kV 及以下的电力电缆之间或与控制电缆之间</td><td>0. 1</td><td>0. 5</td></tr>
<tr><td colspan="2">10 kV 以上的电力电缆之间或与其他电缆之间</td><td>0. 25</td><td>0. 5</td></tr>
<tr><td colspan="2">不同使用部门的电缆之间</td><td>0. 5</td><td>0. 5</td></tr>
<tr><td colspan="2">控制电缆之间</td><td>—</td><td>0. 5</td></tr>
<tr><td colspan="2">与热力管道（管沟）及热力设备之间</td><td>2. 0</td><td>0. 5</td></tr>
<tr><td colspan="2">与可燃气体、易燃液体管道（管沟）之间</td><td>1. 0</td><td>0. 5</td></tr>
<tr><td colspan="2">与其他管道（管沟）之间</td><td>0. 5</td><td>0. 5</td></tr>
<tr><td colspan="2">与普通铁路路轨之间</td><td>3. 0</td><td>1. 0</td></tr>
<tr><td rowspan="2">与直流电气化铁路路轨之间</td><td>交流</td><td>3. 0</td><td>1. 0</td></tr>
<tr><td>直流</td><td>10. 0</td><td>1. 0</td></tr>
<tr><td colspan="2">与公路之间</td><td>1. 5</td><td>1. 0</td></tr>
<tr><td colspan="2">与城市道路之间</td><td>1. 0</td><td>0. 7</td></tr>
<tr><td colspan="2">与电杆地下基础之间</td><td>1. 0</td><td>—</td></tr>
<tr><td colspan="2">与建筑物地下基础之间</td><td>0. 6</td><td>—</td></tr>
<tr><td colspan="2">与排水沟之间</td><td>1. 0</td><td>0. 5</td></tr>
</table>

应用表 6—9 应注意以下几点：

（1）电力电缆间及其与控制电缆间或不同使用部门的电缆间，当电缆穿管或用隔板隔开时，平行净距可降低为 0. 1 m。

（2）电力电缆间、控制电缆间、电力电缆与控制电缆间、不同使用部门的电缆间在交叉点前后 1 m 范围内，当电缆穿入管中或用隔板隔开时，其交叉净距可降为 0. 25 m。

（3）电缆与热管道（沟）、油管道（沟）、可燃气体及易燃液体管道（沟）、热力设备或其他管道（沟）之间，虽然净距能满足要求，但检修管道可能伤及电缆时，应在交叉点前后 1 m 范围内采取保护措施；当交叉净距不能满足要求时，应将电缆穿入管中，其净距可减为

0.25 m。

（4）电缆与热管道（沟）及热力设备平行、交叉时，应采取隔热措施，使电缆周围土壤的温升不超过10℃。

（5）当直流电缆与电气化铁路路轨平行、交叉，净距不能满足要求时，应采取防电化学腐蚀的措施。

（6）电缆与公路平行的净距，当情况特殊时允许酌减。

直埋电缆在直线段每隔50～100 m处、电缆接头处、转弯处、进入建筑物等处应设置明显的方位标志或标桩。

电缆与铁路、公路、城市街道、厂区道路交叉时，应敷设于坚固的保护管或隧道内。电缆管的两端应伸出道路路基两边各2 m，伸出排水沟0.5 m，在城市街道应伸出车道路面。

4. 电缆终端头和中间接头

电力电缆的终端头和中间接头应保证密封良好，防止受潮。电缆终端头、中间接头的外壳与电缆金属护套及铠装层均应良好接地。接地线应采用铜绞线，其截面积不得小于10 mm^2。制作终端头和中间接头时，不同牌号的高压绝缘胶或电缆油不得混合使用。电缆接头的绝缘强度不应低于电缆本身的绝缘强度。

第3节　室内配线

室内配线分为明配线和暗配线。常见的室内配线有金属管配线、塑料管配线、金属槽配线、塑料线槽配线、护套线直敷配线、瓷绝缘配线等多种类型。室内配线类型应根据建筑物性质和要求、环境条件、负荷特征等因素确定。配线应避开或预防外部机械力、热源、灰尘、腐蚀性物质等有害因素的影响。

一、管配线

1. 金属管配线

金属管配线分明管配线和暗管配线（见图6—4），建筑物顶棚内宜采用金属管配线。金属管配线不可用于对金属管有严重腐蚀的场所。

埋地的金属管和潮湿场所的金属管应采用水管或煤气管；干燥场所的金属管可采用电线管。采用钢管明管配线时，钢管壁厚不应小于 1.0 mm；采用混凝土内的暗管配线时，钢管壁厚不应小于 2.5 mm，并应做防腐处理。配线管的内径不应小于 15 mm。

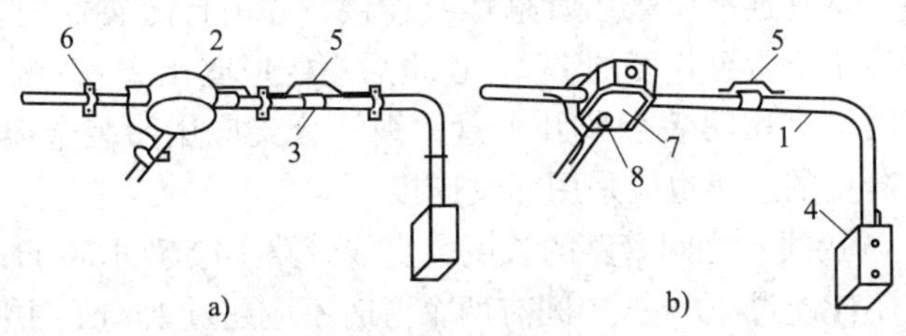

图 6—4　金属管配线

a）钢管明配　b）钢管暗配

1—钢管　2—灯头盒　3—管箍　4—开关盒

5—跨接线　6—管卡子　7—导线接头盒　8—锁母

金属管配线的基本要求是：

（1）金属管配线应采用绝缘电线和电缆。同一管内有几个回路时，所有绝缘电线和电缆都应具有与管内最高标称电压回路绝缘相同的绝缘等级。

（2）三条及三条以上绝缘导线穿于同一管内时，其总截面积不应超过管内截面积的 40%。两条绝缘导线穿于同一管内时，管内径不应小于两根导线直径之和的 1.35 倍（立管可取 1.25 倍）。

（3）同一回路的所有相线和中性线应穿于同一管内。不同回路的线路原则上不应穿于同一根金属管内。一根钢管内不得只穿一条导线。

（4）管内不得有电线接头，接头应在接线盒内。

（5）金属管明敷时，其固定点的间距应符合表 6—10 的要求。

表 6—10　　　金属管明敷的固定点最大间距

金属管直径（mm）	15 ~ 20	25 ~ 32	40 ~ 50	70 ~ 100
钢管（m）	1.5	2.0	2.5	3.5
电线管（m）	1.0	1.5	2.0	—

（6）配线管弯曲度不应小于90°，明管弯曲半径不应小于管外径的6倍，埋设在混凝土内的暗管的弯曲半径不应小于管外径的10倍。

（7）钢管配线的钢管，金属接线盒、分线盒、拉线盒应与保护线可靠连接。钢管连接应采用管箍螺纹连接，并进行防腐处理。管端螺纹长度不应小于管箍长度的1/2，连接后螺纹应露出2～3扣。钢管与开关连接时，应用明装金属开关盒；钢管分支应用明装金属分线盒。钢管与其分支的连接也应采用螺纹连接。

（8）两接线盒之间管路的长度，直线管路不应超过30 m；中间有一个弯时不应超过20 m；中间有两个弯时不应超过15 m；中间有三个弯时不应超过8 m。

（9）金属管明管与热水管、蒸汽管同侧敷设时，应敷设在热水管、蒸汽管的下方。电线管路与水管同侧敷设时，应敷设在水管的上方。配线管路与热水管平行敷设在上方时的最小间距为0. 3 m，在下方时为0. 2 m，交叉时为0. 1 m；与蒸汽管平行敷设在上方时的最小距离为1. 0 m，在下方时为0. 5 m，交叉时为0. 3 m；与其他管线平行敷设时最小距离为0. 1 m，交叉时为0. 05 m。

（10）暗敷于地下的管路不宜穿过设备基础。穿过建筑物基础时，应加保护管保护；穿过建筑物伸缩缝、沉降缝时，也应采取保护措施。

（11）暗敷的钢管接线盒、分线盒、拉线盒应采用热镀锌钢材或涂防锈防腐材料。

2. 塑料管配线

塑料管配线一般适用于室内场所和有酸碱腐蚀性介质的场所，半硬塑料管配线适用于室内正常场所。在易受机械损伤的场所不宜采用明敷塑料管配线。建筑物顶棚内，不宜采用半硬塑料管配线。塑料管配线也应采用绝缘电线和电缆。配线用塑料管（硬塑料管、半硬塑料管）及附件应采用氧指数27%以上的阻燃型制品。明管配线塑料管壁厚不应小于2. 0 mm，在混凝土内的暗管配线塑料管壁厚不应小于3. 0 mm。

硬塑料管明敷时，其固定点的间距不应大于表6—11所列数值。

表 6—11　　　　硬塑料管明敷的固定点最大间距

硬塑料管直径（mm）	20 及以下	25 ~ 40	50 及以上
最大间距（m）	1.0	1.5	2.0

塑料管配线，直线段超过 15 m，直角弯超过 3 个时，应设接线盒。硬塑料管连接，可采用套接或焊接。

塑料管的安装位置、保护措施、管内截面积填充率等与金属管配线大致相同。

二、线槽配线

1. 金属槽配线

金属槽配线适用于室内正常场所，不适用于对金属槽有严重腐蚀的场所。具有槽盖的封闭式金属槽可用于顶棚内配线。

同一回路的所有相线和中性线应敷设在同一金属槽内。槽内载流导线不宜超过 30 根；槽内电线及电缆的总截面积不应超过线槽内截面积的 20%。对于控制、信号等弱电线路的金属槽，电线或电缆根数不限，电线或电缆的总截面积不应超过槽内截面积的 50%。金属槽配线的连接不得在穿过楼板或墙壁等处进行。

金属槽吊装点、支持点的距离应根据具体条件确定。一般直线段不大于 3 m 处，线槽接头处，线槽首端、终端及进出接线盒 0.5 m 处，线槽转角处应设置吊架或支架。

地面内暗装金属槽配线暗敷于现浇混凝土地面、楼板或楼板垫层内，适用于空间大、隔断变化多、用电设备移动性大以及有多种功能线路的正常环境。电线填充率不应超过 40%；线槽内不得有接头；线槽出线口和分线盒不得凸出地面并应做好防水密封处理。

2. 塑料线槽配线

塑料线槽配线适用于室内正常场所，不适用于高温和易受机械损伤的场所。线槽应采用阻燃型制品。弱电线路可采用难燃型带盖塑料线槽在建筑顶棚内敷设。配线要求与金属槽配线大致相同。

塑料线槽配线应注意的问题：槽板固定点的间距不应大于0.5 m，固定点距离接缝处不应超过30 mm；槽板分支、转角、接线应使用专用槽板配线附件；不同电压、不同回路的导线不得敷设在同一槽板内；槽板内导线不得有接头；槽板底槽与槽盖应扣接。

三、直敷配线

直敷配线适用于室内正常场所和室外挑檐下方。建筑物顶棚内不得采用直敷配线。

直敷配线应采用护套绝缘电线，其截面积不宜大于6 mm^2。

直敷配线的护套绝缘电线应采用线卡沿墙壁、顶棚或建筑物构件表面直接敷设；固定点间距不应大于0.3 m；用铝片卡或塑料线卡（Z字线卡）固定（见图6—5）。不得将护套绝缘电线直接埋入墙壁、顶棚的抹灰层内。室内直敷配线电线至地面的最小距离，水平敷设时不应小于2.5 m；垂直敷设时不应小于1.8 m，低于1.8 m时应穿管保护。护套绝缘电线与接地导体及不发热的管道紧贴时应加绝缘管保护；敷设在易受机械损伤的场所应用钢管保护。护套线弯曲半径不得小于护套线外径的4倍。

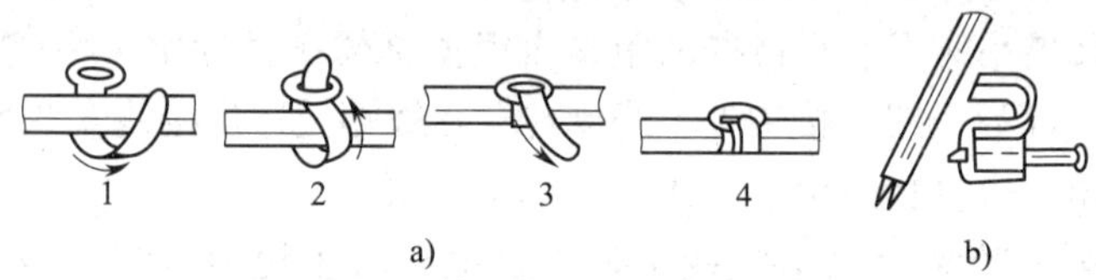

图6—5　护套绝缘电线直敷配线

a）铝片线卡　b）塑料线卡

四、封闭式母线配线

封闭式母线配线适用于干燥和无腐蚀性气体的室内。

封闭式母线水平敷设时，至地面的高度不应小于2.2 m；终端无引出、引入线时应予封闭；水平跨越建筑物的伸缩缝或沉降缝处应采取适当措施；其连接不应在穿过楼板或墙壁处进行。其他要求与电缆桥架配线大致相同。

第4节　电力线路安全条件

电力线路除应满足可靠性的要求、经济指标的要求、维护管理方便的要求外，还必须满足各项安全要求。下面主要介绍安全要求。

一、导电能力

导体的导电能力包括发热、电压损失和短路电流三方面的要求。

1．发热条件

为防止线路过热，保护线路正常工作，导线运行最高温度不得超过下列限值：

（1）橡胶绝缘线为65℃。

（2）塑料绝缘线为70℃。

（3）裸线为70℃。

（4）铅包或铝包电缆为80℃。

（5）塑料电缆为65℃。

因为电流产生的热量与电流的平方成正比，所以，各种导线的许用电流（即安全载流量）也有一定的限制。根据发热与散热平衡的原则可计算导线的许用电流，但其理论计算比较复杂。为了方便，按照不同的导电材料、不同的绝缘材料、不同的规格、不同的安装方式、不同的环境条件会提供相关许用电流的表格。例如，表6—12列出的是穿硬塑料管敷设的聚氯乙烯绝缘导线在不同环境温度下的安全载流量。

穿钢管电线的安全载流量约比穿硬塑料管的大10%；明敷电线的安全载流量约比穿硬塑料管电线的大55%。

表 6—12　聚氯乙烯绝缘导线穿硬塑料管敷设的载流量（A）　$\theta_2=65$℃

截面积（mm^2）		二根线芯				管径（mm）	三根线芯				管径（mm）	四根线芯				管径（mm）
		25℃	30℃	35℃	40℃		25℃	30℃	35℃	40℃		25℃	30℃	35℃	40℃	
BLV铝芯	2.5	18	16	15	14	15	16	14	13	12	15	14	13	12	11	20
	4	24	22	20	18	20	22	20	19	17	20	19	17	16	15	20
	6	31	28	26	24	20	27	25	23	21	20	25	23	21	19	25
	10	42	39	36	33	25	38	35	32	30	25	33	30	28	26	32
	16	55	51	47	43	32	49	45	42	38	32	44	41	38	34	32
	25	73	68	63	57	32	65	60	56	51	40	57	53	49	45	40
	35	90	84	77	71	40	80	74	69	63	40	70	65	60	55	50
	50	114	106	98	90	50	102	95	88	80	50	90	84	77	71	63
	70	145	135	125	114	50	130	121	112	102	50	115	107	99	90	63
	95	175	163	151	138	63	158	147	136	124	63	140	130	121	110	75
	120	200	187	173	158	63	180	168	155	142	63	160	149	138	126	75
	150	230	219	198	181	75	207	193	179	163	75	185	172	160	146	75
	185	265	247	229	209	75	235	219	203	185	75	212	198	183	167	90
BV铜芯	1.0	12	11	10	9	15	11	10	9	8	15	10	9	8	7	15
	1.5	16	14	13	12	15	15	14	12	11	15	13	12	11	10	15
	2.5	24	22	20	18	15	21	19	18	16	15	19	17	16	15	20
	4	31	28	26	24	20	28	26	24	22	20	25	23	21	18	20
	6	41	38	35	32	20	36	33	31	28	20	32	29	27	25	25
	10	56	52	48	44	25	49	45	42	38	25	44	41	38	34	32
	16	72	67	62	56	32	65	60	56	51	32	57	53	49	45	32
	25	95	88	82	75	32	85	79	73	67	40	75	70	64	59	40
	35	120	112	103	94	40	105	98	90	83	40	93	86	80	73	50
	50	150	140	129	118	50	132	123	114	104	50	117	109	101	92	63
	70	185	172	160	140	50	167	156	144	130	50	148	138	128	117	63
	95	230	215	198	181	63	205	191	177	163	63	185	172	160	146	75
	120	270	252	233	213	63	240	224	207	189	63	215	201	185	172	75
	150	305	285	263	241	75	275	257	237	217	75	250	233	216	197	75
	185	355	331	307	280	75	310	289	263	245	75	280	261	242	221	90

此外，还可以用口诀粗略计算导线的许用电流。其口诀是：10 下五，100 上二，25、35 四、三界，70、95 两倍半，穿管、温度八、九折，铜线升级算，裸线加一半。意思是当铝导线截面积小于 10 mm^2 时，每平方毫米的许用电流约为 5 A；当铝导线截面积大于 100 mm^2 时，每平方毫米的许用电流约为 2 A；当铝导线截面积小于 25 mm^2、大于 10 mm^2时，每平方毫米的许用电流约为 4 A；当铝导线截面积大于 35 mm^2、小于 70 mm^2时，每平方毫米的许用电流约为 3 A；当铝导线截面积为 70 mm^2或 95 mm^2时，每平方毫米的许用电流约为 2.5 A；如穿管敷设，应在原来的基础上乘 80%；如环境温度超过 35℃，应再乘 90%；铜导线的许用电流大约与大一级铝导线的许用电流相等；裸导线许用电流可提高 50%。

线路上的实际电流不是各用电设备额定电流之和，而应由负荷计算求得。进行负荷计算时应考虑到各用电设备不同时运行的负载率，还要考虑到线路上的损耗和发展裕量。

2. 电压损失

电压损失是受电端电压与供电端电压之间的代数差。电压损失太大，不但用电设备不能正常工作，而且可能导致电气设备和电力线路发热。

电压太高将导致电气设备的铁芯磁通增大及照明线路电流增大；电压太低可能导致接触器等吸合不牢，吸引线圈电流增大；对于恒定功率输出的电动机，电压太低也将导致电流增大；过低的电压还可能导致电动机堵转。以上这些情况都将导致电气设备损坏和电力线路发热。

线路导线太细将导致其阻抗增大，受电端将得不到足够的电压，还会增大受电端电压的波动。用户供电电压允许变化范围见表 6—13。三相电压不对称度不得超过 5%。

表 6—13　　用户供电电压允许变化范围

线路额定电压 U_N	电压允许变化范围
≥35 kV	±5% U_N
≤10 kV	±7% U_N
低压照明	−10% U_N ~5% U_N
农业用电	−10% U_N ~5% U_N

3. 短路电流

为了短路时速断保护装置能可靠动作，短路时必须有足够大的短路电流，这要求导线截面积不能太小。另外，由于短路电流较大，导线应能承受短路电流的冲击而不受到机械破坏和热破坏。为此，导线截面积应满足下式要求

$$S = I_S \frac{\sqrt{t}}{C}(\text{mm}^2)$$

式中 I_S——短路电流稳态值，A；

t——短路电流可能持续的时间，s；

C——计算系数，铜母线及导线取 175、铝母线及导线取 92、10 kV 铜芯电缆取 162、不与电气设备连接的钢母线取 70、与电气设备连接的钢母线取 63。

另外，单相短路电流也不能太小。在 TN 系统中，要求单相短路电流大于相应的熔断器熔体额定电流的 4 倍（爆炸危险环境应大于 5 倍）或大于低压断路器瞬时动作过电流脱扣器整定电流的 1.5 倍。

二、力学强度

运行中的导线将受到自重、风力、热应力、电磁力和覆冰重力的作用，故障时还会受到短路电磁力的作用，因此，导线必须保证足够的力学强度。按照力学强度的要求，低压架空线路导线截面积不得小于表 6—14 所列数值；低压配线截面积不得小于表 6—15 所列数值。

表 6—14　　低压架空线路导线最小截面积　　mm^2

类别	铜	铝及铝合金	铁
单股			6
多股	10	16	10

应当注意，移动式设备的电源线和吊灯引线必须使用铜芯软线，而除穿管线之外，其他型式的配线不得使用软线。

表 6—15　　低压配线最小截面积　　mm^2

类别		铜芯软线	铜导线	铝导线
吊灯引线	民用建筑，户内	0.4	0.5	1.5
	工业建筑，户内	0.5	0.8	2.5
	户外	1.0	1.0	2.5
移动式设备电源线	生活用	0.2	—	—
	生产用	1.0	—	—
支点间距离为 s 的支持件上的绝缘导线	$s \leqslant 1$ m，户外	—	1.5	2.5
	$s \leqslant 1$ m，户内	—	1.0	1.5
	$s \leqslant 2$ m，户外	—	1.5	2.5
	$s \leqslant 2$ m，户内	—	1.0	2.5
	$s \leqslant 6$ m，户外	—	2.5	6
	$s \leqslant 6$ m，户内	—	2.5	4
穿管线		1.0	1.0	2.5
塑料护套线		—	1.0	1.5

三、绝缘和间距

绝缘不良可能导致漏电甚至短路。电力线路的绝缘电阻必须符合要求。运行中、低压电力线路的绝缘电阻一般不得低于每伏工作电压 1 000 Ω/V、新安装和大修后的低压电力线路的绝缘电阻一般不得低于 0.5 MΩ/V、控制线路的一般不得低于 1 MΩ/V。冷态测得的电阻值应换算为热态电阻值后再与规定值进行比较。换算方法见第 1 章第 5 节。

电力线路与建筑物、树木、地面、水面、其他电力线路以及各种工程设施之间均应保持足够的安全距离。

四、导线连接

导线的接头是电力线路的薄弱环节，接头常常是发生故障的地方。

接头接触不良或松脱，会增大接触电阻，使接头过热而烧毁绝缘，还可能产生火花，严重的会酿成火灾和触电事故。工作中，应当尽可能减少导线的接头，接头过多的导线不宜使用。

导线的连接有焊接、压接、缠接等多种方式。导线连接必须紧密，原则上导线连接处的抗拉强度不得低于原导线抗拉强度的 80%；绝缘强度不得低于原导线的绝缘强度；接头部位电阻不得大于原导线电阻的 1.2 倍。

铜铝接头处是最容易发生事故的部位之一。铜和铝的热胀性能不一样，使得铜铝接头受热冷却后逐渐变松，甚至出现缝隙。加之铜和铝的化学性能也不一样，如果水分渗入缝隙内，接头将受到电化学腐蚀，接触将进一步恶化。再者，如果铝导体表面形成氧化膜，因其电阻率很高将会导致接头过热。

在干燥的室内，如无爆炸危险和强烈振动，且安全要求不太高，小截面铜导线与铝导线允许直接连接，其操作要领是：剥开铝导线后及时涂上导电膏；铜导线刷锡后涂上导电膏；按要求紧密缠结；缠结好后先用橡皮胶布紧密包裹（尽量不留下空隙），然后再用普通黑胶布包裹。在其他情况下，铜、铝之间必须经铜—铝过渡接头连接。

五、线路防护和过电流保护

各种线路对化学性质、热性质、机械性质、环境性质、生物性质及其他方面有害性质的危险因素应具有足够的防护能力。对于不同的防护要求应选用相应的敷设方式。

电力线路的过电流保护包括短路保护和过载保护。短路电流很大，持续时间稍长即可造成严重后果。因此，短路时短路保护装置必须瞬时动作。短路保护的动作时间应符合热稳定性的要求。在 TN 系统中，短路保护装置应能保证发生单相短路时，在规定的持续时间内切断电源。热脱扣器（或热继电器）动作太慢，不能用作短路保护元件。

为了充分利用电力线路的过载能力，过载保护必须具备反时限动作特性。熔断器在没有冲击电流或冲击电流很小的线路中，除用作短路保护元件外，也兼作过载保护元件。

热脱扣器的额定电流可按负荷电流的 1.1 倍选取，但应按负荷电流进行整定，以提高防火效能。对于没有冲击电流或冲击电流很小的线路，熔断器熔体的额定电流应与过载保护的要求相适应。为此，熔断器的电流应符合下列两式的要求：

$$I_L < I_F < I_C$$

$$I_B < 1.45 I_L$$

式中　I_L——负荷电流（计算电流），A；

I_F——熔断器熔体额定电流，A；

I_C——线路导体许用电流，A；

I_B——熔断器熔体临界熔断电流，A。

六、线路管理

电力线路应有必要的归档资料和文件，如施工图、试验记录等，还应建立巡视、清扫、维修等制度。

对临时线应建立相应的管理制度。例如，安装临时线应有申请、审批手续；临时线应有专人负责；应有明确的使用地点和使用期限等。装设临时线必须先考虑安全问题。移动式临时线必须采用有保护芯线的橡胶套软线，长度一般不超过 10 mm。临时架空线的高度和其他间距原则上不得小于正规线路所规定的限值，必要的部位应采取屏护措施，长度一般不超过 500 m。

第 5 节　电力线路常见故障和巡视检查

一、电力线路故障

1. 架空线路故障

架空线路敞露在大气中，容易受到气候、环境条件等因素的影响。

当风力超过杆塔的稳定度或力学强度时，将会使杆塔歪倒或损坏。超风速情况下固然可以导致这种事故，但如杆塔锈蚀或腐朽，正常风力下也可能导致这种事故。大风还可能导致混线及接地事故。降雨可能造成停电或倒杆事故：毛毛细雨能使脏污的绝缘子发生闪络，造成停电；倾盆大雨可能导致山洪暴发冲倒电杆。线路遭受雷击，可能使绝缘子发生闪络或击穿。在严寒的雨雪季节，导线覆冰将增加线路的力学负载，增大导线的弧垂，导致导线高度不够；覆冰脱落时，又会导致导线跳动，造成混线。严冬季节，导线收缩将增加导线的拉力，甚至可能拉断导线。高温季节，导线将因温度升高而松弛，弧垂加大可能导致对地放电。大雾天气可能造成绝缘子闪络。

鸟类筑巢、树木生长、邻近的开山采石或工程施工、风筝及其他抛掷物均可能造成线路短路、接地等故障。

厂矿生产过程中排放出来的烟尘和有害气体会使绝缘子的绝缘性能显著降低，以致在空气湿度较大的天气里发生闪络事故；在木杆线路上，因绝缘子表面污秽，泄漏电流增大，会引起木杆、木横担燃烧事故；有些氧化作用很强的气体会腐蚀金属杆塔、导线、避雷线和金具。

污闪事故是由于绝缘子表面脏污引起的。一般灰尘容易被雨水冲洗掉，对绝缘性能的影响不大。但是，化工、钢筋混凝土、冶炼等厂矿排放出来的烟尘和废气含有氧化硅、氧化硫、氧化钙等氧化物，沿海地区大气中含有氯化钠，这些污物对绝缘子危害极大。

2. 电缆线路故障

就结果而言，电缆故障包含力学损伤、铅包（铝包）龟裂或胀裂、终端头污闪、终端头或中间接头爆炸、绝缘击穿、金属护套腐蚀穿孔等故障。就原因而言，电缆故障包含外力破坏、化学腐蚀或电解腐蚀、雷击、浸水、虫害、施工不妥、维护不当等故障。电缆常见故障和预防措施如下：

（1）由于外力破坏的事故占电缆事故的50%，因此为了防止这类事故，应加强对横穿河流、道路的电缆线路和塔架上电缆线路的巡视和检查；在电缆线路附近开挖地面时，应当采取有效的安全措施。

（2）由于管理不善或施工不妥，电缆在运输、敷设过程中可能受到力学损伤。运行中的电缆，特别是直埋电缆，可能由地面施工或小动物啮咬受到损伤。对此，应加强管理、保证敷设质量、做好标记、保存好施工资料、严格执行破土动工制度、喷洒灭蚁药剂等。

（3）由于施工、制作质量差或弯曲、扭转等机械力的作用，可能导致电缆终端头漏油。对此，应严格施工，并加强巡视。

（4）由于质量不高、检查不严、安装不良（如过分弯曲、过分密集等）、环境条件太差（如环境温度过高等）、运行不当（如过负荷、过电压等），运行中的电缆可能发生绝缘击穿，铅包发生疲劳、龟裂、胀裂等损伤。对此，除针对以上原因采取措施外，还应加强巡视，发现问题及时处理。

（5）由于地下杂散电流和非中性物质的作用，电缆可能受到电化学腐蚀或化学腐蚀。电化学腐蚀是由于直流机车及其他直流装置经大地流通的电流造成的。化学腐蚀是由于土壤中的酸、碱、氯化物、有机体腐烂物、炼铁炉灰渣等杂物造成的。对此，可采取将电缆涂以沥青或将电缆装于保护管内等措施予以预防；电缆与直流机车轨道平行时，其间应保持 2 m 以上的距离或采取隔离措施；应定期挖开泥土，检查其受到腐蚀的情况并及时处理。

（6）由于浸水、导体连接不良、制作不良、超负荷运行，以及由于污闪等原因均可能导致电缆终端头或中间接头爆炸。对此，应针对不同原因采取适当措施，并加强检查和维修。

二、电力线路巡视检查

巡视检查是运行维护的基本内容之一。通过巡视检查可及时发现缺陷，以便采取防范措施，保障线路的安全运行。巡视人员应将发现的缺陷记入记录本内，并及时报告上级。

1. 架空线路巡视检查

架空线路巡视分为定期巡视、特殊巡视和故障巡视。定期巡视是日常工作内容之一，10 kV 及 10 kV 以下的线路至少每季度巡视一次。特殊巡视是运行条件突然变化后的巡视，如雷雨、大雪、重雾天气后的巡视，地震后的巡视等。故障巡视是发生故障后的巡视，巡视人员一般不得单独排除故障。

架空线路巡视检查主要包括以下内容：

（1）沿线路的地面是否堆放有易燃、易爆或强烈腐蚀性物质；沿线路附近有无危险建筑物，有无在雷雨或大风天气可能对线路造成危害的建筑物及其他设施；线路上有无树枝、风筝、鸟巢等杂物，如有，应设法清除。

（2）电杆有无倾斜、变形、腐朽、损坏及基础下沉等现象；横担和金具是否移位、固定是否牢固、焊缝是否开裂；是否缺少紧固螺母等。

（3）导线和避雷线有无断股、背花、腐蚀、外力破坏造成的伤痕；导线接头是否良好，有无过热、严重氧化或腐蚀痕迹；导线对地、对邻近建筑物、对邻近树木的距离是否符合要求。

（4）绝缘子有无破裂、脏污、烧伤及闪络痕迹；绝缘子串偏斜程度是否过大；绝缘子铁件是否损坏。

（5）电杆拉线是否完好、是否松弛，绑扎线是否紧固，螺纹是否锈蚀等。

（6）保护间隙是否合格；避雷器瓷套有无破裂、脏污、烧伤及闪络痕迹，密封是否良好，固定有无松动；避雷器上引线有无断股、连接是否良好；避雷器引下线是否完好、固定有无变化、接地体是否外露、连接是否良好。

2. 电缆线路巡视检查

电缆线路的定期巡视一般每季度一次；户外电缆终端头每月巡视一次。电缆线路巡视检查主要包括以下内容：

（1）直埋电缆的标桩是否完好；沿线路地面上是否堆放矿渣、建筑材料、瓦砾、垃圾及其他重物，有无临时建筑；线路附近地面是否开挖；线路附近有无酸、碱等腐蚀性排放物，地面上是否堆放石灰等可构成腐蚀的物质；露出地面的电缆有无穿管保护，保护管有无损坏或锈蚀，固定是否牢固；电缆引入室内处的封堵是否严密；洪水期间或暴雨过后，应巡视附近有无严重冲刷或塌陷现象等。

（2）电缆沟盖板是否完整无缺；沟道是否渗水、沟内有无积水、沟道内是否堆放有易燃、易爆物品；电缆铝包或铅包有无腐蚀，全塑电缆有无被老鼠啮咬的痕迹；洪水期间或暴雨过后，巡视室内沟道是否进水，室外沟道泄水是否畅通等。

（3）电缆终端头的瓷套管有无裂纹、脏污及闪络痕迹，充有电缆胶（油）的终端头有无溢胶、漏油现象；接线端子连接是否良好，有无过热迹象；接地线是否完好、有无松动；中间接头有无变形、温度是否过高等。

（4）明敷电缆的挂钩或支架是否牢固；电缆外皮有无腐蚀或损伤；线路附近是否堆放有易燃、易爆或强烈腐蚀性物质等。

第7章　电气照明

充足的照明是改善劳动环境、保障安全生产的必要条件。照明设备不正常运行可能导致火灾，也可能导致人身事故。

第1节　照明类别和应用

一、电气照明类别

电气照明的光源分为热辐射光源、气体放电光源和半导体光源。热辐射光源是由电流通过钨丝使之升温达到白炽状态而发光的照明器具，如白炽灯、碘钨灯等照明灯具。其特点是使用方便、发光效率低。气体放电光源是利用电极间气体放电产生可见光和紫外线，再由可见光和紫外线激发灯管或灯泡内壁上的荧光粉使之发光的照明器具，如荧光灯、高压汞灯、高压钠灯等照明灯具。其发光效率可达白炽灯的3倍左右。半导体光源包括荧光粉在电场作用下发光的电致发光灯和半导体PN结发光的半导体灯，仅用于需要特殊照明效果的场所。

常用电光源的主要特性见表7—1。

表7—1　　　　电光源的主要特性

光源类别	白炽灯	卤钨灯	荧光灯	高压汞灯	管形氙灯	高压钠灯	金属卤化物灯
功率范围（W）	15 ~ 1 000	500 ~ 2 000	6 ~ 200	50 ~ 1 000	1 k ~ 10 k	250 ~ 400	250 ~ 3 500
发光效率（lm/W）	7 ~ 19	19 ~ 21	27 ~ 67	32 ~ 53	20 ~ 37	90 ~ 100	72 ~ 80

续表

光源类别	白炽灯	卤钨灯	荧光灯	高压汞灯	管形氙灯	高压钠灯	金属卤化物灯
平均使用寿命（h）	1 000	1 500	1 500～5 000	3 500～6 000	500～1 000	3 000	1 000～1 500
启动稳定时间	瞬时	瞬时	1～3 s	4～8 min	1～2 s	4～8 min	4～10 min
再启动时间	瞬时	瞬时	瞬时	5～10 min	瞬时	10～20 min	10～15 min
频闪效应	不明显	不明显	明显	明显	明显	明显	明显
所需附件	无	无	镇流器、启辉器	镇流器	镇流器、触发器	镇流器	镇流器、触发器

按照明方式分类，分为一般照明、局部照明和混合照明。工作场所内不应只设有局部照明。

按照明功能分类，电气照明可分为正常照明、应急照明、值班照明、警卫照明和障碍照明。应急照明包括备用照明、安全照明和疏散照明。在爆炸危险环境、中毒危险环境、火灾危险性较大的环境、手术室之类一旦停电即关系到人身安危的环境、500 人以上的公共环境，一旦停电使生产受到影响会产生大量废品的环境都应该有应急照明。

按灯具防护型式分类，除普通型灯具外，还有防水型灯具、防尘型灯具和防爆型灯具等。

二、照明配电

1．由公共低压配电网配电的照明负荷，线路电流不超过 30 A 时可用 220 V 单相配电；30 A 以上应采用三相四线配电。

2．一般照明的电源采用 220 V 电压。在特别潮湿场所、高温场所、有导电灰尘的场所或有导电地面的场所，对于容易触及而又无防止触电措施的固定式灯具，其安装高度不足 2.2 m 时，应采用 24 V 安全电压。凡有触电危险的环境里的局部照明灯和手持照明灯（行灯），应采用 36 V 或 24 V 安全电压。在金属容器内、水井内、特别潮湿的地沟内等特别危险的环境使用的手持照明灯，应采用 12 V 安全电压。手持照明灯应有完整的保护网，并应有隔热、耐湿的绝缘手柄。

3．室内每一照明支路上熔断器熔体的额定电流不应超过 15 A；每一照明支路上所接灯具，原则上应不超过 20 盏，但花灯、彩灯、多管荧光灯不受此限。插座宜单独设置分支回路，非生产环境的单相插座应按照明灯计入，其电流可按 2.5 A 考虑。

4．照明配线应采用额定电压 500 V 的绝缘导线。凡重要的政治活动场所、易燃易爆场所、重要的仓库等均应采用金属管配线。凡重要的政治活动场所、重要的控制回路和二次回路、移动的导线和剧烈振动处的导线、特别潮湿场所和严重腐蚀场所均应采用铜导线。卤钨灯及单灯功率超过 100 W 的白炽灯，灯具引入线应选用 105 ~ 250℃ 耐热绝缘电线。

5．建筑物照明电源线路的进户处，应装设带有保护装置的总开关。配电箱内单相照明线路的开关必须采用双极开关；照明器具的单极开关必须装在相线上。照明开关应排列整齐，便于操作；相邻开关相、中性线的配置及开、合的位置都应当一致。接线必须保证开关在断开位置时灯具不带电。

6．高压气体放电灯的照明，每一单相分支回路的电流不宜超过 30 A，并应按启动及再启动特性，选择保护元件和验算线路的电压损失值。为气体放电灯供电的三相四线照明线路的中性线截面积应按最大一相的电流选择。为了减轻气体放电灯的频闪效应，其紧邻的灯具宜分别接在不同相位的线路上。气体放电灯宜采用电容补偿，以提高功率因数。

7．应急照明的电源，应区别于正常照明的电源。应急照明线路不能与动力线路或照明线路合用，而必须有单独的供电线路。应急照明应根据需要选择切换装置。

三、照明应用

1．白炽灯的功率不应超过 1 000 W。

2．如无特殊要求，应尽量选用高光效的气体放电灯。

3．较低矮房间（4.5 m 以下）宜用荧光灯，更高的场所宜用高压气体放电灯。

4. 荧光灯以光效更高、使用寿命长、质量较稳定的直管灯为主，需要时可用单端和自镇流荧光灯。

5. 用高压气体放电灯一般不选用显色性和光谱特性较差的汞灯，而选用金属卤化物灯。

第 2 节　照明装置及安装要求

一、照明装置

照明装置由灯具、灯座、线路和开关等元件组成。照明灯具灯泡的额定功率不应超过灯具的额定功率。

应当根据环境条件选用合适防护型式的照明装置，爆炸危险环境应选用防爆型灯具；在有腐蚀性气体或蒸气以及特别潮湿的环境应选用防水型灯具，户外也应选用防水型灯具；多尘环境应选用防尘型灯具；浴室照明可采用墙上开孔，孔底装反射镜、孔口装玻璃板密封的照明方式。

灯座分卡口灯座和螺口灯座。卡口灯座的带电部分封闭在里面，比较安全，但卡口灯座能承受的质量较小。螺口灯座的螺旋部分容易暴露在外，接线时必须将相线接在顶芯上、中性线（工作零线）接在螺口上。为了防止触电，应采用带电部分不暴露在外的螺口灯座；灯座不宜带有开关或插座。

为了防止火灾，灯饰所用材料应为难燃型材料；除敞开式灯具外，凡 100 W 及 100 W 以上的照明灯具应采用瓷灯座。带自在器的灯座应采用安全型灯座。普通灯具不应安装在有粉尘或纤维聚积的地方。

库房内不应装设碘钨灯、卤钨灯、60 W 以上的白炽灯等高温照明灯具。

二、灯具接线

白炽灯和荧光灯的接线如图 7—1 所示。

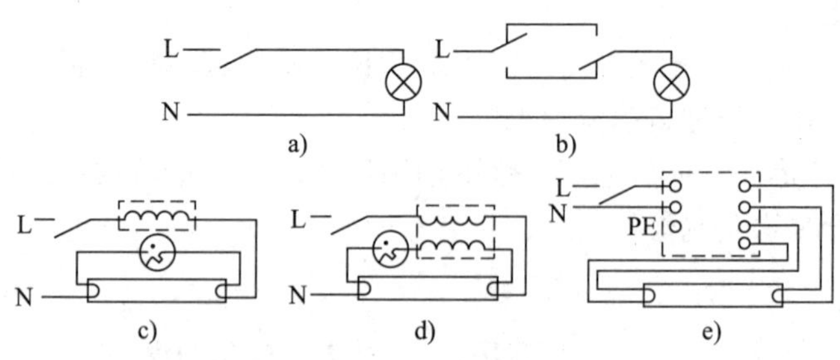

图 7—1　灯具接线

a）白炽灯基本接线　b）白炽灯双控接线

c）、d）荧光灯电磁镇流器接线　e）荧光灯电子镇流器接线

三、照明安装间距

室内吊灯灯具高度一般不应小于2.5 m；在干燥的非生产环境中，如受条件限制，室内吊灯灯具高度允许降低为2.2 m；室内吊灯灯具位于桌面上方工作人员碰不到的地方时，灯具高度允许降低为1.5 m；室外灯具高度一般不应小于3 m，墙上灯具高度可减为2.5 m。不足上述高度时应加防护。其他灯具安装高度可参考表7—2所列数据。

表 7—2　　照明灯具安装高度

序号	光源种类	反射器类型	灯泡容量（W）	最小高度（m）
1	白炽灯	搪瓷反射器	≤100 100～200 300～500 >500	2.5 3.0 3.5 4.0
		乳白玻璃漫射罩	≤100 100～150 300～500	2.0 2.5 3.0
2	高压汞灯	搪瓷反射器	≤250	5.0
		铝抛光反射器	≥400	6.0
3	高压钠灯	搪瓷反射器	250	6.0
		铝抛光反射器	400	7.0

续表

序号	光源种类	反射器类型	灯泡容量（W）	最小高度（m）
4	卤钨灯	搪瓷反射器	500	6.0
		铝抛光反射器	1 000～2 000	7.0
5	金属卤化物灯	搪瓷反射器	500	6.0
		铝抛光反射器	1 000～2 000	≥14.0

照明灯具、荧光灯镇流器等发热元件绝不能紧贴可燃物安装。照明灯具与可燃物之间的距离应符合下列要求：

1．普通灯具不应小于0.3 m。

2．高温灯具（聚光灯、碘钨灯等）不应小于0.5 m。

3．影剧院、礼堂用的面光灯、耳光灯的灯泡表面，不应小于0.5 m。

4．容量100～500 W的灯具不应小于0.5 m。

5．容量500～2 000 W的灯具不应小于0.7 m。

6．容量2 000 W以上的灯具不应小于1.2 m。

当距离不够时，应采取隔热、散热措施。灯具周围可燃物不得阻碍灯具通风。照明线路与暖气管道之间的距离不得小于30 cm。

库房内照明灯具下方不应堆放可燃物品，与其垂直下方储存物品的水平间距不应小于0.5 m。库房内不应设置移动式照明灯具。

聚光灯、回光灯、炭精灯不应安装在可燃基座上，灯头的尾线应当用耐高温导线或瓷套管保护。配线接头必须设在金属接线盒内。

四、照明线路保护

灯具不带电金属件、金属吊管和吊链应采取接零线（或接地）措施。保护零线（或地线）应与工作中性线分开。移动式灯具外壳的保护线应牢固可靠。

照明线路的相线和工作零线上都应装有熔断器。熔断器熔体的额定电流原则上按过载保护确定，且不应大于线路导线的许用电流；熔体的临界熔断电流不应大于线路导线许用电流的1.45倍。从不影响线路正常工作的角度考虑，熔体额定电流应符合下式要求：

$$I_{FU} \leqslant KI_L$$

式中 I_{FU}和I_L——熔体额定电流和计算负荷电流；

K——无量纲计算系数，对于白炽灯、碘钨灯和荧光灯，取 $K=1$；对于高压水银灯，RL 系列熔断器取 $K=1.3\sim1.7$，RC 系列熔断器取 $K=1\sim1.5$。

对于照明线路上低压断路器的热脱扣器，其动作电流按下式确定：

$$I_{FR} \leqslant (0.8\sim1)I_C$$

式中 I_{FR}和I_C——热元件整定电流和导体许用电流。

安装照明插座应注意插座不得贴近平开关安装，也不得安装在床头或桌面上，以免误触插孔内带电导体；明装插座高度一般不应低于 1.3 m、暗装的高度不应低于 0.3 m；在托儿所、幼儿园等儿童容易触及的环境，插座的高度不宜低于 1.8 m，否则必须使用安全型插座；单相插座遵循“上相（L）下零（N）、右相（L）左零（N）”的原则；插座的保护线（PE 线）插孔应位于上方；凡要求接零或接地的环境，均应采用带有保护插孔的插座，即单相设备用三孔插座；在同一用电区域，不同电压等级的插座应有明显区别，以防止互相插错。

五、照明平面图

照明平面图是表明照明设备及配电线路平面布置的图样。照明平面图应表明电源进线位置，导线根数及敷设方式，灯具、插座等用电设备的型号规格、数量、安装位置及安装方式。

1. 照明器具图形符号

常用照明器具图形符号及其含义见表 7—3。

表 7—3　　照明器具图形符号及其含义

名称	图形符号	备注	名称	图形符号	备注
屏、台、箱、柜一般符号	x-x-x	x-x-x 编号 楼层及分区号 电气设备文字符号	开关		一般符号
					单极，明装
					单极，暗装

续表

名称	图形符号	备注
照明配电箱	AL–2–3 WL	AL—照明配电箱 2—2 层 3—3 号配电箱 WL—照明配电箱
事故照明配电箱		
荧光灯		单管
		双管
		三管
	5	五管
灯具		一般符号
		花灯
		壁灯
		天棚灯
		广照型灯
		深照型灯
		安全灯
		防爆灯
		局部照明灯

名称	图形符号	备注
开关		双极，明装
		双极，暗装
		双极，明装
		双极，明装
单相插座		明装
		暗装
带接地插孔单相插座		明装
		暗装
带接地插孔三相插座		明装
		暗装
		带中性线和接地线插孔三相暗插座
插座箱（板）		
导线及导线组	2根 3根 3 4根	
中性线		
保护线		
中性与保护共用线		单相配线
		三相配线

2. 照明安装标注及代号

照明灯具安装标注为

$$a - b\frac{c \times d \times L}{e}f$$

其中 a——灯具数量；

b——灯具型号或编号；

c——每盏灯具的灯管数；

d——灯泡容量，W；

e——灯泡安装高度，m；

f——安装方式：S 为吸顶或直附安装、W 为壁式安装、P 为吊管安装、CH 为吊链安装、CP 为自在器吊线安装、CP_1 为固定吊线安装、R 为嵌入式安装；

L——光源种类：B 为白炽灯、Y 为日光灯、L 为卤钨灯、G 为高压汞灯、N 为高压钠灯、X 为氙灯。

线路标注为：

$$d\,(e \times f) - g - h$$

其中 d——导线型号；

e——导线根数；

f——导线截面积，mm^2；

g——线路敷设方式及管径：PR 为塑料线槽敷设、SR 为金属线槽敷设、TC 为电线管敷设、SC 为焊接钢管敷设；

h——线路敷设的部位：WE 为墙面明设、WC 为墙内暗设、BE 为沿屋架或跨屋架敷设、CLE 为沿立柱或跨立柱敷设、SR 为沿钢索敷设、CE 为沿天棚或顶板面敷设、OC 为顶板内敷设、RC 为地板内敷设。

照明线路安装代号详见表 7—4。

表 7—4　照明线路安装代号

导线敷设方式		导线敷设部位		灯具安装方式	
代号	含　义	代号	含　义	代号	含　义
PR	塑料线槽敷设	SR	沿钢索敷设	CP	线吊式
SR	金属线槽敷设	BE	沿屋架或跨屋架敷设	CP	自在器线吊式

续表

导线敷设方式		导线敷设部位		灯具安装方式	
代号	含　义	代号	含　义	代号	含　义
RC	水煤气管敷设	CLE	沿立柱或跨立柱敷设	CP_1	固定线吊式
TC	电线管敷设	WE	沿墙面明敷设	CP_2	防水线吊式
PC	聚氯乙烯硬管敷设	CE	沿天棚或顶板面敷设	CP_3	线吊器式
FPC	聚氯乙烯半硬质管敷设	ACE	能进入的吊顶内敷设	CH	链吊式
KPC	聚氯乙烯波纹管敷设	BC	暗敷设于梁内	P	管吊式
CT	电缆桥架敷设	CLC	暗敷设于柱内	W	壁装式
SC	焊接钢管敷设	WC	暗敷设于墙内	S	吸顶或直附式
CP	金属软管敷设	FC	暗敷设于地面内	R	嵌入式
		CC	暗敷设于顶板内	CR	顶棚内安装
		ACC	暗敷设于不能进入的吊顶内	WR	墙壁内安装
				T	台上安装
				SP	支架上安装
				CL	柱上安装
				HM	座装

3. 照明系统图

如图 7—2 所示是某照明配电系统图，其电源进线为三相四线进线，导线为 BV－16 mm^2，管径 ϕ32 mm，焊接钢管敷设；照明配电箱 AL1，箱内分别设置 N 线端子和 PE 线端子。

总开关为 C65H－32/4P 型 4 极 32 A 断路器。分支开关及控制电路的组成是：

WL1 照明（南路）支路，由 L1 相电源供电，采用 C65H－16/1P 型单极 10 A 断路器控制，两根 BV－4 mm^2 导线用管径 20 mm 焊接钢管暗敷设于顶板内。

WL2 照明（北路）支路，由 L2 相电源供电，采用 C65 H－16/1P 型单极 10 A 断路器控制，两根 BV－4 mm^2 导线用管径 20 mm 焊接钢管

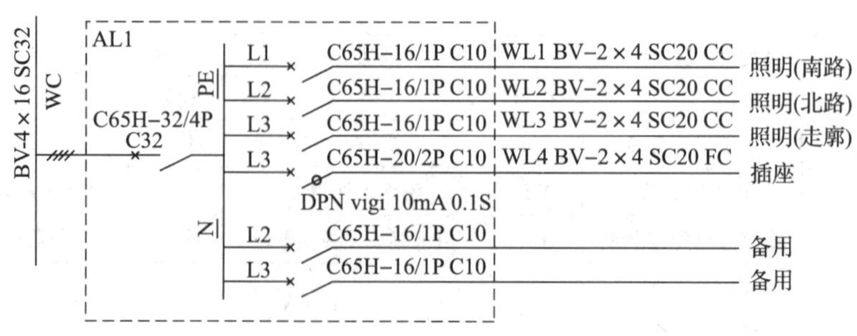

图 7—2　照明配电系统图

暗敷设于顶板内。

WL3 照明（走廊）支路，由 L3 相电源供电，采用 C65H－16/1P 型单极 10 A 断路器控制，两根 BV－4 mm^2 导线用管径 20 mm 焊接钢管暗敷设于顶板内。

WL4 插座支路，由 L3 相电源供电，采用 C65H－20/2P 型两极 10 A带漏电保护断路器控制，三根 BV－4 mm^2 导线用管径 20 mm 焊接钢管暗敷设于地面内。

备用开关两路，分别由 L2、L3 相电源和 C65H－16/1P 型单极 10 A断路器控制。

4. 照明配电平面图

如图 7—3 所示是照明配电平面布线图，图中表明灯具的位置、灯头数、灯具类型、灯泡容量及安装高度和安装方式等，按国标 GB/T 4728 的规定绘制。

（1）进户：户外低压配电线路进户，户外安装重复接地装置，电气系统为 TN－C－S。

（2）AL1：照明配电箱。

（3）WL1：照明（南路）支路，采用 40 W 荧光灯吸顶安装，一灯一开关。

WL2：照明（北路）支路，采用 40 W 荧光灯吸顶安装，一灯一开关。

WL3：照明（走廊）支路，采用 25 W 白炽灯吸顶安装，一灯一开关。

WL4：插座支路，插座为单相三眼暗装插座。

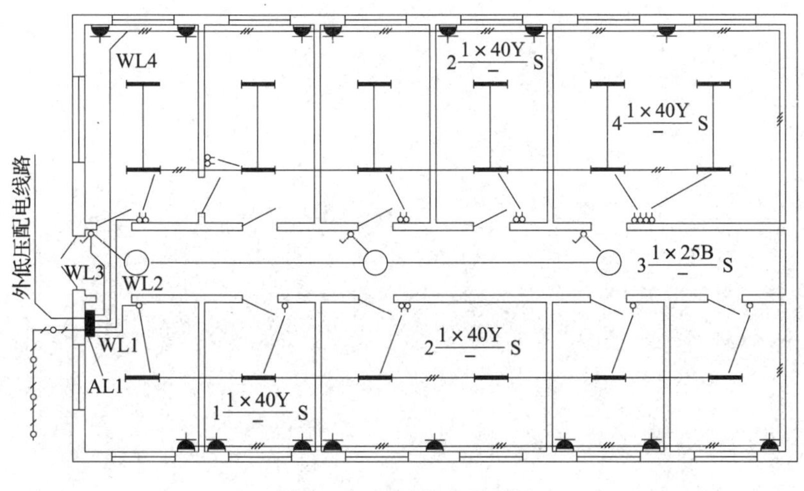

图 7—3　照明配电平面图

图 7—3 中，1 $\frac{1\times 40\text{Y}}{-}$S 表示第 1 种类型，1 只 40 W 荧光灯，吸顶安装；3 $\frac{1\times 25\text{B}}{-}$S 表示第 3 种类型，3 只 25 W 白炽灯，吸顶安装。

第二部分　实际操作技能

第 8 章　电工通用操作技能

第 1 节　常用电工工具的使用

电工常用工具包括钢丝钳、电工刀、旋具、扳手、电烙铁、压接钳、电钻、喷灯等工具。电工应能安全、熟练地使用各种电工工具，使用各种工具前均应检查其是否完好。

一、电工用钳

电工用钳有钢丝钳、尖嘴钳、偏口钳、剥线钳等多种，如图 8—1 所示。电工用钳由钳头和钳柄组成，钳柄带有绝缘护套，绝缘护套耐压值为 500 V。

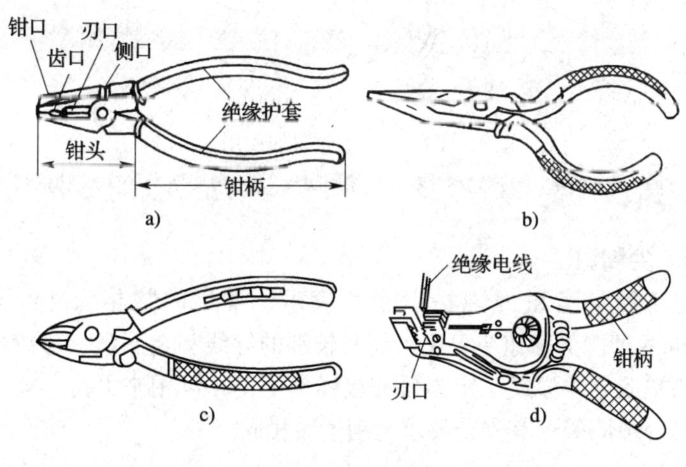

图 8—1　电工用钳

a）钢丝钳　b）尖嘴钳　c）偏口钳　d）剥线钳

1. 钢丝钳

电工用钢丝钳的规格以其全长表示，200 mm 的最为常用。钢丝钳的主要工作部分是钳头的钳口、齿口、刃口和侧口（见图 8—1）。如图 8—2 所示，钳口可用来剥削导线绝缘、弯绞或钳夹导线线头，齿口可用来拧紧螺母，刃口可用来剪切导线，侧口可用来铡切电线线芯等硬金属丝。电工用钢丝钳手柄绝缘必须保持良好；用电工用钢丝钳剪断带电导线时，不得同时剪切两根以上的导线，而应先剪断相线，后剪断中性线。

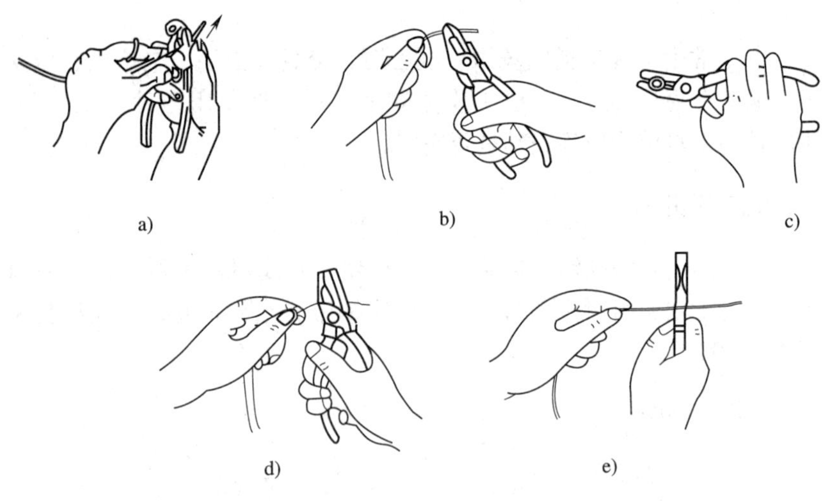

图 8—2　钢丝钳的使用

a）剥削绝缘　b）弯绞导线　c）紧固螺母　d）剪切导线　e）侧切钢丝

2. 尖嘴钳

电工用尖嘴钳的规格以全长表示，常用的规格有 140 mm 和 180 mm两种。尖嘴钳主要用来剪断较细的导线和金属丝，弯绞导线线头，将单股导线弯成一定圆弧的接线鼻子，并可用来夹持、安装较小的螺钉、垫圈等。其安全要求与钢丝钳相同。

3. 偏口钳

偏口钳主要用来切断单股或多股导线，其安全要求与钢丝钳相同。

4. 剥线钳

剥线钳的钳口有 0.5 ~3 mm 多个不同孔径的刃口。使用时，将导线放入剥线钳相应的刃口内，用力握钳柄，导线的绝缘层即被割断、弹出。所选的刃口应略大于芯线直径，以免剪断线芯。其安全要求与钢丝钳相同。

二、电工刀

电工刀主要用来剖削电线、电缆绝缘层，切割木台缺口、削制木楔，以及切削软金属，其外形如图 8—3 所示。

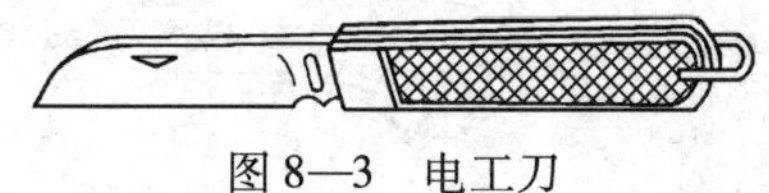

图 8—3　电工刀

电工刀刀柄没有绝缘保护，不能在带电导线或器材上剖削；使用时应注意防止伤手；用毕应及时将刀刃折进刀柄内。

三、电工旋具

旋具是用来紧固、拆卸螺钉的工具，按头部形状分为“一”字形旋具和“十”字形旋具。电工旋具与木工旋具及其他旋具不同的是电工旋具的手柄与金属工作部分是绝缘的。如图 8—4a 所示是电工旋具，图 8—4b 所示是木工旋具。有的小旋具还具有验电器功能。

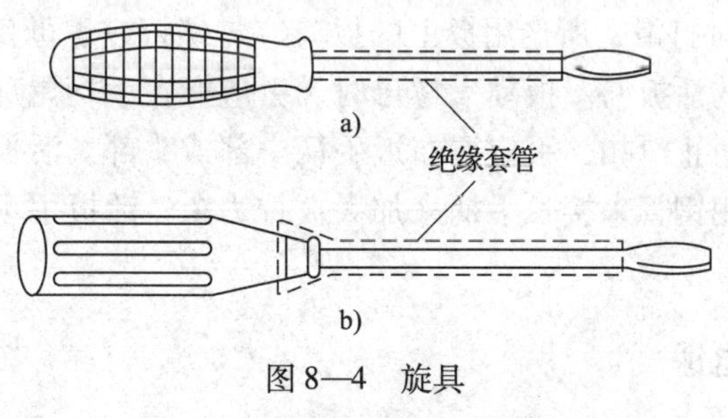

图 8—4　旋具

a）电工旋具　b）木工旋具

为了不损坏螺钉及相关部件，应根据螺钉的大小选用合适规格的旋具。使用旋具时，手指不得触及金属工作部分。电工旋具的金属工作部分应套上绝缘套管。

四、扳手

扳手是用来紧固、拆卸螺纹连接的工具。扳手种类很多，有活扳手、呆扳手、梅花扳手、套筒扳手、内六角扳手等。

活扳手由头部和柄部组成，如图 8—5 所示。头部由活扳唇、呆扳唇、蜗轮等组成，旋动蜗轮可调节扳口的大小。活扳手的开口宽度可在一定范围内调节，其规格以长度乘最大开口宽度来表示。

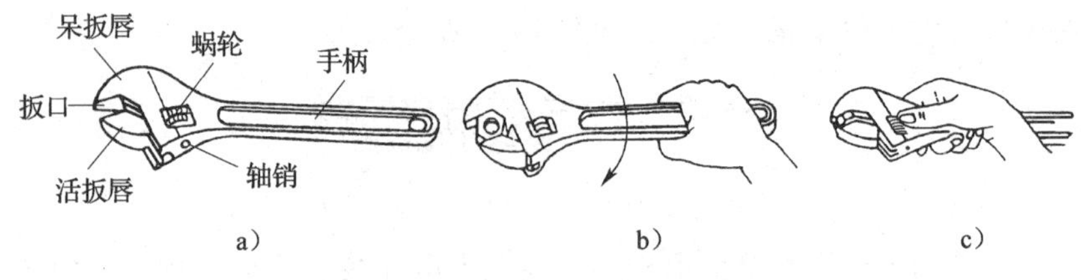

图 8—5　活扳手

a）结构　b）使用　c）调整

呆扳手的扳口不能调节，其规格用扳口大小表示。梅花扳手是双头扳手，其工作部分为封闭圆环，圆环内分布了 12 个可与六角螺钉或螺母相配的牙，梅花扳手适应于工作空间狭小的场合。套筒扳手是由一套尺寸不同的梅花套筒头和配套的手柄组成的，可用于一般扳手难以接近的场合。内六角扳手是用于旋动内六角螺钉的扳手。为防止操作时打滑，所选用扳手的扳口应与螺钉或螺母良好配合；应收紧活扳手的活扳唇。扳动大螺母时，手应握在手柄尾部；扳动较小螺母时，为防止滑扣，手应握在近手柄中部或头部。活扳手不可反向使用，不可用钢管来接长手柄来加大扳拧力矩。活扳手不得代替撬棒或手锤使用。

五、电钻和电锤

电钻分普通电钻和冲击电钻，冲击电钻的外形如图 8—6 所示。

冲击电钻有两种功能：调整到“钻”的位置时用作普通电钻；调整到“锤”的位置时具有冲击作用，用来在建筑物砖结构或混凝土结构上钻孔、凿眼。在建筑物混凝土、砖石结构上打孔时需用冲击钻头，其最大钻头不宜超过 20 mm。一般的冲击电钻都装有辅助手柄。有的冲击电钻可调节转速。

图 8—6　冲击电钻外形

使用电钻在金属件上钻孔前，应在工件上划线冲眼。小孔用较高转速，大孔用较低转速。钻孔时，先对准试钻浅坑，根据必要校正孔位，再加力钻削，过程中注意适时退钻排削，将要钻穿时适当减力。

电锤是一种具有旋转、冲击复合运动机构的电动工具。电锤冲击力比冲击电钻大，工效高，可用来在建筑物混凝土、砖石结构上钻孔、凿眼、开槽，且不受方向限制。常用电锤钻头直径为 ϕ16 mm、ϕ22 mm、ϕ30 mm 等。

使用电钻、电锤等手持电动工具时，应当注意以下安全要求：

1. 使用前应辨认铭牌，检查工具或设备的性能是否与使用条件相适应。

2. 检查其防护罩、防护盖、手柄防护装置等有无损伤、变形或松动。不得任意拆除机械防护装置。检查电源开关是否失灵、是否破损、是否牢固、接线有无松动。检查设备的转动部分是否灵活。冲击电钻和电锤的高速运动部件应保持润滑良好。

3. 电源线应采用橡胶绝缘软电缆：单相用三芯电缆、三相用四芯电缆；电缆不得有破损或龟裂、中间不得有接头；电源线与设备之间的防止拉脱的紧固装置应保持完好。设备的软电缆及其插头不得任意接长、拆除或调换。电源线不应被挤压、缠绕。

4. Ⅰ类设备应有良好的接零线（或接地）措施。使用Ⅰ类手持电动工具应配用绝缘用具或采取电气隔离及其他安全措施。

5. 长期未使用的冲击电钻和电锤，使用前应测量绝缘电阻。带电部分与可触及导体之间的绝缘电阻，Ⅰ类设备不得低于 2 MΩ、Ⅱ类设备不得低于 7 MΩ。

6. 根据需要装设漏电保护装置或采取电气隔离措施。

7. 非专职人员不得擅自拆卸和修理手持电动工具。Ⅱ类和Ⅲ类手持电动工具修理后不得降低原设计规定的安全技术指标。

8. 用冲击电钻等在砖石建筑物上钻孔时，要戴护目镜，防止砂石灰尘溅入眼睛。

9. 必须在断电状态下调节冲击电钻转速。

10. 在建筑物上钻孔时，应经常把钻头从钻孔中抽出以排除灰沙碎石。使用冲击电钻钻孔遇到坚硬物体时，不能施加过大推力，以防钻头退火或冲击电钻因过载而损坏。操作中冲击电钻和电锤突然堵转时，应立即切断电源。

11. 使用电锤时，应握住两个手柄，垂直向下钻孔无须用力；向其他方向钻孔也不能用力过大。

12. 用毕及时切断电源，并妥善保管。

六、射钉枪

射钉枪是利用枪管内火药爆炸所产生的高压推力，将特制的钉子打入木板、混凝土和砖墙内的手持工具。

如图 8—7 所示是射钉枪外形图。射钉枪中间可以扳折，扳折后前枪露出弹膛，用来装、退射钉。为使用安全和减少噪声，设置了防护罩和消音装置。有的射钉枪装有保险装置，以防止射钉打飞、落地起火。有的射钉枪装有防护罩，防护罩脱落时不得射钉。

图 8—7　射钉枪外形

根据需要，可选择使用不同规格的射钉和射钉弹。射钉弹有三种规格，使用时应与活塞和枪管配套。

在使用射钉枪时，必须紧靠基体，并与基体垂直，由操作人员顶紧发射。使用射钉枪的注意事项如下：

1. 射钉枪必须由经培训考核合格的人员使用，并按规定程序操作。

2. 制定发放、保管、使用、维修等管理制度，并有专人负责。

3. 在薄墙、轻质墙上射钉时，对面不得有人停留或经过，且应设专人监护。

4．发射后，如果钉帽留在被紧固件的外面，可以装上威力小一级的射钉弹，不装射钉，进行一次补射。

5．每次用完后，应将射钉枪用煤油浸泡，擦净存放，以防锈蚀。

6．发现射钉枪故障时，应停止使用，并由专业人员检查、修理。

7．射钉弹属于爆炸危险物品，每次应限量取用，并设专人保管。

8．枪管内不得有杂物，如装弹后暂时不用，应及时退出射钉弹。

9．不得取下前护罩操作。

10．枪管前方不得有人。

七、压接钳

压接钳是用于导线连接的工具。

手动阻尼式压接钳利用两级杠杆原理工作，适用于单芯铜、铝导线用压线帽的压接。压模应与导线和压线帽的规格相符。为了便于压实导线，压线帽内应用同材质、同线径的线芯插入填实。

手动导线压接钳也利用杠杆原理工作，多用于截面积 35 mm^2 以下导线接头的钳接管压接。手提式油压钳用于截面积 16 mm^2 及以上导线的钳接管压接。

八、电烙铁

电烙铁是钎焊（锡焊）工具，用于铜、铜合金、薄钢板等材料的焊接。电烙铁由手柄、电热元件和紫铜头等组成。按铜头加热方式分为内热式电烙铁和外热式电烙铁，其外形如图 8—8 所示。内热式电烙铁的热效率较高。

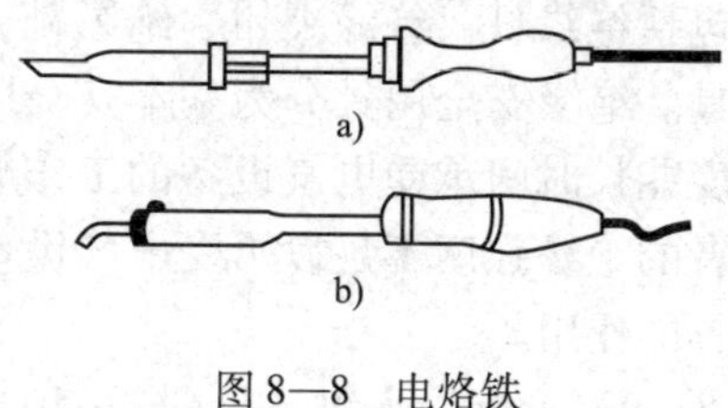

图 8—8　电烙铁

a）内热式　b）外热式

电烙铁的规格用所消耗的电功率表示，通常在 20 ~ 300 W 之间。焊接电子线路宜选用 20 ~ 40 W 电烙铁；焊接截面积较大的铜导线宜选用 75 ~ 150 W 电烙铁；对面积较大的工件进行搪锡处理需选用 300 W电烙铁。钎焊所用的材料是焊锡和焊剂。常用的焊剂有松香液、焊锡膏、氯化锌溶液。

电烙铁必须接保护线；电源线、保护线应保持完好；使用中的电烙铁不能放在可燃物上；使用中较长时间不进行焊接的电烙铁应断开电源；使用中应注意防止电烙铁的铜头及所黏的焊锡烫伤人员。

九、电工防护用品

电工防护用品包括防护眼镜、手套、安全帽等。

防护眼镜用于更换熔丝、室外操作、浇灌电缆绝缘胶、更换蓄电池液等工作的个体防护。手套有线手套和帆布手套，后者用于有可熔金属的操作、浇灌电缆绝缘胶等工作的个体防护。安全帽用于空中作业以及其他有碰撞、砸伤危险的作业，保护人员头部。

第 2 节　电工安全用具的使用

电工安全用具是电工作业人员在安装、运行、检修等操作中用以防止触电、坠落、灼伤等危险的电工专用工具。

一、电工安全用具种类及作用

1. 绝缘安全用具

绝缘安全用具包括绝缘杆、绝缘夹钳、绝缘靴、绝缘手套、绝缘垫和绝缘站台等用具。绝缘安全用具分为基本安全用具和辅助安全用具，前者的绝缘强度能长时间承受电气设备的工作电压，能直接用来操作电气设备；后者的绝缘强度不足以承受电气设备的工作电压，只能加强基本安全用具的作用。

绝缘杆（见图 8—9）和绝缘夹钳（见图 8—10）都是基本安全用具。绝缘夹钳只用于 35 kV 及其以下的电气操作。绝缘杆和绝缘夹钳都由工作部分、绝缘部分和握手部分组成。绝缘部分和握手部分用浸过绝缘漆的木材、硬塑料、胶木或玻璃钢制成，其间有护环分开。

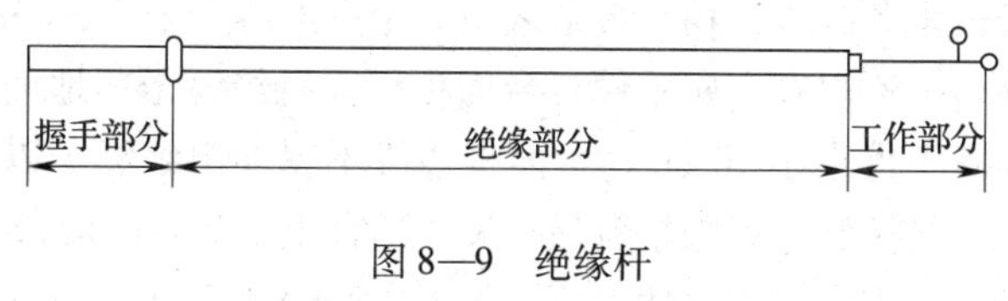

图 8—9　绝缘杆

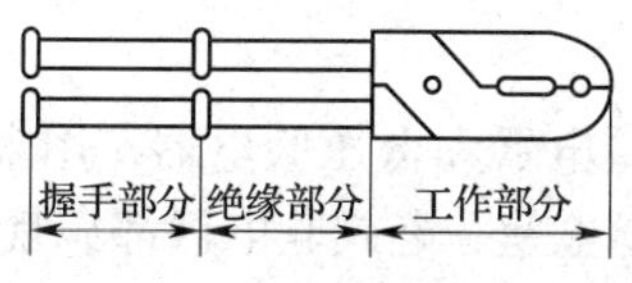

图 8—10　绝缘夹钳

绝缘杆可用来操作高压隔离开关、操作跌开式熔断器、安装和拆卸临时接地线以及进行测量和试验等工作。绝缘夹钳主要用来做拆除和安装熔断器及其他类似工作。

绝缘杆和绝缘夹钳的绝缘部分和握手部分的最小尺寸不应低于表 8—1 所列数值。

表 8—1　绝缘杆和绝缘夹钳绝缘部分和握手部分的最小长度　　(m)

电压 (kV)		户内设备用		户外设备和架空线路用	
		绝缘部分	握手部分	绝缘部分	握手部分
≤10	绝缘杆	0.7	0.3	1.1	0.4
	绝缘夹钳	0.45	0.15	0.75	0.2
≥35	绝缘杆	1.1	0.4	1.4	0.6
	绝缘夹钳	0.75	0.2	1.2	0.2

绝缘杆工作部分金属钩的长度，在满足工作需要的情况下，不宜超过 5 cm，以免操作时造成相间短路或接地短路。

绝缘手套和绝缘靴用橡胶制成。二者都作为辅助安全用具，但绝缘手套可作为低压工作的基本安全用具，绝缘靴可作为防护跨步电压的基本安全用具。绝缘手套的长度至少应超过手腕 10 cm。

绝缘垫和绝缘站台只作为辅助安全用具。绝缘垫用厚度 5 mm 以上、表面由防滑条纹的橡胶制成，其最小尺寸不宜小于 0.8 m×0.8 m。绝缘站台用木板或木条制成，相邻板条之间的距离不得大于 2.5 cm，以免鞋跟陷入；站台上不得有金属零件；台面板用支持绝缘子与地面绝缘，支持绝缘子高度不得小于 10 cm；台面板边缘不得伸出绝缘子以外，以免站台翻倾，人员摔倒。绝缘站台最小尺寸不宜小于 0.8 m×0.8 m，但为了便于移动和检查，最大尺寸也不宜大于1.5 m×1.5 m。

2. 验电器

验电器分为高压验电器和低压验电器，用来检验导体是否有电。低压验电器俗称低压验电笔。老式验电器都靠氖灯发光显示。新式低压验电器有的用液晶显示，新式高压验电器有发光、声光、指示件转动等不同指示方式。高压验电器如图 8—11 所示。高压验电器的发光电压不应高于额定电压的 25%。

图 8—11　高压验电器

氖管发光显示的低压验电器的检测电压为 60～500 V，液晶显示的验电器的检测范围更大一些。氖管发光显示的验电器有笔式、旋具式等类型。氖管发光显示笔式验电器的解体结构如图 8—12 所示。这种验电器由氖管、2 MΩ 电阻、弹簧、笔身、金属探头等组成。弹簧、氖管、电阻依次连接，两端分别与金属笔挂、金属探头连接。使用时，手指接触金属笔挂，金属探头接触被测带电体，如氖管发出辉光，表明被测体带电。

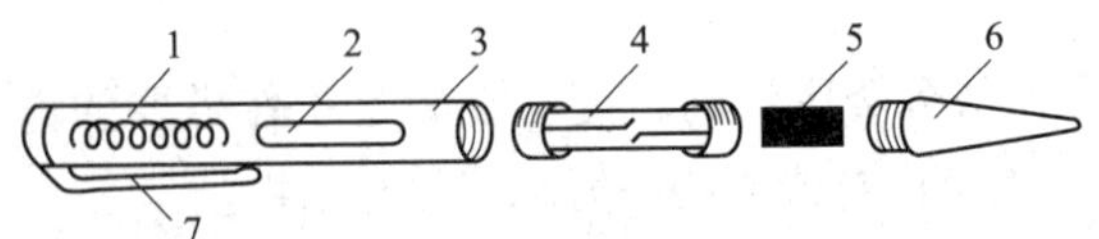

图 8—12　低压笔式验电器

1—弹簧　2—观察孔　3—笔身　4—氖管　5—电阻　6—金属探头　7—金属笔挂

低压验电器除可检测有电无电外，还可以区分相线和中性线，正常情况下，氖管发光的是相线，不发光的是中性线。低压验电器还可以区分交流和直流，氖管两端都发光的是交流，仅一端发光的是直流。低压验电器还可以判断电压的高低，电压 36 V 以下时氖管一般不发光；电压越高，发光越强。

低压验电器的握法如图 8—13 所示。握持验电器的基本原则是拿稳、手部尽量远离带电体。使用验电器前应先在有电部位测试验电器是否良好。验电时，应将验电器逐渐接近带电体，至有指示为止。对于多端带电体，应逐相、逐端，由近及远地一一试验。验电时应注意保持各部分的安全距离，防止短路。

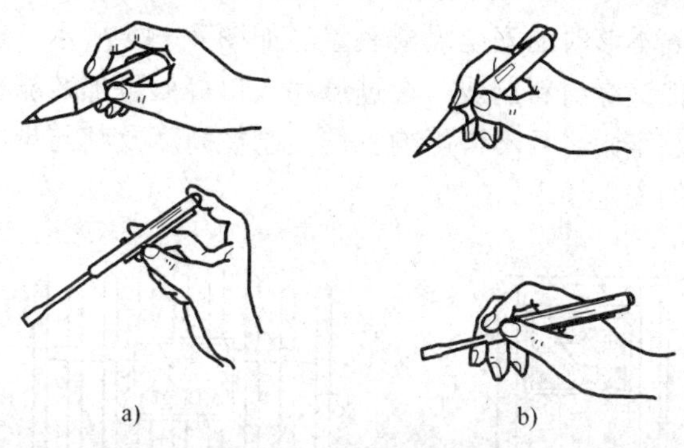

图 8—13　低压验电器握法

a）正确握法　b）错误握法

3. 临时接地线

临时接地线装设在被检修区段两端的电源线路上，用来防止突然来电和邻近高压线路感应电的危险，临时接地线也用作放尽线路或设备上残留电荷的安全器材。

临时接地线主要由带透明护套的软铜线、绝缘棒和接线夹组成。三根短的软铜线是接向三相导体用的，一根长的软铜线是接向接地端用的。临时接地线的接线夹必须坚固有力，软铜线应采用截面积 25 mm^2以上的带有透明护套的多股软裸铜线，各部分连接必须牢固。其外形如图 8—14 所示。

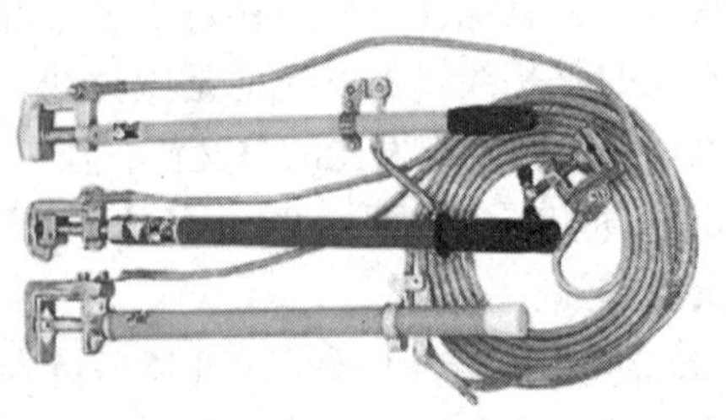

图 8—14　临时接地线

4. 遮栏

遮栏主要用来防止工作人员无意碰到或过分接近带电体，也用作检修安全距离不够时的安全隔离装置。如图 8—15 所示，遮栏用干燥的木材或其他绝缘材料制成。在过道和入口等处可加装栅栏。遮栏和栅栏必须安装牢固，且不得影响工作。遮栏高度及其与带电体的距离应符合屏护的安全要求。

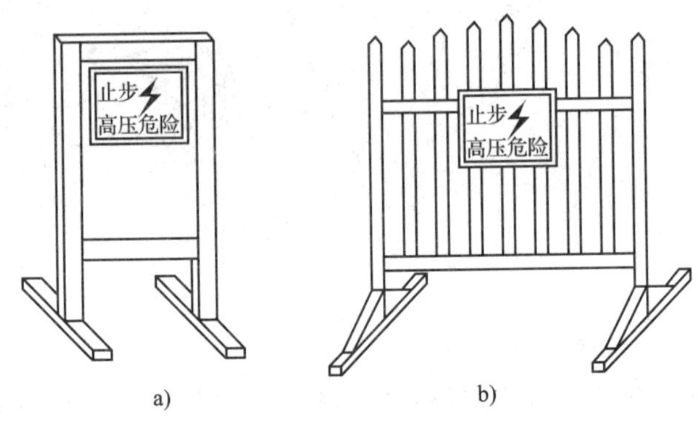

图 8—15　遮栏
a）板式　b）栅式

5. 标示牌

标示牌用绝缘材料制成，其作用是警告工作人员不要过分接近带电部分，指明工作人员准确的工作地点，提醒工作人员应当注意的问题，以及禁止向某段线路送电等。标示牌种类很多，标示牌的式样和悬挂位置见表 8—2。

表 8—2　　标示牌式样和悬挂位置

标示语	悬挂位置	式样和要求		
		尺寸（mm×mm）	底色	字色
禁止合闸，有人工作！	一经合闸即可送电到施工设备的开关和刀开关操作手柄上	200×100 和 80×50	白色	红色
禁止合闸，线路有人工作！	一经合闸即可送电到施工线路的线路开关和刀开关操作手柄上	200×100 和 80×50	红色	白色
在此工作！	室外或室内工作地点或施工设备上	250×250	绿底，中有直径 210 mm 的白圆圈	黑色，写于白圆圈中
止步，高压危险！	工作地点邻近带电设备的遮栏上；室外工作地点邻近带电设备的构架上；禁止通行的过道上；高压试验地点	250×200	白底红边	黑色，有红箭头
从此上下	工作人员上下的铁架、梯子上	250×250	绿底，中有直径 210 mm 的白圆圈	黑色，写于白圆圈中
禁止攀登，高压危险！	邻近工作地点可能上下的铁架上	250×200	白底红边	黑色
已接地	看不到接地线的设备上	200×100	绿底	黑色

6. 登高安全用具

登高安全用具包括梯子、高凳、脚扣、登高板、安全带等专用用具。

梯子和高凳应坚固可靠，应能承受工作人员及其所携带工具的总质量。梯子分人字梯和靠梯。在光滑地面上使用的梯子，梯脚应加绝缘套或橡胶垫；在泥土地面或冰面上使用的梯子，梯脚应加铁尖防滑。为了避免梯子翻倒，梯子靠墙时梯脚与墙之间的距离不应小于梯长的 1/4；为了避免滑落，其间距离不得大于梯长的 1/2 防滑。为了限制人字梯的开脚度，其两侧之间应加拉链或拉绳。

脚扣是登杆用具，其主要部分用钢材制成。水泥杆用脚扣的半圆环和根部装有橡胶套或橡胶垫起防滑作用。木杆用脚扣的半圆环和根部均有凸出的小齿，以扎入木杆起防滑作用。

登高板也是登高安全用具，主要由坚硬的实木板和结实、柔软的绳子组成。

安全带是防止坠落的安全用具。安全带用皮革、帆布或化纤材料制成。安全带有两根带子，长的绕在电杆或其他牢固的构件上起防止坠落的作用，短的系在腰部偏下部位起人体固定作用。安全带的宽度不应小于 60 mm，绕电杆带的单根拉力不应小于 2 206 N。

二、电工安全用具的使用

1. 安全用具选用

应根据工作条件选用合适的安全用具。操作高压跌开式熔断器或其他高压开关时，必须使用相应电压等级的绝缘杆，并戴绝缘手套或干燥的线手套进行操作；如雨雪天气在户外操作，必须戴绝缘手套、穿绝缘靴或站在绝缘台上操作。更换熔断器的熔体时，应戴防护眼镜和绝缘手套，必要时还应使用绝缘夹钳。检修工作中，必须正确选用、使用临时接地线、遮栏、标示牌。空中作业必须合理使用合格的登高用具、安全带，并戴上安全帽。

安全用具不能任意作其他用途，也不能用其他工具代替安全用具。例如，不能用医疗手套或化学试验用的橡胶手套代替绝缘手套，也不得把绝缘手套或绝缘靴作其他用途；不能用短路法代替临时接地线；不能用不合格的普通绳、带代替安全带。

2. 安全用具检查

每次使用安全用具前必须认真检查。检查项目有：

（1）安全用具是否在试验有效期内。

（2）安全用具的电压等级是否与设备条件相符。

（3）安全用具是否无损坏、无变形、无毛刺、无过分磨损，绝缘件表面是否无裂纹、无划痕、无脏污、无受潮。

（4）各连接部位连接是否可靠。

（5）绝缘手套在使用前应做人工充气试验，方法是用力甩动给手套充气，随即捏紧，检查有无漏气。

（6）验电器每次使用前都应先在有电部位测试其是否完好。

（7）检查临时接地线是否无背花、无死扣，绝缘棒是否完好，接地线与绝缘棒的连接、接地线卡子与软铜线的连接是否牢固。

（8）使用前应将安全用具擦拭干净。

3. 绝缘安全用具的使用

（1）使用绝缘手套时，最好先戴上一双棉线手套；戴绝缘手套时，应将工作服袖口系好，并穿进绝缘手套里。

（2）穿绝缘靴时，应将工作服裤脚口折好，并穿进绝缘靴里；行走时，注意防止尖锐物件扎伤绝缘靴。

（3）使用绝缘杆、绝缘夹钳、高压验电器、临时接地线操作时，必须戴绝缘手套；注意手不得超过绝缘部分的护环。

4. 安全用具保管

安全用具使用完毕应擦拭干净，存放在干燥、通风的处所。安全用具应妥善保管，注意防止受潮、脏污或破坏。绝缘杆应悬挂存放或架在专用木架上，而不应斜靠在墙上或平放在地上；绝缘手套、绝缘靴、绝缘鞋应放在箱、柜内，而不应放在过冷、过热、阳光暴晒或有酸、碱、油的地方，以防胶质老化，并不应与坚硬、带刺或脏污物件放在一起或压以重物。验电器应放在盒内，并置于干燥处。

三、电工安全用具试验

安全用具应定期进行试验，试验合格后应加装标志。

防止触电的安全用具的试验包括耐压试验和泄漏电流试验。除几种辅助安全用具要求做两种试验外，一般只要求做耐压试验。使用中安全用具的试验内容、标准、周期见表 8—3。对新安全用具的要求应当严格一些，例如，新的高压绝缘手套的试验电压为 12 kV、泄漏电流为 12 mA；新的高压绝缘靴的试验电压为 20 kV、泄漏电流为 10 mA 等。

表 8—3　　安全用具试验标准及周期

名称	电压（kV）	试验标准			试验周期（年）
		耐压试验电压（kV）	耐压试验持续时间（s）	泄漏电流（mA）	
绝缘杆、绝缘夹钳	≤35	3 倍额定电压，且不小于 40	300	—	1
绝缘挡板、绝缘罩	35	—	200	—	1
绝缘手套	高压	8	60	≤9	0.5
	低压	2.5	60	≤2.5	0.5
绝缘靴	高压	15	60	≤7.5	0.5
绝缘鞋	≤1	3.5	60	≤2	0.5
绝缘垫	>1	15	以 2～3 cm/s 的速度拉过	≤15	2
	≤1	5		≤5	2
绝缘站台	各种电压	45	120	—	3
带绝缘柄工具	低压	3	60	—	0.5
高压验电器	≤10	40	300	—	0.5
	≤35	105	300	—	0.5
钳形表 绝缘部分	≤10	40	60	—	1
钳形表 铁芯部分	≤10	20	60	—	1

登高作业安全用具的试验主要是拉力试验，其试验标准见表8—4，试验周期均为半年。

表 8—4　　登高作业安全用具试验标准

名称	安全带		安全绳	登高板	脚扣	梯子
	大带	小带				
试验静拉力（N）	2 206	1 471	2 206	2 206	1 471	1 765（荷重）

第 3 节　电工检修安全措施

一、电工检修安全技术措施

检修安全技术措施是指停电、验电、装设临时接地线、悬挂标示牌和装设临时遮栏等安全技术措施。

1. 停电

应注意所有能给检修部位送电的线路均应停电，并采取防止误合闸的措施。对于多回路的控制线路，应注意防止其他方面突然来电的危险。对于运行中的工作零线，应视为带电体，并与相线采取同样的安全措施。

停电操作顺序必须正确。对于低压断路器或接触器与刀开关串联安装的开关组，停电时应先拉开低压断路器或接触器，后拉开隔离开关；送电时操作顺序相反。如果断路器的电源侧和负荷侧都装有隔离开关，停电操作时拉开断路器之后，应先拉开负荷侧隔离开关，后拉开电源侧隔离开关；送电时应依次合上电源侧隔离开关、负荷侧隔离开关、断路器。

对于有较大电容的电气设备或电气线路，停电后还需进行放电，以消除被检修设备上残存的电荷。放电时人体不得与带电体接触。电容器和电缆可能残存的电荷较多，最好有专门的放电装置。

2. 验电

验电的基本作用是确认设备是否无电压。对已停电的线路或设备，不论其经常接入的电压表或其他信号是否指示无电，均应进行验电。只有用合格的验电器验明无电才能作为无电的依据。接在线路中的电压表无指示，或信号指示处于断开状态，或用电设备合闸后不运转只能作为无电的参考，而不能作为无电的依据。

验电前，必须先完成停电操作；应选用合格的验电器，使用前应检查验电器是否完好，并先在有电部位测试其是否良好；应在检修设备所有连接外电源的部位分别验电；联络用的断路器或隔离开关处在分断状态时，应在其两侧验电。

验电时，应由近到远，逐点验试；验电时应注意保持各部分安全距离，防止短路。

3. 装设临时接地线

为了防止给检修部位意外送电和可能产生的感应电，应在被检修部分的外端（开关的停电侧或停电的导线上）装设临时接地线。临时接地线使线路构成三相对地短路的状态，其安全作用是：

（1）防止检修线路或检修设备突然来电。

（2）防止检修线路或检修设备上产生感应电。

（3）将临时接地线用作放电工具，放尽残留电荷。

4. 标示牌和临时遮栏的使用

标示牌的作用是提醒人们注意安全，防止出现不安全行为。在一经合闸即送电到被检修设备的开关操作手柄上应悬挂“禁止合闸，有人工作!”的禁止类标示牌等。工作人员在工作过程中不得取下标示牌。

遮栏的作用是防止工作人员无意识过分接近带电体。在部分停电检修和不停电检修时，应将带电部分遮栏起来，以保证检修人员的安全。临时遮栏上应悬挂“止步，高压危险!”的标示牌；工作人员在工作中不得移动、拆除或越过遮栏。

除安全技术措施外，检修中还应根据需要建立和执行相关管理措施。安全管理措施主要指各种检修制度。其中，比较常见的是工作票制度、工作许可制度和工作监护制度。

二、低压工作

1. 低压配电装置及低压回路上的工作

在变电所、配电站低压配电柜电源干线上的停电工作应填用第一种工作票；在不停电的线路上进行接户线的工作应填用第二种工作票，并设专人监护。

低压停电工作应采取的安全措施是：

（1）将施工设备各方面的电源断开，取下熔断器的熔体件或拆下熔体。

（2）在断开的断路开关的操作手柄上悬挂“禁止合闸，有人工作!”的标示牌。

（3）工作前验电。

（4）执行更换熔体后的送电操作时，应戴手套和有色防护眼镜。

（5）其他必需的安全措施。

2. 低压带电工作

低压带电作业应根据要求执行监护制度；作业中必须保证足够的安全距离，而且带电部分只能位于工作人员的一侧；带电作业时间不宜太长，以免检修人员注意力分散而发生事故；带电作业使用的工具应经过检查和试验；检修人员应经过严格训练，且熟练掌握带电作业的技术。

低压带电作业还应注意以下几点：

（1）应配有验电器；应使用有绝缘柄的工具，并应站在干燥的绝缘物上操作；应穿长袖衣，并戴手套和安全帽；工作时不得使用有金属物的毛刷、毛掸等工具。

（2）现场应有良好的照明条件。

（3）登高作业应使用登高安全用具。高、低压线同杆架设，在低压线路上工作时，应有人监护；应先检查与高压线的距离，并采取防止误触高压带电部分的措施；在带电导线未采取绝缘措施时，检修人员不得穿越。

（4）上杆前应分清相线、工作中性线等，应选好工作位置。

（5）在带电的低压配电装置上工作时，应采取防止相间短路和单相接地的隔离措施。

（6）断开导线时，应先断开相线后断开工作中性线；搭接导线时，顺序应相反；一般不得带负荷断开或接通导线。

（7）人体不得同时接触两条导线或两个导线头。

（8）雷电、雨、雪、大雾、5 级以上大风天气一般不进行户外带电作业。

第4节　安 全 标 识

一、安全标识

安全标识是指使用牌、颜色、照明、音响等表明存在的信息或指示安全要素。安全标识分为禁止、警告、指令、提示4大类。

常用安全标识有：

1. 禁止人们不安全行为的禁止标识。

2. 提醒人们对周围环境引起注意，以避免可能发生危险的警告标识。

3. 强制人们必须做出某种动作或采取防范措施的指令标识。

4. 向人们提供某种信息（如标明安全设施或场所）的提示标识。

5. 向人们提供特定提示信息（如标明安全分类或防护措施）的标记，由几何图形边框和文字构成的说明标识。

6. 所提供的信息涉及较大区域，由图形构成的环境信息标识。

7. 所提供信息只涉及某地点，甚至某个设备或部件的局部信息标识。

几种常用安全标识如图8—16所示。

为了达到标识的效果，安全标识牌不应安装在设备间或建筑入口的门页上，否则，当门页处于打开状态时，标识牌不能被看到；安全标识牌不应安装过高或过低。

二、色标

红色用于传递禁止、停止、危险或提示消防设备、设施的信息；蓝色用于传递必须遵守规定的指令性信息；黄色用于传递注意、警告的信息；绿色用于传递安全的提示性信息；黑色用于安全标识的文字、图形符号和警告标识的几何边框；白色用于安全标识中红、蓝、绿文字或符号的背景色，也可用于安全标识的文字和图形符号。红色与白色相间条纹表示禁止或提示消防设备、设施位置的安全标记；黄色与黑

图 8—16　安全标志

色相间条纹表示危险位置的安全标识；蓝色与白色相间条纹表示指令的安全标识，传递必须遵守规定的信息；绿色与白色相间条纹表示安全环境的安全标识。

对于电气装置，第 L1、L2、L3 相相线分别用黄、绿、红颜色的导线或涂以相应的颜色；中性线（N 线）用淡蓝色电线；保护线（PE 线）用淡黄绿双色电线。

第 5 节　触 电 急 救

触电急救的基本原则是动作迅速、方法正确。当触电人出现神经麻痹、呼吸中断、心脏停止跳动等症状，外表上呈现昏迷不醒的状态时，不应该认为是生物性死亡，而应该看作是诊断性死亡，并且迅速而持久地进行抢救。有资料指出，从触电 1 min 开始救治者，90% 有效果；从触电 6 min 开始救治者，10% 有效果；从触电 12 min 开始救治者，救活的可能性很小。

任何药物都不能代替人工呼吸和闭胸心脏按压的抢救措施。人工呼吸和闭胸心脏按压是最基本的急救方法，是第一位的急救方法。

一、脱离电源

人触电以后，可能由于痉挛、失去知觉或中枢神经失调而紧抓带电体，不能自行脱离电源。帮助触电人尽快脱离电源是救活触电人的首要因素。帮助触电人脱离电源的方法如下：

1. 立即断开附近的电源开关或拔出附近的电源插头。注意有些拉线开关和翘板开关只控制一根线，如错误地安装在中性线上，则断开开关只能断开负荷而不能断开电源。

2. 用带有绝缘柄的电工钳或用有干燥木柄的斧头等切断带电导线。

3. 当导线搭落在触电人身上或被压在身下时，可用干燥的衣服、手套、绳索、木板、木棒等绝缘物件作为工具，拉开触电人或拉开、挑开电线。

4. 如果触电人的衣服是干燥的，又没有紧缠在身上，可以用一只手抓住其衣服使之拉离电源。但因触电人的身体是带电的，其鞋的绝缘也可能遭到破坏，救护人不得直接接触触电人的皮肤，也不能抓他的鞋。

5. 如条件许可，可用干木板等绝缘物插入触电人身下，以隔断接地电流回路。

6. 如果事故发生在线路上，可以抛掷临时接地线使线路短路并接地，迫使速断保护装置动作，切断电源。注意，抛掷临时接地线之前，其接地端必须可靠接地；一旦抛出，立即撒手、闪开；抛出的一端不可触及触电人及其他人。

7. 设法通知前级停电。

选用上列方法时，务必注意高压与低压的差别。例如，断开高压开关必须配戴绝缘手套等安全用具，并按照规定的顺序操作。方法的选用应以快为原则，并应注意以下几点：

1．救护人不可直接用手或其他导电性物件作为救护工具，而必须使用有良好绝缘的工具；救护人最好用一只手操作，以防自己触电；对于高压，应注意保持必要的安全距离。

2．防止触电人脱离电源后可能的摔伤，特别是当触电人在高处的情况下，应考虑防摔措施；即使触电人在平地，也应注意触电人倒下的方向有无危险。

3．如事故发生在夜间，应迅速解决临时照明问题，以利于抢救。

4．实施紧急停电应考虑到事故扩大的可能性。

二、现场急救方法

当触电人脱离电源后，应根据触电人的具体情况，迅速地对症救治。现场应用的主要方法是人工呼吸法和闭胸外心脏按压法。

1．对症救护

在触电现场，应先看一看、听一听、摸一摸触电人有无生命特征，如图 8—17 所示。之后，按下列情况分别处理：

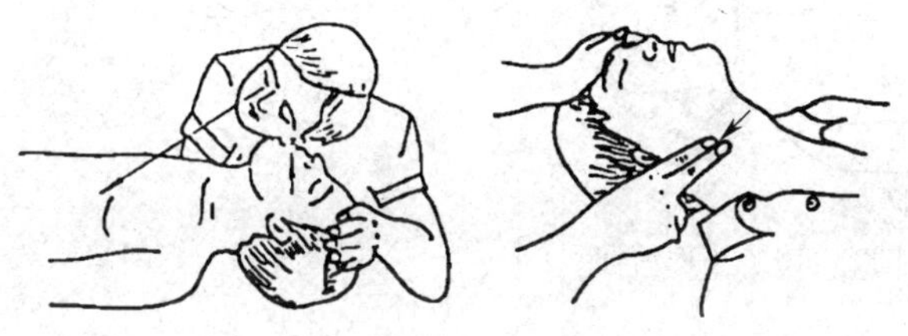

图 8—17　检查触电人的生命特征

（1）如果触电人伤势不重、神志清醒，但有些心慌、四肢发麻、全身无力，或触电人一度昏迷，但已清醒过来，应使触电人安静休息，不要走动；注意观察并请医生前来治疗或送往医院。

（2）如果触电人伤势较重，已经失去知觉，但心脏跳动和呼吸尚未中断，应使触电人安静地平卧；保持空气流通；解开其紧身衣服以利呼吸；如天气寒冷，应注意保温；严密观察，速请医生治疗或送往医院。如果发现触电人呼吸困难、稀少或发生痉挛，应预备其心脏跳动或呼吸停止后立即做进一步抢救。

（3）如果触电人伤势严重，呼吸停止或心脏跳动停止，或二者都已停止，应立即施行人工呼吸和胸外挤压急救，并速请医生治疗或送往医院。

2. 口对口（鼻）人工呼吸法

人工呼吸法是在触电人呼吸停止后应用的急救方法。各种人工呼吸法中，以口对口（鼻）人工呼吸法效果最好，而且容易实施。

施行人工呼吸前，应迅速解开触电人身上妨碍呼吸的衣服，取出口腔内妨碍呼吸的杂物以利呼吸道畅通。施行口对口（鼻）人工呼吸时，应使触电人仰卧，并使其头部充分后仰，以利其呼吸道畅通，同时把口张开，如图 8—18 所示。口对口（鼻）人工呼吸法操作步骤如下：

（1）使触电人鼻孔（或嘴唇）紧闭，救护人深吸一口气后自触电人的口（或鼻孔）向内吹气，时间约 2 s，如图 8—19 所示。

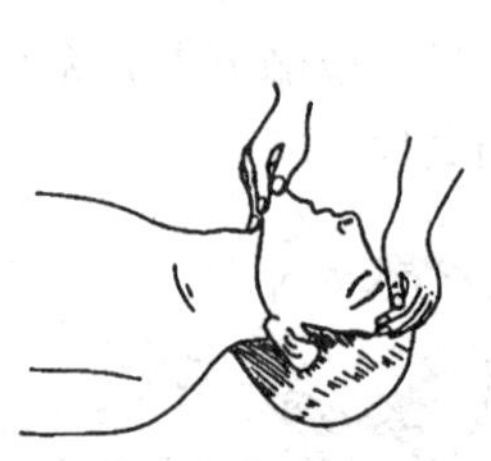

图 8—18　头部后仰

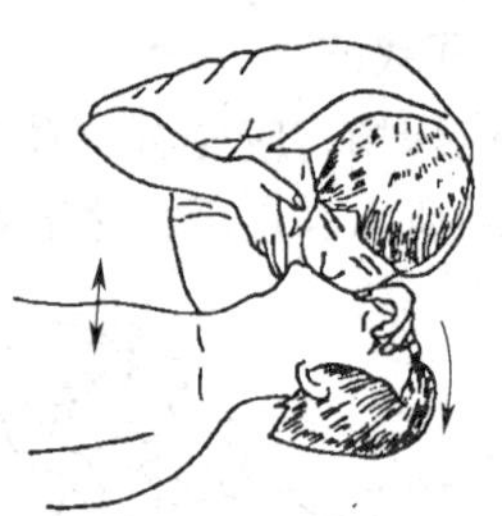

图 8—19　口对口吹气

（2）吹气完毕立即松开触电人的鼻孔（或嘴唇），同时松开触电人的口（或鼻孔），让其自行呼气，时间约 3 s。

触电人如为儿童，只可小口吹气以防肺泡破裂。如发现触电人胃部充气胀起，可一面用手加压于其上腹部，一面继续吹气和换气。一般情况应采用口对口人工呼吸，如果无法使触电人把口张开，可改用口对鼻人工呼吸法。

3. 闭胸心脏按压法

闭胸心脏按压法是触电人心脏跳动停止后的急救方法。做闭胸心脏按压时应使触电人仰卧在比较坚实的地方，姿势与口对口（鼻）人工呼吸法相同。操作方法如下：

（1）救护人位于触电人一侧，两手交叉相叠，手掌根部置于正确的压点，即胸骨下1/3处，如图8—20所示。

（2）用力向脊背方向按压，压出心脏里的血液；对成人应压陷3～5 cm；每分钟挤压60～70次，如图8—21所示。

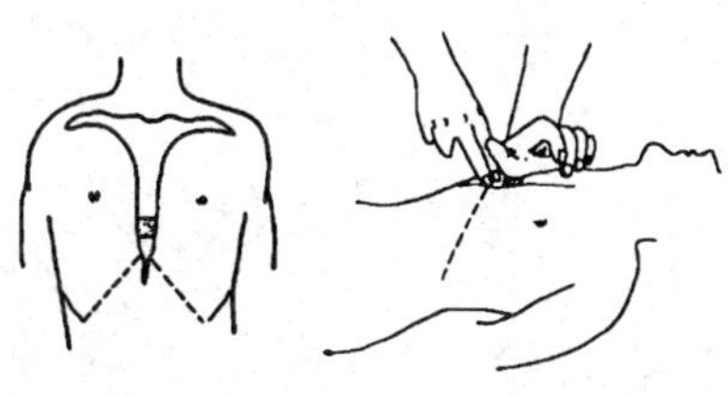

图8—20　闭胸心脏按压的压点

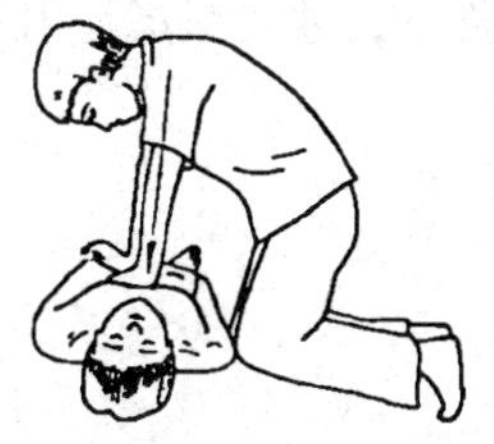

图8—21　闭胸心脏按压

（3）按压后迅速放松其胸部，让触电人胸部迅速自动复原，心脏充满血液；放松时手掌不必离开触电人的胸部。

触电人如为儿童，只需用一只手按压，用力轻一些，以免损伤胸骨，而且每分钟应按压100次左右。

三、急救注意事项

1．应当尽快就地开始抢救，而不能等候医生的到来。

2．正确运用口对口（鼻）人工呼吸法和闭胸心脏按压法。如果触电人的呼吸和心脏跳动都停止了，应当交替或同时运用这两种急救方法。如果现场仅1人抢救，两种方法应交替进行：每吹气2～3次，挤压10～15次，而且频率适当提高一些，以保证抢救效果。

3．应当坚持不断，持续地施行人工呼吸和闭胸心脏按压抢救；不可轻率中止抢救，运送医院途中原则上不能中止抢救。

4．对于与触电同时发生的外伤，应分情况酌情处理。对于不危及生命的轻度外伤，可放在触电急救之后处理；对于严重的外伤，应与人工呼吸和闭胸心脏按压同时处理。如伤口出血不止，应予以止血；为了防止伤口感染，最好予以包扎。

5．慎重使用肾上腺素，肾上腺素有使停止跳动的心脏恢复跳动的作用，即使出现心室颤动，也可以使细弱的颤动转变为粗强的颤动而有利于除颤。但另一方面，肾上腺素可能使衰弱的跳动不正常的心脏变为心室颤动，并由此导致心脏停止跳动而死亡。对于用心电图仪观察尚有心脏跳动的触电人不得使用肾上腺素。只有在触电人已经经过人工急救，经心电图仪鉴定心脏确已停止跳动，又具备心脏除颤装置的条件下，才可考虑注射肾上腺素。

第9章　电工测量操作技能

第1节　万用表的使用

一、万用表的外形

指针式万用表和数字式万用表的外形如图9—1和图9—2所示。

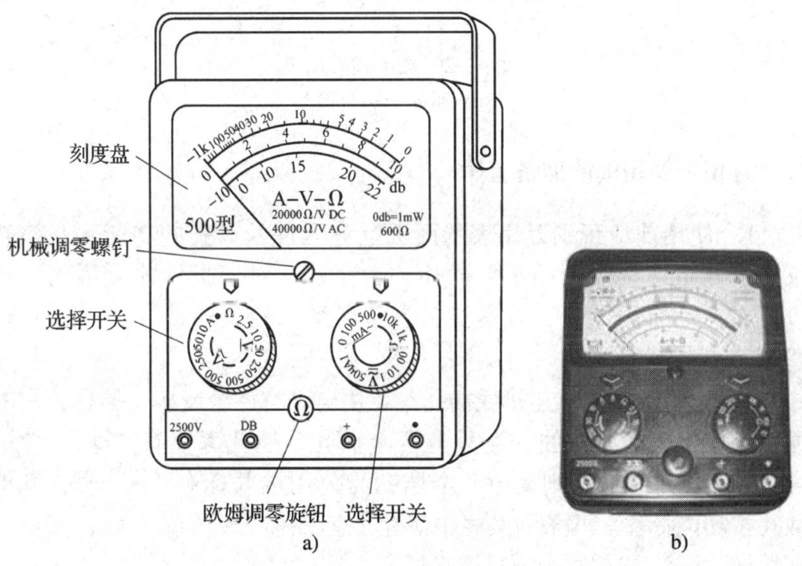

图9—1　指针式万用表

a）面板　b）外形

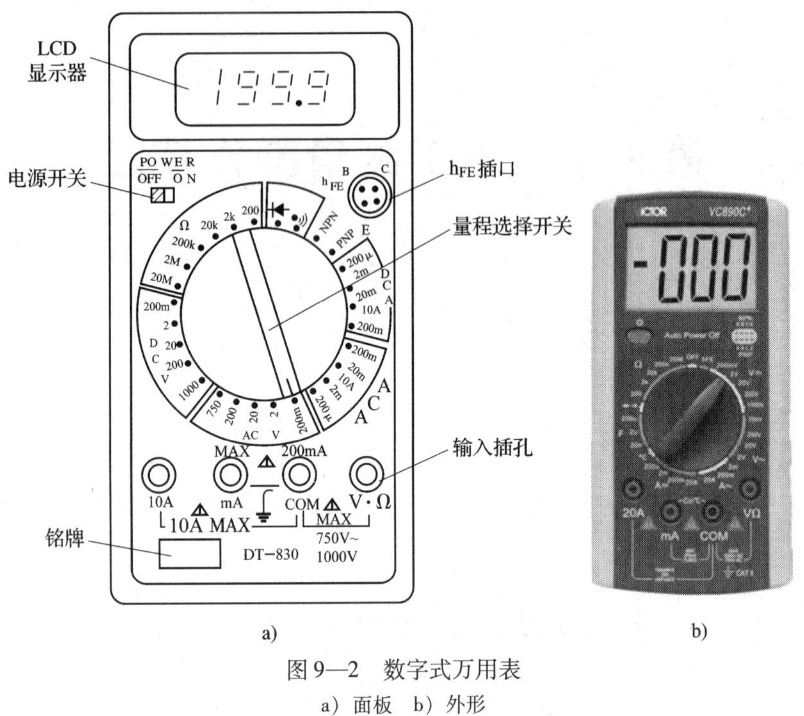

图 9—2　数字式万用表

a）面板　b）外形

二、万用表使用前的准备工作

1. 使用前应识别万用表的面板上各元件及插孔的功能，并检查仪表、测量连接线及插头、插孔是否完好；对于指针式万用表，还应左右摆动万用电表，观察指针是否灵活；检查转换开关挡位是否清晰。

2. 正确选用测量连接线插孔。万用电表有两个或多个插孔，用来插接万用电表的测试线。若只有两个插孔，插孔旁标有“＋”“－”号；若有多个插孔，则其中一个插孔为公用端并标有“*”号，其他插孔按功能标注。两条测试线中黑色表笔线插“－”或“*”，红色表笔线插“＋”或按测量项目选择插孔。

3. 正确选用转换开关挡位。万用表转换开关的功能是将不同的被测量转接至相应的测量线路。有的万用表有两个转换开关，还有“关”的挡位。

4. 进行机械调零。指针式万用表的面板上有机械调零螺钉，用来调整指针在电压、电流刻度线上的位置。机械调零是指将万用表水平放置，调整机械调螺钉，使指针指到左端零位。

5. 测量电阻前进行欧姆调零。指针式万用表的面板上有欧姆调零旋钮，用来调整指针在电阻刻度线上的位置。欧姆调零是指将万用电表水平放置，并将测量连接线短接，调整欧姆调零旋钮，使指针指到电阻（刻度线右端）零位。

6. 熟悉刻度盘。指针式万用表的表盘上有多条刻度线。测量中应根据转换开关选择的挡位在相应的刻度线读取测量值。

三、指针式万用表的基本测量方法

1. 交流电压测量

将选择开关旋至交流电压（ACV）挡位。所需量程应由被测量电压的高低确定，量程过大，难以准确读数，而且误差加大；量程过小，可能损坏仪表。电压表量程选择正确的标准是指针偏转至满刻度的2/3左右。如果无法估计被测电压的范围，可先用最高量程粗测，再选用适当量程精测。测量交流电压时不分正负极。

2. 直流电压测量

将选择开关旋至直流电压（DCV）挡位。量程确定方法与交流电压测量时相同。测量直流电压时极性必须正确。“+”插孔的表笔接至被测电压的正极，“–”插孔表笔接至被测电压的负极。当无法判断被测电压的极性时，可用最大量程点测，如指针正向偏转，则说明极性正确，如指针反向偏转，则极性错误。

3. 直流电流测量

将选择开关旋至直流电流（DCA）挡位。除将万用电表串联在被测电路中外，测量方法与直流电压测量基本相同。

4. 电阻测量

将选择开关旋至电阻（见图 9—1）挡位。根据被测电阻的大小选择适当的倍率挡位，并进行欧姆调零。正确的倍率挡位应尽量使指针偏转至刻度线的中段。如果无法估计被测电阻的范围，可先用中等倍率粗测，再选用适当倍率精测。被测的电阻值为读数与倍率的乘积。进行欧姆调零时，如不能将指针调至右端零位，表明表内电池电量不足，应更换电池。

四、指针式万用表的使用注意事项

使用万用表时还应注意以下要求：

1. 串联、并联方式要正确。

2. 操作时保持安全距离，防止触电或短路。

3. 测量过程中，不得转动转换开关，必须退出后再换挡。

4. 测量电阻时，必须将被测电阻断开电源，并尽量从线路上断开；应选好挡位，每次换挡后都应进行欧姆调零。

5. 不能用万用表欧姆挡测量检流计、微安表等精密仪器的内阻。

6. 看清刻度线，正确读数。

7. 测量完毕，应将转换开关置于“关”挡或电压最大量程挡位。

五、数字式万用表的使用

数字式万用表的使用方法与指针式万用电表基本相同。使用中还应注意以下事项：

1. 数字式万用表通常具有自动调零功能和极性自动显示功能。测量时当被测电压、电流为负时，显示值前面出现“–”号。当被测量大于量程时显示屏左端显示“1”或“–1”。

2. 数字式万用表通常有四个插孔，黑表笔接“COM”，红表笔应根据被测量的类型选择相应的插孔。

3. 在测量电阻挡位，数字式万用电表的红表笔接“V/Ω”插孔，带正电；黑表笔接“COM”插孔，带负电。极性与指针式万用电表相反。

4. 用低电阻挡（200 Ω 挡）测电阻时，可先将两表笔短接，测出表笔引线电阻，并据此修正测量结果；用高电阻挡测电阻时，应注意防止人体与被测电阻并联引起测量误差。

5. 数字式仪表的频率特性较差，宜用于频率 45 ~ 500 Hz 正弦量的测量。测量非正弦量或被测量频率超出范围时，可能产生较大的测量误差。

6. 电源电压不足时，仪表测量误差增大。如发现仪表显示“⇦”的欠压指示符号，应更换电池。每次测量结束都应关闭电源，将电源开关拨至“OFF”挡位，以延长电池使用寿命；若长期不用，应将电池取出。

7. 无测量显示时，应检查熔丝管是否插入插座，检查熔丝是否烧断。

8. 不得将仪表存放在高温或潮湿的环境。

六、万用表模板练习

1. 模板接线图

如图9—3所示是模板接线图，E1、E2是电池，S是电源开关，SA是转换开关，R是限流电阻，FU是熔断器，A是电流测量插口，S1～S6是控制开关，R1～R6是选择电阻，小圆圈表示接线及测量端子。

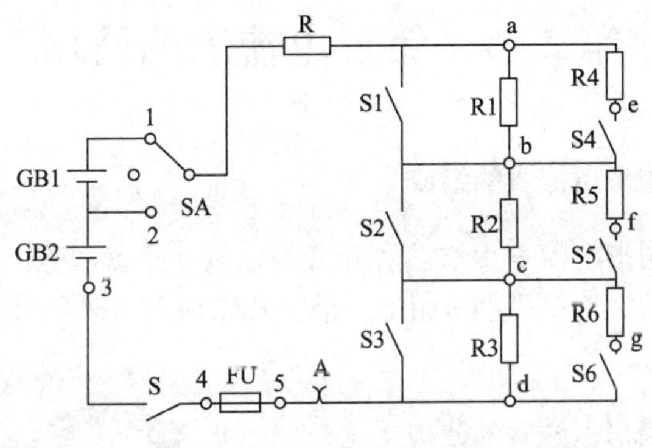

图9—3 模板接线图

元件参考参数：电池GB1、GB2电压为1.5 V，熔断器FU额定电流为0.1 A，电阻R及R1～R6均为100 Ω。

2. 电阻串、并联测量练习

步骤1：熟悉模板及模板接线。

步骤2：将S断开，将SA置于空挡，测量a、4间无电压，做好测量准备。

步骤3：将S1～S6置于设定状态，测量设定端子之间的电阻值。

步骤4：分析测量结果。

例如，当S1、S2、S3、S4断开，S5、S6合上时，可测得a、b间电阻为100 Ω，a、c间电阻为150 Ω，a、d间电阻为200 Ω等。

3. 欧姆定律测量练习

步骤1：熟悉模板及模板接线。

步骤2：将S合上，将SA置于1位（或2位），测量1、5间（或2、5间）的电压，做好测量准备。

步骤3：将S1～S6置于设定状态，测量电流。

步骤4：分析测量结果。

例如，当S1～S6全都断开时，如测得1、5间电压为3 V，可测得电流为7.5 mA；如将S5、S6合上，可测得电流为10 mA；如再将S1、S2合上，可测得电流为20 mA等。

第2节　钳形电流表的使用

一、磁电系钳形电流表的组成

磁电系钳形电流表由铁芯可开合的电流互感器、磁电整流系电流表、转换开关、绝缘手柄等组成。数字式钳形电流表的外形如图9—4所示。

二、磁电系钳形电流表的使用

钳形电流表用于在不断开导线的情况下测量线路上的电流。低压测量应使用低压钳形电流表，高压测量应使用高压钳形电流表。

图9—4　数字式钳形电流表外形

使用前，检查钳形电流表外观有无缺陷，钳口能否灵活张开、紧密闭合；钳口接合面是否平滑，有无锈蚀、污垢；手柄绝缘、铁芯绝缘护套有无破损、是否受潮或脏污；表针摆动是否灵活、有无变形；转换开关挡位是否清晰。另外还需进行机械调零。

量程的选择与万用表原则相同。测量时尽可能使仪表处于水平位置。根据被测量电流的大小旋转选择开关到适当挡位后，张开钳口钳入被测导线，松开指柄钳口闭合，读取被测电流。

测量时应戴干燥的线手套或绝缘手套；测量中应注意与带电体保持安全距离，防止触电或短路；换挡必须在退出后进行；低压钳形电流表只能用于低压线路，而且不能测量裸导体的电流；使用完毕将转换开关旋至“关”挡或最大量程挡位。

测量小电流时，可将导线绕若干匝后再钳入互感器，则被测电流等于仪表读数除以匝数。

第 3 节　兆欧表的使用

一、兆欧表的组成

兆欧表是测量绝缘电阻的专用仪表。兆欧表主要由直流电源（手摇发电机或其他直流电源）和磁电系比率计组成。兆欧表有 E（接地端）、L（线路端）、G（屏蔽端）三个端子，其外形如图 9—5 所示。

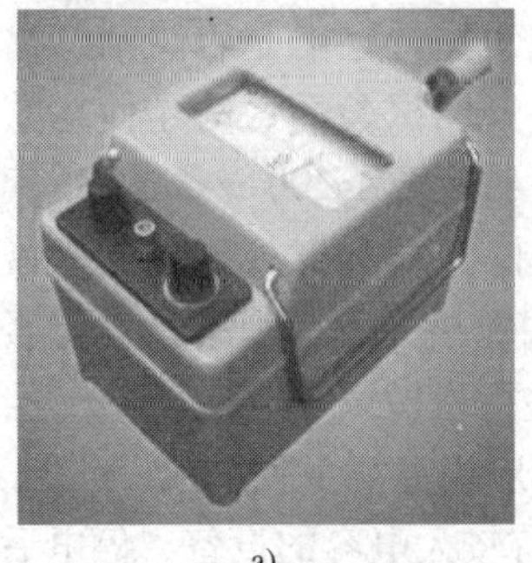

a)

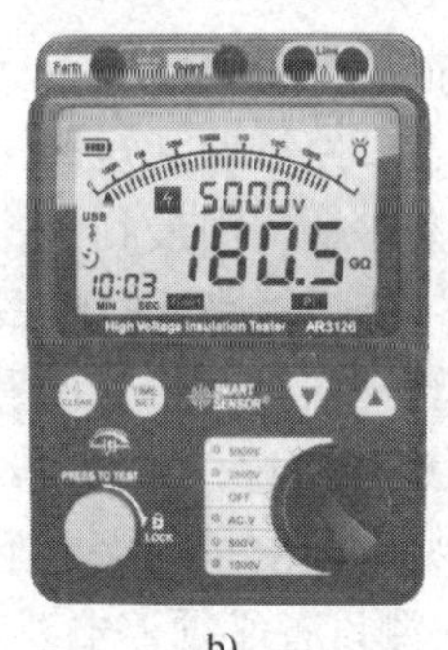

b)

图 9—5　兆欧表

a）机械式　b）数字式

二、兆欧表的选用

应根据被测对象选用不同电压的兆欧表。测量额定电压 500 V 以下的线路或设备应采用 500 V 或 1 000 V 的兆欧表；测量 500 V 以上的线路或设备应采用 1 000 V 或 2 500 V 的兆欧表；测量 10 kV 及 10 kV 以上的线路或设备应采用 2 500 V 的兆欧表。测量新的和大修后的线路或设备，应采用较高电压的兆欧表；测量运行中的线路或设备，应采用较低电压的兆欧表。一般可按表 9—1 选用。

表 9—1　　兆欧表选用

<table>
<tr><th>测量设备</th><th>设备状况</th><th>测量部位</th><th>兆欧表电压等级（V）</th><th>对兆欧表的要求</th></tr>
<tr><td rowspan="2">低压电动机</td><td>新</td><td rowspan="2">各相绕组对机壳、各相绕组之间</td><td>1 000</td><td rowspan="2">500 MΩ 刻度</td></tr>
<tr><td>运行中</td><td>500</td></tr>
<tr><td rowspan="2">低压电力电容器</td><td>新</td><td rowspan="2">各极对外壳</td><td rowspan="2">1 000</td><td>2 000 MΩ 刻度</td></tr>
<tr><td>运行中</td><td>1 000 MΩ 刻度</td></tr>
<tr><td>低压电力电缆</td><td>新或运行中</td><td>各极对外壳及其他相</td><td>1 000</td><td>需连接 G 端</td></tr>
</table>

三、兆欧表使用注意事项

使用前应检查兆欧表有无缺陷、指针摆动是否灵活、摇把有无卡阻，并进行开路试验和短路试验。开路试验的做法是使兆欧表的端子开路，转动手柄，由慢到快，逐渐加速至 1 200 r/min，观察指针是否指在“∞”位。短路试验的做法是将 E 端和 L 端短接起来慢慢转动摇把或慢慢转动摇把时将 E 端和 L 端短接一下，观察指针是否迅速摆向“0”位。应当注意，兆欧表无须进行机械调零。

使用兆欧表测量绝缘电阻时，应当注意下列事项：

1. 被测设备必须停电。对于有较大电容的设备，停电后必须充分放电。

2. 测量连接导线不得采用双股绝缘线，而应采用绝缘良好的单股绝缘线分开连接，以免双股线绝缘不良引起测量误差。

3．手柄的转速应由慢至快，转速应稳定，不要时快时慢。一般在转速 120 r/min 左右时持续摇动 1 min，待指针稳定后读数。记录完毕后应将转速由快至慢，逐渐停止下来。

4．在测量过程中，如果指针指向“0”位，表明被测绝缘已经失效，应立即停止转动手柄，防止烧坏兆欧表。

5．对于有较大电容的线路和设备，测量终了也应进行放电。放电时间一般不应少于 3 min。对于高电压、大电容的电缆线路，放电时间应适当延长。

6．测量应尽可能在设备刚停止运转时进行，以使测量结果符合运转时实际温度下的电阻值。

四、电动机绝缘电阻测量

1．对地绝缘测量

将电动机退出运行（断开电源），将兆欧表 E 端接于电动机接线盒内的接地螺钉或电动机外壳的任一无漆无锈处，L 端接电动机的接线端子。逐渐加速摇动手柄至 120 r/min 并持续 1 min，此时兆欧表的指示值即为电动机三相绕组的对地绝缘电阻值。如达到合格值，则对地绝缘测量即告完成；如低于合格值，则应将电动机接线端的连接片拆下，分相测量对地绝缘。

2．相间绝缘测量

拆除电动机接线端的连接片，将 L 端与 E 端各接一个接线端依次摇测 U－V、V－W、U－W 间的绝缘电阻。同样为摇至 120 r/min 持续 1 min 后读数。

额定电压 380 V 的电动机绝缘电阻测定，新电动机用 1 000 V 兆欧表，绝缘电阻应大于 1 MΩ；运行中的电动机可用 500 V 兆欧表，绝缘电阻应大于 0.5 MΩ。

五、电缆绝缘电阻测量

测量电缆绝缘电阻应考虑消除表面电流产生的误差。为此，应当利用兆欧表的 G 端，将 G 接在被测导体的绝缘层表面。

先将运行中的电缆退出运行并充分放电，再将电缆两端从设备上拆下，并将线芯分开。测量接线如图9—6所示。以测量U相对地绝缘电阻为例，将V、W、N线芯短接并接地后，接兆欧表E端，用锡箔在U相线芯绝缘上包成一短路环（或用细裸铜线绕3～5匝）接兆欧表G端，将L端线固定在绝缘件上。测量方法之一是一人慢速起摇，另一人经绝缘件将L端接被测导体，将兆欧表加速至120 r/min，并持续1 min。记录指示值后先断开L端再停止摇动，以免电缆对兆欧表放电损坏兆欧表。记录完毕后应对电缆再次放电。另一种方法是先接好L端，慢速起摇，3 s内逐渐加速至120 r/min并持续1 min，记录指示值后，逐渐减速至停止。

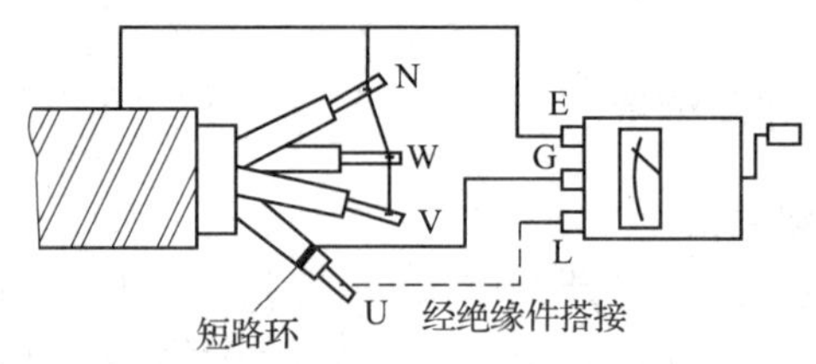

图9—6　电缆绝缘电阻测量

低压电缆的绝缘电阻用1 000 V兆欧表测定，交接试验20℃时不应低于10 MΩ、运行中20℃时不应低于0.5 MΩ。三相绝缘电阻不平衡倍数不应大于2.5，并不得低于前一次测量结果的70%。

六、电容器绝缘电阻测量

将运行中的电容器退出运行，静候3 min使其自然放电，然后用放电工具进行充分放电。测量前，先将电容器三相接线端短接，将兆欧表E端接电容器外壳上的接地端子，将L端接电容器短接线。测量时，将兆欧表加速至120 r/min，并持续1 min，记录完毕后减速至停止。

虽然电容器各极对外壳没有较大电容，但极间电容很大，一般不应当用兆欧表测量电容器极间绝缘电阻。

低压电力电容器交接试验时的绝缘电阻用1 000 V兆欧表测定，绝缘电阻不应低于2 000 MΩ；预防性试验时可用500 V兆欧表测定，绝缘电阻不应低于1 000 MΩ。

第4节　接地电阻测量仪的使用

一、接地电阻测量仪的外形

接地电阻测量仪是以测量接地电阻为主的中值电阻测量仪器。最常见的接地电阻测量仪是电位差计型测量仪表，其外形如图9—7所示。接地电阻测量仪由手摇发电机（或电子交流电源）和电位差计式测量机构组成，其主要附件是三条测量导线和两支辅助测量电极。测量仪有E、P、C三个接线端子或C2、P2、P1、C1四个接线端子。

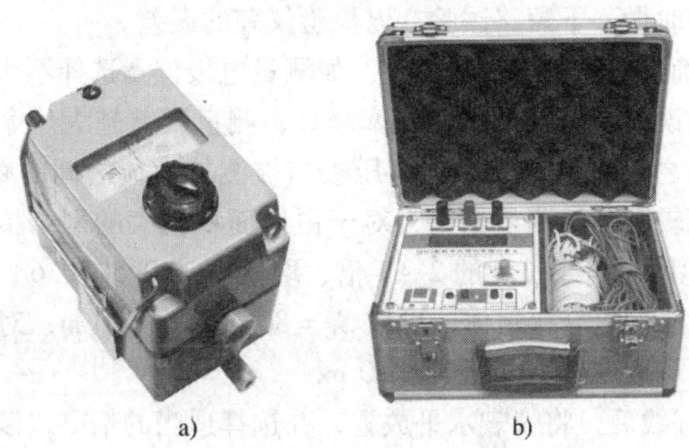

a)　　b)

图9—7　电位差计型接地电阻测量仪
a）机械式　b）电子式

二、接地电阻测量仪外部接线

测量时，在离被测接地体一定的距离向地下打入电流极和电压极。如图9—8所示，测量时将E端或C2、P2端连接后接于被测接地体，P端或P1端接于电压极，C端或C1端接于电流极。当被测接地电阻小于1 Ω且测量连接线较长时应选用四端子测试，并将C2、P2端打开，分别接到被测接地装置。

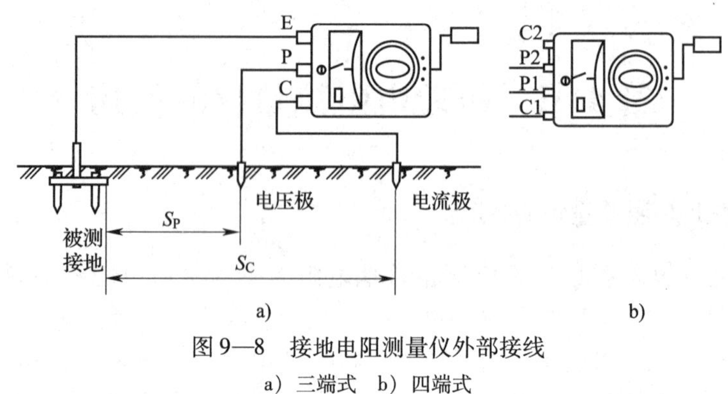

图 9—8　接地电阻测量仪外部接线

a）三端式　b）四端式

三、接地电阻测量仪的使用

1. 测量前应检查仪表、连接线和辅助电极是否完好，并进行机械调零。必要时做一下短路试验，以检验仪表的误差。

2. 正确选定测量电极的位置。如测量电极位置选择不当，会产生很大的测量误差，而且土壤电阻率越高，测量误差越大。令电流极与被测接地体之间的距离为 S_C、电压极与被测接地体之间的距离为 S_P。为了得到比较准确的测量结果，对于占地面积较大的网络接地体，可取 S_C为接地网对角线长度的 2 ~ 3 倍、取 S_P = （0.5 ~ 0.6） S_C；对于集中埋设的小型复合接地体，可取 S_C = 80 m、S_P = 20 m；对于单管垂直接地体，可取 S_C = 40 m、S_P = 20 m。

3. 接好线后，将仪表水平放置，并选择适当的倍率，以提高测量精度。

4. 测量时，手柄的转速应由慢至快，至 120 r/min 左右时调节电位器旋钮，边调边摇；至指针稳定指在中心刻线位置时停止调节，再逐渐减速，直至停止摇动。

5. 将刻度盘指示值乘以倍率得到被测接地电阻值，并记录。

6. 尽可能把被测接地体与电力网分开。这样有利于测量的安全，也有利于消除杂散电流引起的误差，还能防止将测量电压反馈到与被测接地体连接的其他导体上引起事故。

7. 测量电极间的连线应避免与邻近的高压架空线路平行，以防止感应电压的危险。测量电极的排列应避免与地下金属管道平行，以保证测量结果的真实性。

8．雷雨天气不得测量防雷接地装置的接地电阻。

第5节　直流电桥的使用

直流电桥分为直流单臂电桥和直流双臂电桥。前者只能用来测量1 mΩ以上的电阻；后者可用来测量1 mΩ以下的电阻。双臂电桥能在很大程度上消除连接线电阻和接触电阻带来的测量误差。

一、直流单臂电桥

直流单臂电桥的典型面板如图9—9所示。

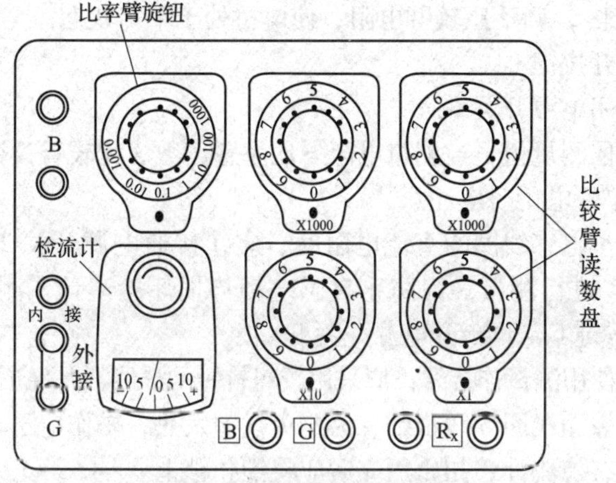

图9—9　直流单臂电桥面板

电桥比较臂有四个旋钮，通过调节旋钮，可使比较臂的电阻在1～9 999 Ω范围内变动，步进值为1 Ω。

比率臂只有一个旋钮，分为R×0.001、R×0.01、R×0.1、R×1、R×10、R×100、R×1 000共七个挡位。

检流计的“0”位在刻度线的中心，刻度线两端标有“+”“–”号，调零旋钮用来将指针调节至“0”位。

面板上有“内接”“外接”三个接线端子及一个连接片。若使用电桥本体的检流计，连接片将外接端子短接；若使用外附检流计则将内接端子短接。B 键为电桥的电源开关，G 键为检流计回路的按钮。标有 R_x 的两个端子用来连接被测电阻。当被测电阻较大时，如电桥内部电源电压偏低，为了更加准确，B 端子应连接外接电源。

使用单臂电桥测量电阻的步骤如下：

1. 调节调零旋钮使检流计指针指“0”位。

2. 用万用表粗测被测电阻的电阻值。

3. 根据万用表测出的电阻值选择电桥的比率臂和比较臂，选择原则是比较臂的四个旋钮都应用上，以提高测量的准确度。

4. 将被测电阻接线处擦拭干净，压紧在 R_x 端子上。

5. 接通电源开关 B。

6. 按下检流计按键 G（如按下 G 键时，检流计指针摆动缓慢，可锁住 G 键），调整比较臂电阻，使电桥处于平衡状态。

7. 松开按键 G。

8. 关闭电源开关 B。

9. 读取测量值，被测量电阻 = 比率臂读数 × 比较臂读数。

使用单臂电桥时应注意：

1. 测量电感线圈的直流电阻时，应在接通电源开关 2 ~ 3 s 后再按下按键 G 进行测量；为防止自感电动势损坏检流计，测量完毕后，应先松开按键 G，再断开电源开关 B。

2. 如使用测量连接线，应采用较粗较短的导线，并保证连接良好。

3. 如被测线圈导线很细，为避免线圈发热，操作应迅速。

4. 如有检流计锁扣，用完后应将锁扣锁上。

二、直流双臂电桥

直流双臂电桥的典型面板如图 9—10 所示，其倍率旋钮有 R × 100、R × 10、R × 1、R × 0. 1、R × 0. 01 共五个挡位；标准电阻读数盘旋钮可使标准电阻在 0. 01 ~ 0. 11 Ω 的范围内连续调节；P1、P2、C1、C2 四个端子用来连接被测电阻；B 端子用于外接电源的连接。

使用双臂电桥测量电阻的方法与单臂电桥相似，步骤如下：

1. 调节调零旋钮使检流计指针指“0”位。

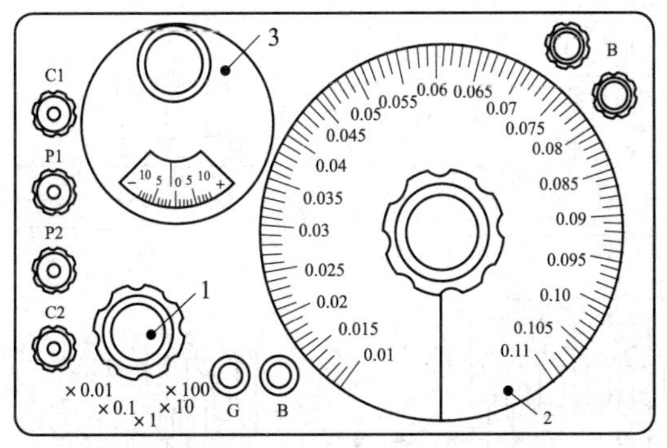

图 9—10　直流双臂电桥面板

1—倍率旋钮　2—标准电阻读数盘　3—检流计

2．调节倍率旋钮及标准电阻读数盘，使预置电阻数值接近被测电阻数值。

3．将被测电阻连接至 P1、P2、C1、C2 端子。P1、P2 端子接被测电阻的内侧，C1、C2 端子接被测电阻的外侧，如图 9—11 所示。

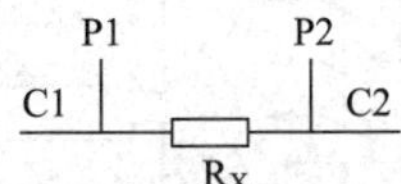

图 9—11　双臂电桥测量时的接线

4．先按下电源按键 B，再按下检流计按键 G，调节标准电阻读数盘旋钮使检流计指针稳定指“0”位。

5．先松开检流计按键 G，再松开电源按键 B。

6．读取测量值，被测电阻值 = 倍率数 × 读数盘读数。

双臂电桥工作电流较大，测试时应动作迅速，以免电池电量消耗过大。

第 6 节　电能表接线和安装

各种电能表的接线如图 9—12 所示。电能表接线要求如下：

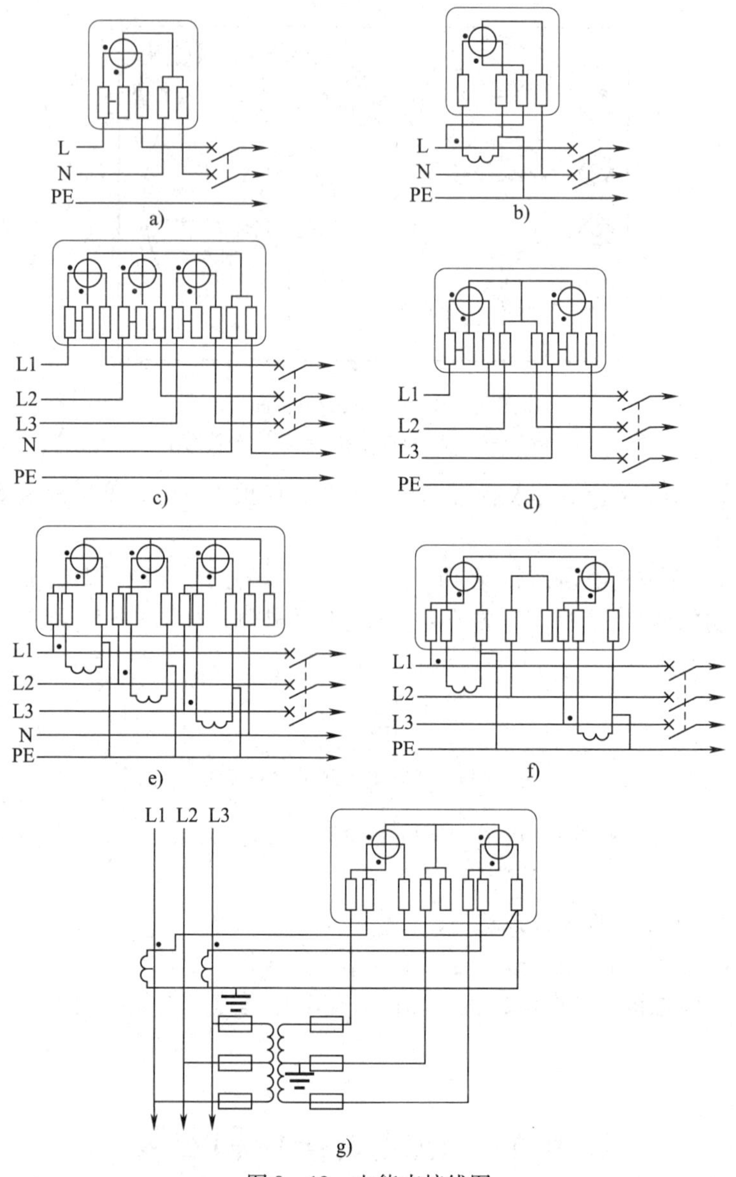

图 9—12　电能表接线图

a）单相直入式　b）单相经电流互感器接入式　c）三相三元件直入式

d）三相两元件直入式　e）三相三元件经电流互感器接入式

f）三相两元件经电流互感器接入式　g）三相两元件经电流互感器、电压互感器接入式

1. 电能表接线时应注意分清接线端子的类别及其首尾端；三相电能表从左到右按正相序接线；经互感器接线者极性必须正确。

2. 电压线圈连接线应采用1.5 mm^2绝缘铜芯线；电流线圈连接线直入者应采用与线路导电能力相当的绝缘铜芯线（6 mm^2以下者用单股线）、经电流互感器接入者应采用2.5～4 mm^2绝缘铜芯线；互感器的二次线圈和外壳应当接保护线；线路开关必须接在电能表的后方。

3. 直入式电能表的表外线不得有接头。

4. 经电流互感器接线时，二次侧接线应接到专用端子排。

5. 电能表应垂直安装，安装高度一般为1.8～2.2 m；安装于立式盘或成套开关柜内时不低于0.7 m。

第 10 章　低压配电及电气照明安装操作

第 1 节　导线识别和连接

一、导线识别与选用

1. 导线识别

绝缘电线由线芯、绝缘层和保护层组成，有的导线的绝缘层兼作保护层。

导线截面积可由目测、手感、测量、计算的方法识别。部分导线截面积与直径的关系见表 10—1。

表 10—1　　部分导线截面积与直径的关系

标称截面积（mm^2）	1	1.5	2.5	4	6	10	16	25
线芯根数 × 直径（mm）	1 × 1.13	1 × 1.38	1 × 1.78	1 × 2.25	1 × 2.76	7 × 1.35	7 × 1.70	7 × 2.14

2. 导线截面积选择

一般情况下，按照力学强度和发热要求选择导线截面积。在线路很长的情况下，可以按照电压损失的要求选择导线截面积。具体选择方法见本书第 6 章第 4 节。

二、导线的连接

1. 导线绝缘层的剥除

小截面塑料导线可直接用剥线钳或钢丝钳、尖嘴钳剥除绝缘层。用钢丝钳剥除绝缘层的手法如图 8—2 所示。注意不要剥伤线芯，剥除长度不应太短。

对于大截面塑料导线，先将电工刀口以 45°角切入绝缘层，再以 15°角沿导线削出一条缺口，然后将剩余绝缘层向后翻回，切齐，剖削方法如图 10—1 所示。

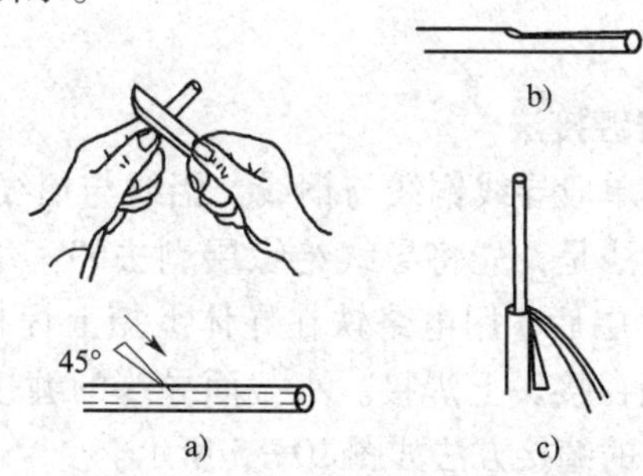

图 10—1　剖削塑料绝缘硬线绝缘层

a）45°角切入　b）15°角推削　c）翻回塑料层

塑料护套线绝缘层的剥除方法如图 10—2 所示，先用电工刀尖在线芯缝隙间划开护套层，将其向后翻回，切齐。然后再用剥除导线绝缘层的方法剥去芯线绝缘层。芯线绝缘层的切口与护套层的切口间应留有 5 ~ 10 mm 的距离。

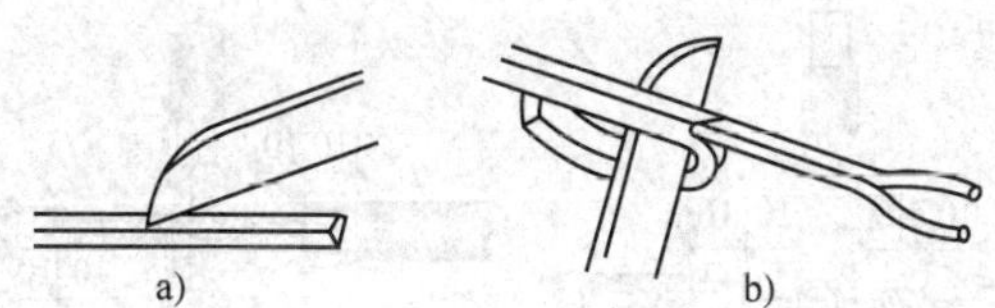

图 10—2　电工刀来剥除塑料护套线护套绝缘层

a）在接缝处划开护套　b）翻开护套齐根切去

对于橡胶绝缘电线，先用如图 10—3 所示的方法剥去编织保护层，再在距编织保护层约 10 mm 处剥去橡胶绝缘层。

图 10—3　剥除花线绝缘层

a）散开棉纱层　b）　割断棉纱层

对于花线，先用电工刀在四周切一圈后剥去保护层，再剥去橡胶绝缘层，最后如图 10—3 所示割断内部棉纱层。

对于橡套软线，先剥去护套层，再剥去棉纱保护层和橡胶绝缘层。

2. 导线连接

（1）单股导线缠接法

缠接法可用于单股导线铜线与铜线、铝线与铝线的连接。铜线与铜线的连接，其做法是，先将导线绝缘层剥去60 ~ 70 mm，清除连接部位的污物和氧化层后，用电烙铁在导体上搪上焊料，冷却后缠接，缠接后再用电烙铁在接头上焊接。小截面导线的缠接方法如图 10—4 所示，大截面导线的缠接方法如图 10—5 所示。

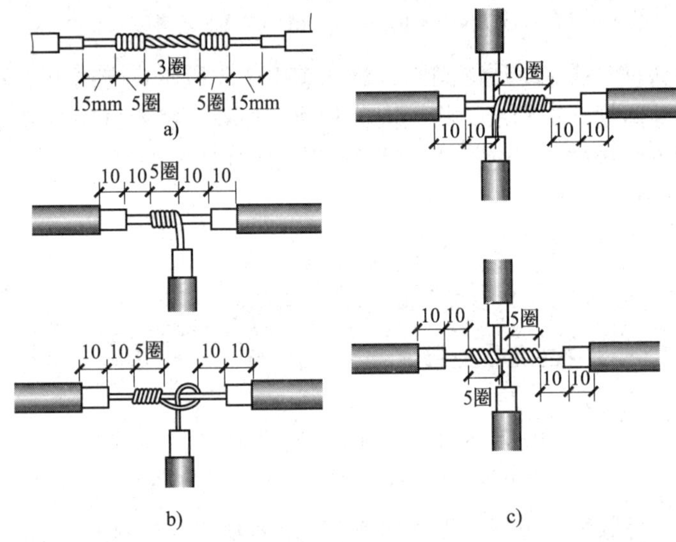

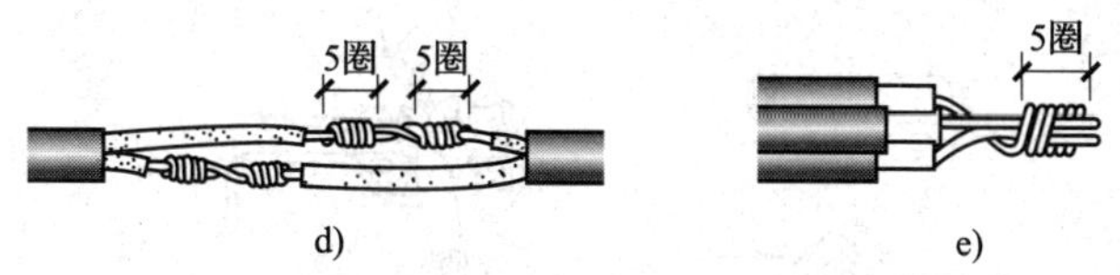

图 10—4　小截面导线的缠接

a）对接　b）分支连接　c）十字分支连接

d）双芯线连接　e）　接线盒内连接

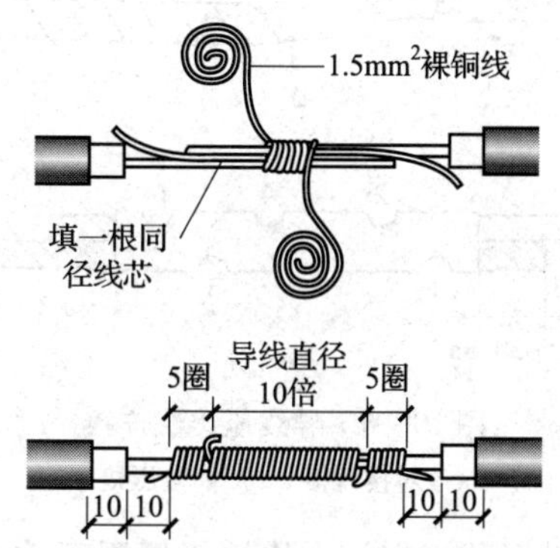

图 10—5　大截面导线的缠接

由于缠接的可靠性较低，大截面导线和多股导线多采用可靠性较高的压接和线夹连接。

（2）压接法

压接是指利用压接钳对导体套上钳压管或压线帽进行压力连接。单股导线、多股导线均可用压接法连接，做法是剥去绝缘层，清洁导体后涂导电膏穿入压接管用压接钳进行压接。如图 10—6a 所示是对接压接，图 10—6b 所示是搭接压接。小截面导线可用压线帽进行压接。

导线的压接不论手力压接还是其他方式压接，除了选择合适的压模外，还应按照一定的顺序施压，且压力应适中。图 10—6b 中的 1、2、3、4、5、6 表示正确的钳压顺序。

（3）焊接法

导线焊接包括熔焊和钎焊，一般用于不受力的场合。熔焊需使用专用电焊钳，钎焊需使用电烙铁。焊接前应在焊接部位涂上焊药，焊接后应用湿布擦净焊药。

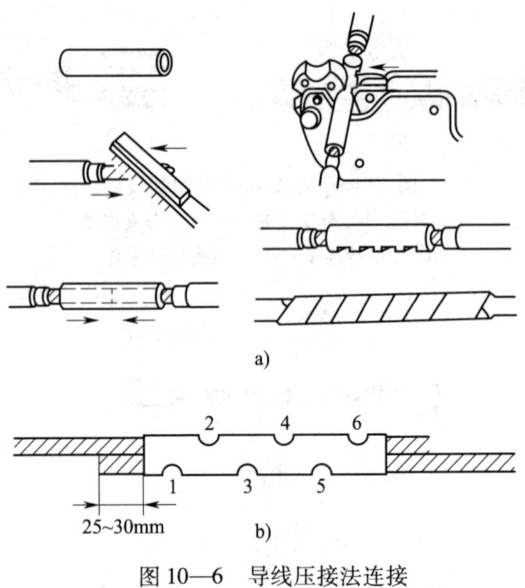

图 10—6　导线压接法连接

a）对接压接　b）搭接压接

钎焊有电烙铁锡焊和浇焊。电烙铁锡焊用于截面积 10 mm^2 及以下导线的焊接，有绞接法和连接套管法。绞接法锡焊的步骤是：剥去线头两端长 35 mm 的绝缘层并清除芯线氧化层；如图 10—7a 所示，将两根芯线均匀绞接 8 ~ 10 圈，接头处涂上焊剂，将接头放平焊接，再清除残留焊剂。连接套管法锡焊的步骤是：清除铜片表面上的脏污和氧化层；用相应直径的铁丝做模具，将铜片制成图 10—7b 所示的连接套管；剥去线头两端长 35 mm 的绝缘层、清除芯线氧化层，并搪锡；将搪了锡的线头塞进套管，两线头顶接在套管中部，涂上焊剂，放平焊接，再清除残留焊剂。

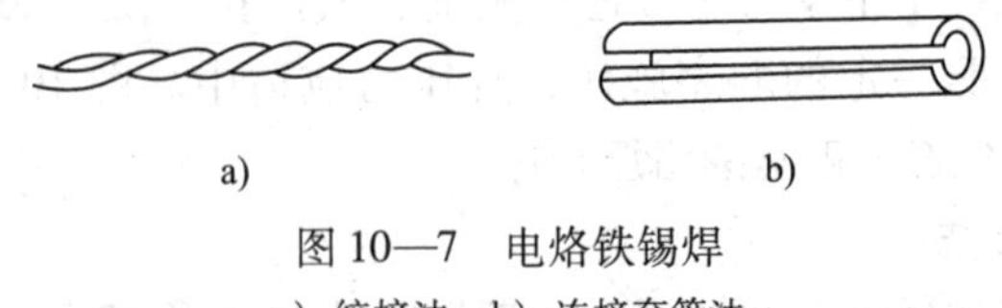

图 10—7　电烙铁锡焊

a）绞接法　b）连接套管法

浇焊用于截面积 16 mm^2 及以上导线的焊接，其做法是先将焊锡放在化锡锅内用喷灯或电炉熔化，至焊锡表面呈黄色时，将接头置于化锡锅上方，用勺盛上熔化的锡浇下。必要时，可先加热线头。

（4）线夹连接

线夹连接是应用接线夹用螺钉压紧的连接方式。并沟线夹连接如图 10—8 所示。采用并沟线夹连接时，线夹数不应少于 2 个，槽内应清除氧化膜，并涂中性凡士林（电力复合脂）。

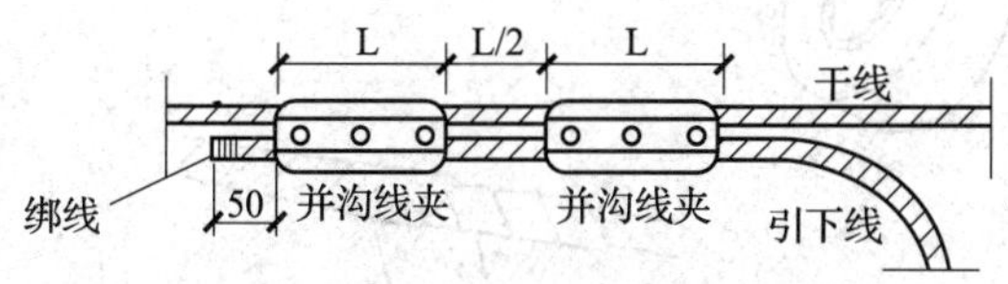

图 10—8　并沟线夹连接

（5）螺钉连接

螺钉连接是应用小型塑料接头用螺钉压紧导线的连接。对铝导线，应除去氧化膜并涂中性凡士林。做直线连接时，应在线头处将导线卷上 2 ~ 3 圈，以备后用。塑料线夹如图 10—9 所示。

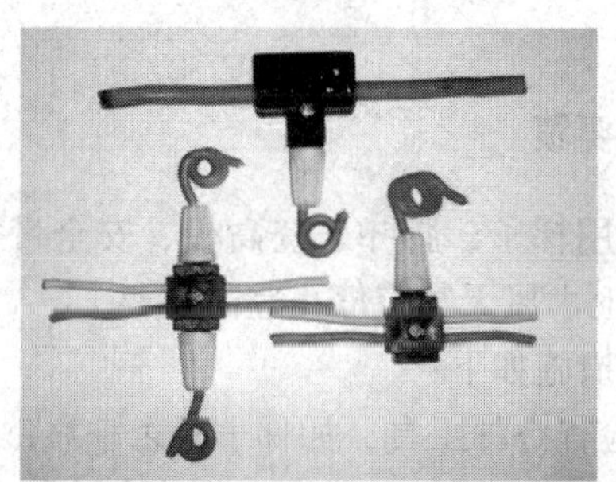

图 10—9　塑料线夹螺钉连接

3. 接头绝缘处理

绝缘导线缠接后必须恢复绝缘。常用黄蜡绸带、涤纶带和黑胶带作为恢复绝缘的材料。

在普通干燥场合，可用普通电工黑胶带双叠绕包扎 2 ~ 3 圈，最少应有 4 层胶带。在潮湿场所，应先用电工塑料胶带包扎 2 ~ 3 圈，再用电工黑胶带包扎 2 ~ 3 圈。在高温场所，应先用黄蜡绸带包扎 2 ~ 3 圈，再用电工黑胶带包扎 2 ~ 3 圈。包扎时，每圈应叠压带宽的 1/2。其包扎操作如图 10—10 所示。

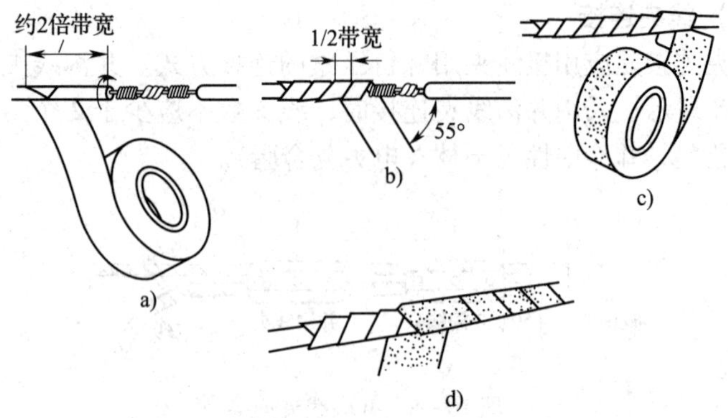

图 10—10 绝缘导线接头绝缘处理

a)、b）电工塑料带包扎 c)、d）电工黑胶带包扎

第 2 节 登 高 工 作

一、登高工作安全要领

登高工作需使用梯子、脚扣、登高板、安全带等专用用具。雷雨天气、6 级及其以上大风天气应停止登高作业。

登杆工作安全措施如下：

1. 登杆前应检查登杆工具，如梯子是否牢靠；安全带、脚扣等是否完好，其力学强度是否足够；是否在试验有效期内等。

2. 登杆前，应检查有无倒杆、断杆危险；杆基应夯实，新立杆的杆基未夯实以前，禁止攀登；木杆应无严重糟朽，水泥杆应无脱皮断筋；电杆各方面受力应正常。水泥电杆有水、挂霜、结冰时均不宜上杆。

3. 登杆前应看清杆上的线路，分清有电部位和无电部位，分清相线、中性线及其他导线，并选好预定的工作位置。必要时应设监护人。

4. 空中作业人员和地面辅助人员应戴合格的安全帽等防护用品，并注意过往行人与车辆安全。

5. 使用脚扣应注意：木杆用铁脚扣，水泥杆用橡胶脚扣；脚扣大小与电杆直径相适应，开口大小适当；脚扣上的铁件、皮带完好无损；焊接部分无开裂；脚扣上的防滑胶皮无脱落、离骨或严重破损；小爪灵活，螺栓不过长，螺母可靠。上杆时，注意防止上方脚扣磕碰下方脚扣，避免坠落。

6. 安全带的使用如图 10—11 所示。安全带不得有腐朽、脆裂、老化、严重磨损等缺陷，带上的孔眼应无豁裂，铆装部位应紧固；安全带上的钩环应牢固、开合自如，并有防止脱钩的保险装置。安全带的短带（腰带）系在腰部偏下、臀部稍上部位，并注意不使滑落；安全带长带（或绳）应系在可靠处，禁止拴在横担、拉板、杆顶以及将要更换的部件上。到达预定位置后，系好安全带，勾好钩环，保险装置上好后再行探身或后仰，开始工作。

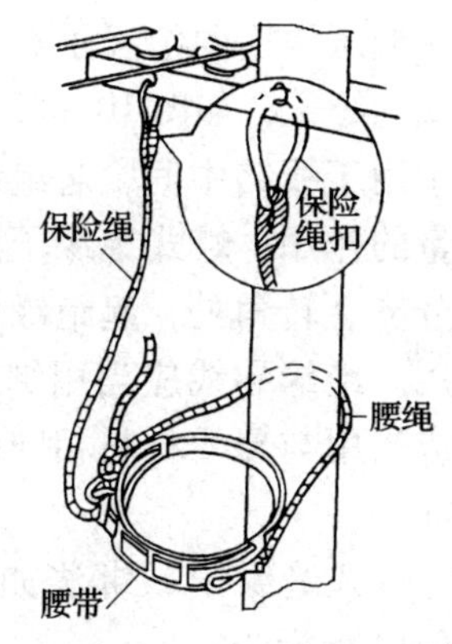

图 10—11 安全带的使用

7. 梯子的长度应与施工场所的高度适应；梯子应完好；梯子应有承受登梯者体重及所载荷物质量的荷重能力；为了避免靠梯翻倒，靠梯梯脚与墙之间的距离不应小于梯长的 1/4，且不应大于梯长的 1/2，还需要有防滑措施；架在导线上或金属架构上的梯子应有固定用的金属钩；梯子不应架在箱、桶、平板车等不稳定的物件或设备上；为了限制人字梯的开脚度，其两侧之间应加拉链或拉绳；使用金属梯子进行低压带电作业时，应采取绝缘措施；高度 4 m 以上的梯子或高凳，下方应有人扶持，上边工作人员应系安全带；不得站在梯子或高凳顶级上工作；梯子上有人工作时不得移动梯子，且梯子下方不得有人；需要在梯子上端绑定时，绑绳直径不应小于 ϕ15 mm；梯子上的工作人员应将一条小腿别在梯凳中间，不应强行探身，防止失去重心。

8. 上、下传递工具、材料等时，不得抛掷，而应用细绳传递。细绳上端不得系在安全带上，而应系在有足够强度的固定件上。

9. 登杆工作应与带电体保持足够的安全距离：与低压带电体之间无遮栏时不得小于 0.1 m；与 10 kV 带电体之间无遮栏时不得小于 0.7 m，有遮栏时不得小于 0.35 m；与邻近的 10 kV 线路带电体之间不得小于 1.0 m。如杆上或邻近有 10 kV 线路，检修的线路应接地。

二、导线绑扎

低压常用的绝缘子有针式绝缘子和蝶式绝缘子，如图 10—12 所示。针式绝缘子用于线路中间，起绝缘和承受导线质量的作用；蝶式绝缘子用于线路终端及分支、转角处，起绝缘和承受拉力的作用。绝缘导线应当用绑线绑扎；裸导线应当用与导线材料相同的单股裸导线绑扎。

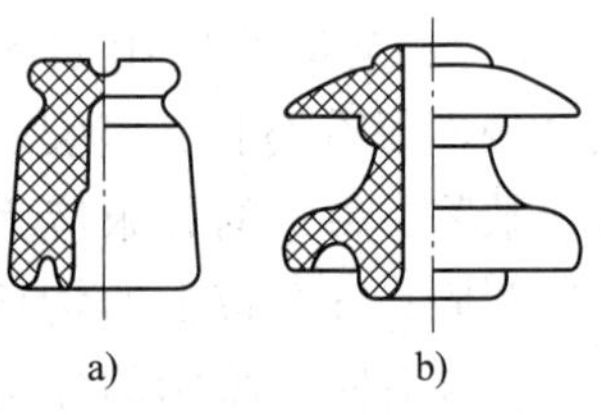

图 10—12　绝缘子

a）针式绝缘子　b）蝶式绝缘子

针式绝缘子颈绑法如图 10—13 所示，蝶式绝缘子绑扎法如图 10—14 所示。

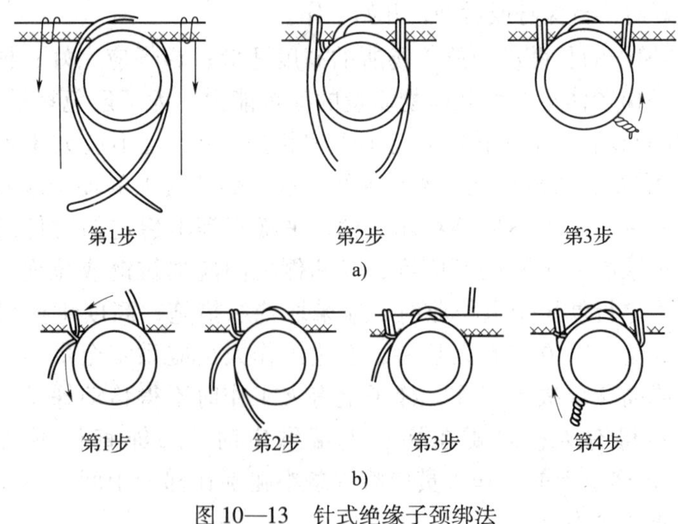

图 10—13　针式绝缘子颈绑法

a）　b）

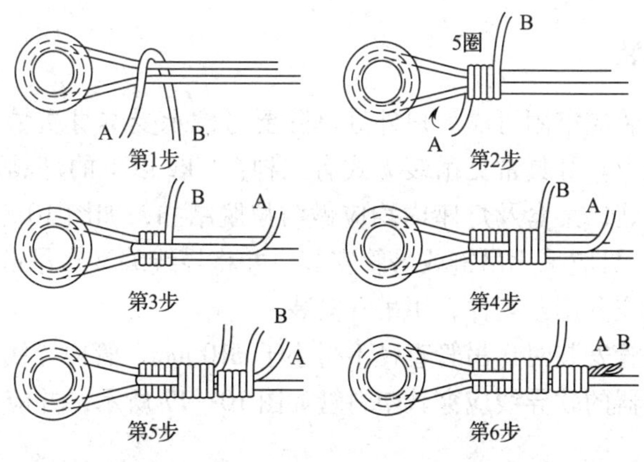

图 10—14　蝶式绝缘子绑扎法

第 3 节　照明灯具安装

一、常见灯具

如图 10—15 所示是几种常见灯具的外形。

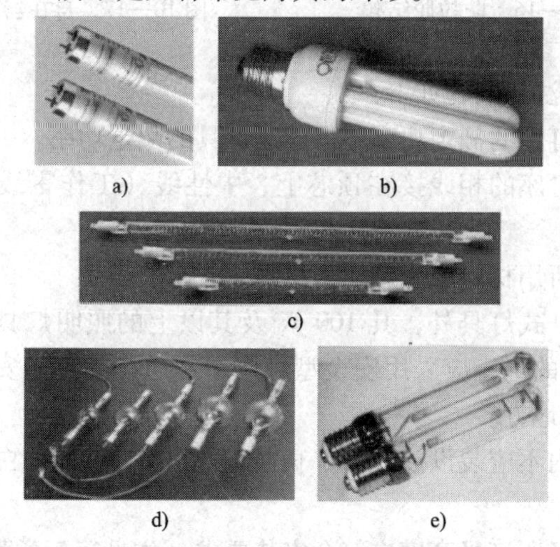

图 10—15　常见灯具

a）荧光灯　b）节能灯　c）卤钨灯　d）高压水银灯　e）高压钠灯

二、灯具安装

灯具安装应牢固可靠。户外灯具除要考虑承受本身质量外，还要考虑承受风力。灯具常见吊装方式有三种：1 kg 以下的灯具可采用软导线自身吊装，吊盒及灯座内均应做防拉脱结扣，如图 10—16 所示；1 ~ 3 kg 的灯具应采用吊链或吊管安装，并将导线编叉在吊链内；3 kg 以上的灯具应利用预埋件，用吊管安装。

采用吊管安装时，吊管直径不得小于 ϕ10 mm，管内导线不得有接头。带自在器的软导线应穿软塑料管如图 10—17 所示，并应采用安全型灯座。

图 10—16 防拉脱结扣

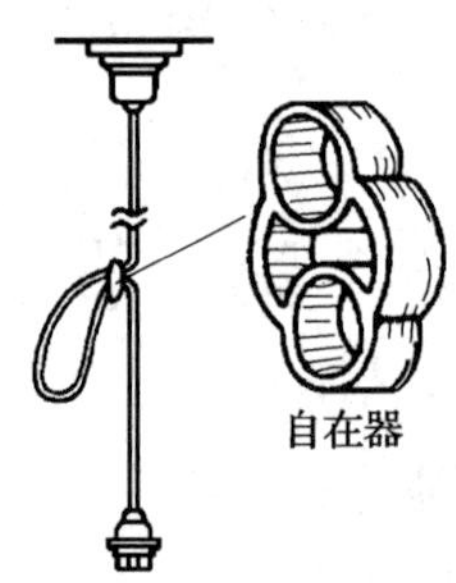

图 10—17 自在器

灯具安装注意问题如下：

1. 灯具灯泡的额定功率不得超过灯具的额定功率。

2. 螺口灯座的相线接在顶芯上、中性线（工作零线）接在螺口上。

3. 灯饰所用材料应为难燃型材料。

4. 除敞开式灯具外，凡 100 W 及其以上的照明灯具应采用瓷灯座；带自在器的灯座应采用安全型灯座；普通灯具不应安装在有粉尘或纤维聚积的地方。

5. 库房内不应装设碘钨灯、卤钨灯、60 W 以上的白炽灯等高温照明灯具。

6. 生产场所灯具高度应符合安装要求（详见第 7 章第 2 节）。

7. 照明灯具、荧光灯镇流器等发热元件不能紧贴可燃物安装。照明灯具与可燃物之间应保持规定的安全距离；库房内照明灯具下方不应堆放可燃物品，与其垂直下方储存物品水平间距不应小于 0.5 m。

8．聚光灯、回光灯、炭精灯不应安装在可燃基座上，灯头的尾线应用耐高温线或瓷套管保护。配线接点必须设在金属接线盒内。

9．节日彩灯应由低压配电柜单独回路供电，并在配电柜处加装避雷器保护；彩灯每个支路应有单独控制开关和熔断器保护。

第 4 节　照明开关及插座安装

一、照明开关安装

安装照明开关应注意：

1．配电箱内单相照明线路的开关必须采用双极开关。

2．照明器具的单极开关必须装在相线上。

3．拉线开关距地面高度一般为 2 ~ 3 m，接线出口应向下方；翘板开关距地面高度一般为 1.2 ~ 1.4 m，距出入口边缘的水平距离为 0.15 ~ 0.2 m。

4．开关位置应与灯具的位置相对应，同一室内开关的高度应当一致。

5．暗装开关的盖板安装应端正、严密并与墙面齐平；明敷线路上的开关应安装在台座上。

6．爆炸危险环境中应安装防爆型开关或将开关安装在非爆炸危险环境；室外及潮湿环境应采用防水型开关。

二、插座安装

插座安装应满足以下安全要求：

1．临时用电的插座电源应安装漏电保护器。

2．每套住宅里的空调电源插座、电气设备电源插座应与照明分路设计；厨房、卫生间电源插座最好设置独立回路，分支回路导线截面积不得小于 2.5 mm^2。

3. 明装插座的安装高度一般不应低于 1.8 m，暗装的一般不应低于0.3 m；托儿所、幼儿园及小学不应低于 1.8 m；同一室内的插座安装高度应一致。

4. 落地插座应有牢固可靠的保护盖板。

5. 插座接线如图 10—18 所示，不得将插座 PE 线端子当作 N 线端子使用，不得将 PE 端子与 N 端子短接；同一场所内的三相插座，相序应当一致。

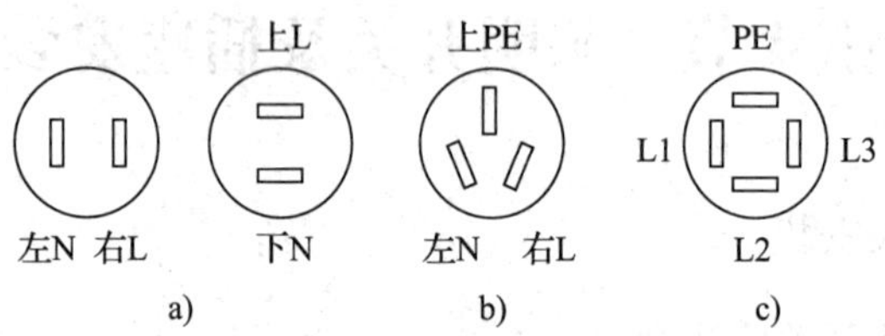

图 10—18 插座接线

a）单相两孔插座 b）单相三孔插座 c）三相四孔插座

6. PE 端子在 TT 系统中接保护地线；在 TN－S 系统中接保护零线；在 TN－C 系统中接保护中性线（PEN 线）；保护线应采用黄绿双色的绝缘铜导线，截面积根据相线截面积来确定，但不得小于 1.5 mm^2。

7. 在同一场所内，不同电压等级的插座安装应有明显的区别，并各自配用与其配套的插头。

8. 暗装插座必须有插座盒。

9. 儿童活动场所应采用安全型插座。

第 11 章　低压电气设备安装与调试操作

第 1 节　低压电器应用

一、漏电开关

1. 电流型漏电开关组成和外形

电流型漏电开关主要由漏电保护单元和线路开关组成。漏电保护单元获取漏电或触电信号后，推动开关脱扣机构动作，开关跳闸。其外形如图 11—1 所示。

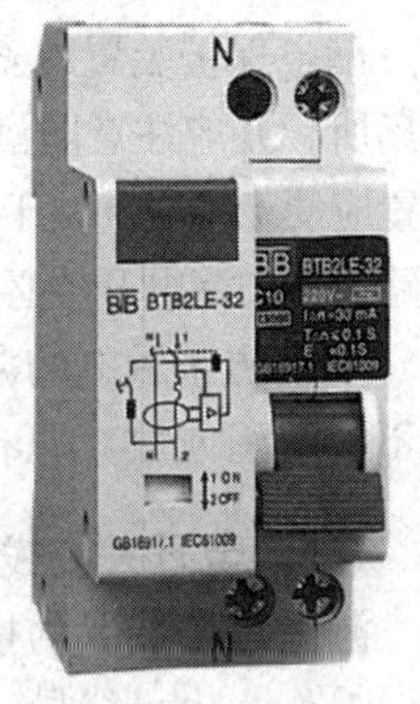

图 11—1　电流型漏电开关

2. 漏电开关选用

(1) 极数选择

漏电开关的极数应按线路特征选择。单相线路选用二极保护器，仅带三相负载的三相线路可选用三极保护器，动力与照明合用的三相四线线路和三相照明线路必须选用四极保护器。

(2) 开关的额定参数

开关的额定电压、额定电流、额定开断电流等技术参数应与线路条件相适应。

(3) 漏电动作电流

在浴室、隧道等电击危险性很大的场合，应选用高灵敏度的漏电保护装置；在触电后可能导致严重二次事故的场合及儿童活动场所，应采用 10 mA 以下的动作电流。前级开关的漏电动作电流应大于后级开关的漏电动作电流。漏电动作电流应能避开线路不平衡的泄漏电流和可能出现的电磁干扰而不误动作。

用于防止漏电火灾的漏电报警装置的动作电流可在 100～500 mA 范围内选择。

3. 漏电开关的安装

有金属外壳的 I 类移动式电气设备、安装在潮湿或有强腐蚀性等恶劣场所的电气设备、建筑施工工地的施工电气设备、临时性电气设备、宾馆类客房内的插座、触电危险性较大的民用建筑物内的插座、游泳池或浴池类场所的水中照明设备、安装在水中的供电线路和电气设备等，均应安装漏电开关。

安装漏电开关前，应仔细检查其外壳、铭牌、接线端子、试验按钮、合格证等是否完好。

漏电保护装置应安装在无腐蚀性气体、无爆炸危险（防爆型除外）的场所，并应注意防潮、防尘、防强震、防阳光直射、防磁场干扰；安装位置应便于检查、便于操作。保护器应垂直安装，并安装牢固。安装带有短路保护的漏电开关必须保证在电弧喷出方向留有足够的飞弧距离。

用于防止触电的漏电保护只能作为附加保护。加装漏电保护的同时不得取消或放弃原有的基本安全措施。

4. 漏电开关接线

漏电保护装置的接线必须正确，接线错误可能导致漏电保护装置的误动作，也可能导致漏电保护装置的拒动作。

漏电开关接线前，应分清漏电保护装置的输入端和输出端、分清相线和中性线，不得反接或错接。输入端与输出端接错时，电子式漏电保护装置的电子线路可能由于没有电源而不能正常工作。

漏电开关负载侧的线路必须保持独立，即负载侧的线路（包括相线和中性线）不得与接地装置连接，不得与保护地线连接，也不得与其他电气回路连接。在保护接地线路中，应将工作零线与保护地线分开：N 线必须经过保护器，PE 线或 PEN 线不得经过保护器。在 TN－S 系统中，四极漏电开关的正确接线如图 11—2 所示。几种典型的错误接线如图 11—3 所示。

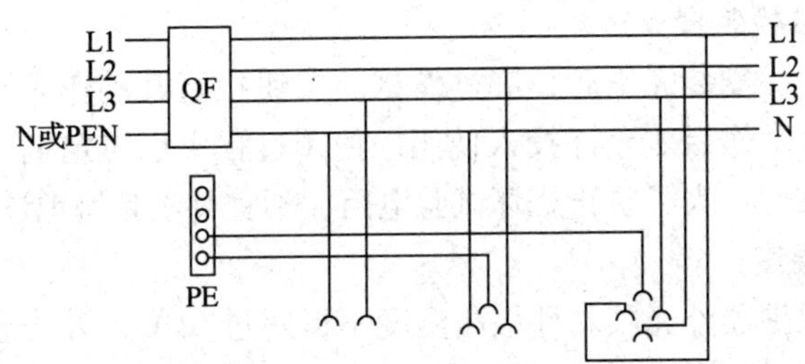

图 11—2　四极漏电开关的正确接线

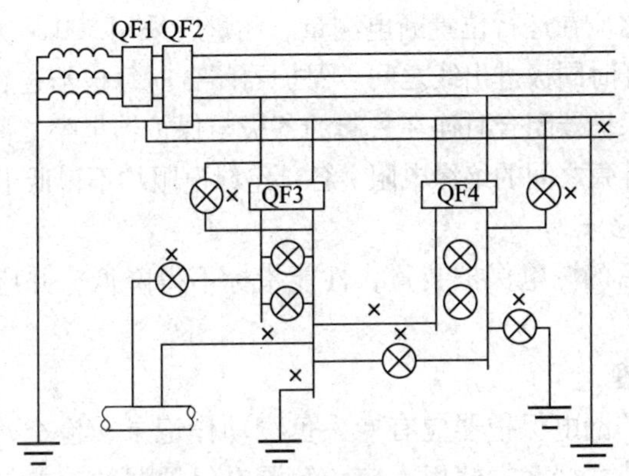

图 11—3　漏电开关错误接线

5．漏电保护器的使用

对于运行中的漏电保护器，应当定期检查和试验。

（1）外部检查

漏电保护器外壳各部及其上部件、连接端子应保持清洁，完好无损；胶木外壳不应变形、变色，不应有裂纹和烧伤痕迹；制造厂名称（或商标）、型号、额定电压、额定电流、额定动作电流等应标示清楚，并应与运行线路的条件和要求相符合。漏电保护器外壳防护等级应与使用场所的环境条件相适应。接线端子不应松动，连接部位不得变色。接线端子不应有明显腐蚀。

漏电保护器工作时不应有杂音，漏电开关的操作手柄应灵活、可靠。

（2）自检装置

漏电开关安装完毕后，应操作试验按钮检验其动作是否可靠，确认可以正常动作后才允许投入使用。使用过程中也应定期用试验按钮试验其可靠性。为了防止烧坏试验电阻，不宜过于频繁地试验。

（3）温度

漏电保护器外壳胶木件最高温度不得超过65℃，外壳金属件最高温度不得超过55℃；接线端子温度一般不得超过65℃。

（4）绝缘电阻

绝缘电阻应在运行位置断电测量。测量应采用500 V兆欧表。应测量保护器断开时同极进出线之间、保护器闭合时每极与连在一起的其他各极之间、保护器闭合时连在一起的各极与保护器框架之间、与覆盖金属箔的绝缘外壳之间的绝缘电阻。各部绝缘电阻均不得低于1.5 MΩ。

（5）维修

经维修后的漏电保护装置，性能指标不得降低，并应通过试验检查和校验。

（6）管理

已安装的漏电保护器应有专人负责动作记录、检查、外部维护和更换，并应建立档案。使用人应了解漏电保护器的功能，掌握自检方法；应熟知正确的停、送电程序。

二、DW15 系列低压断路器

1. DW15 系列低压断路器组成和外形

低压断路器由触点及灭弧系统、脱扣器、操作机构、脱扣机构组成。DW15 系列低压断路器的外形如图 11—4 所示。DW15 系列低压断路器有 200～4 000 A 范围内共七种规格，带有长延时、短延时、瞬时三段保护特性，采用储能操作机构。DW15 系列低压断路器主要用于配电和控制，也用于保护电动机。

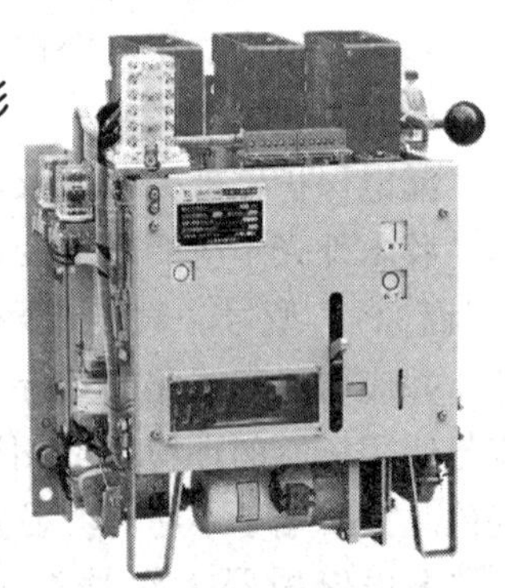

图 11—4　DW15 系列低压断路器外形

DW15 系列低压断路器为立体布置

形式，其上部装有灭弧室，右侧（或正面）装有操作手柄，面板上有“分”“合”指示及手动断开按钮和储能操作器件；其内部装有主触头和辅助触头、电流电压变换器、分励脱扣器、欠电压脱扣器、欠电压延时装置、各种过电流脱扣器、热继电器（或半导体延时脱扣器）等保护元件，另外还装有电动操作机构、储能弹簧、释能电磁铁、分闸弹簧、脱扣机构、防回跳机构。DW15 系列低压断路器的基本操作过程是：按下储能按键，储能电动机运转，储能弹簧拉紧，储能指示显示为“储能”状态；按下合闸按钮，释能电磁铁线圈得电，储能弹簧释放，辅助触点、主触点闭合；按下分闸按钮，分励线圈得电，脱扣机构释放，主触头、辅助触头断开，断路器恢复初始状态。

2. 脱扣器的功能和整定

（1）瞬时动作过电流脱扣器

它具有瞬时动作特性。用于短路保护；其动作电流比断路器的额定电流大得多；其整定电流应大于线路上可能出现的最大峰值电流，且应小于线路末端单相短路电流的 2/3。

（2）长延时动作过电流脱扣器

它具有反时限动作特性。用于过载保护；按照线路计算负荷电流或电动机额定电流进行整定。

（3）欠电压脱扣器

它用于欠电压保护，当主电路内电压消失或降低至额定电压的 40% ~75% 时，失压脱扣器动作，断路器跳闸。

（4）分励脱扣器

它用于可靠地远距离操作，且能在额定电压的 75% ~105% 下可靠工作。

3. 低压断路器的使用

低压断路器是一种比较复杂的低压电器，除正确选用和调整外，还需妥善维护，才能保证其安全运行。为此，应注意以下几点：

（1）使用前将电磁铁工作面上的防锈油脂擦净，以免影响其动作值。

（2）定期检修时清除落在低压断路器上的灰尘，以免降低其绝缘。

（3）使用一定次数后，应清除触头表面的毛刺、颗粒等物，以保持接触良好，触点磨损超过原来厚度的 1/3 或超过 1 mm 时，应予以更换。

（4）经分断短路电流或多次正常分断后，清除灭弧室内壁和栅片上所溅的金属颗粒和黑烟，以保持良好的绝缘和灭弧性能。

（5）必要时，给操作机构的转动部位加润滑油。

（6）定期检查各脱扣器的整定值和延时。

（7）断路器每次检查完毕后，应做几次操作试验，确认其工作正常。

（8）带有位置指示的线路，断路器的工作位置状态应与指示信号显示相符。

第 2 节　电动机控制

一、异步电动机端子判别

三相异步电动机的出线端子如图 11—5 所示。将 U2、V2、W2 连接在一起，U1、V1、W1 接电源即构成星形接法；将 U2 与 V1、V2 与 W1、W2 与 U1 连接在一起，U1、V1、W1 接电源即构成三角形接法。

在没有端子标志的情况下，为了正确接线，必须先判别端子。判别端子有以下三种方法。

1. 无电源测试法

如图 11—6 所示，这种方法是先用万用表的欧姆挡分出三相绕组；再将三相绕组并联（也可以串联）在一起，并用万用表的直流毫安挡进行测量。转动电动机的转子，在剩磁的作用下各相绕组都将产生感应电动势，如表针不动，说明连在一起的两端分别为三个首端和三个末端。

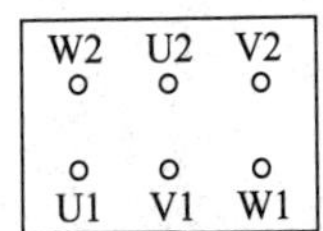

图 11—5　三相异步电动机的出线端子

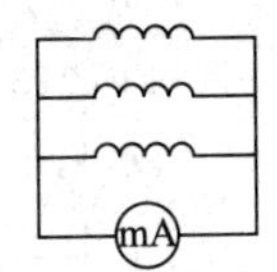

图 11—6　无电源判别端子

2. 交流电源测试法

这种方法也要先分出三相绕组，如图 11—7 所示，将一相绕组连接安全电压交流电源，将其他两相绕组串联起来接电压表或低压灯泡。因为其他两相绕组在空间是对称布置的，所以接通电源后，如电压表有指示或灯泡亮，则说明图上所标的极性是正确的。这种方法也可以反过来进行，即将两相绕组串联起来接电源，将另一相绕组接电压表或低压灯泡。

3. 直流电源测试法

这种方法也要先分出三相绕组，如图 11—8 所示，将一相绕组连接直流电源，将另一相绕组连接直流毫安表。根据楞次定律，在接通电源时，被试验绕组中的电流应该产生反方向的磁场。因此，如毫安表正向摆动，则说明图上所标的极性是正确的。

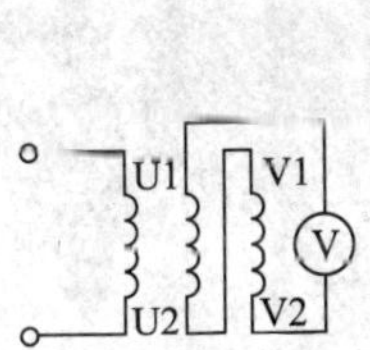

图 11—7　交流电源测试法判别端子

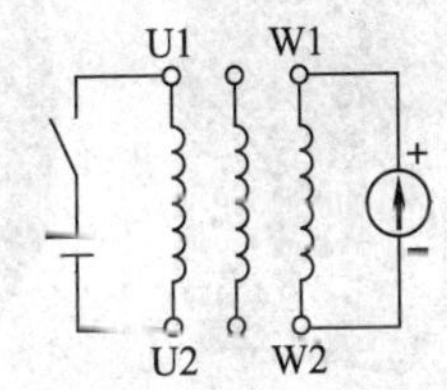

图 11—8　直流电源测试法判别端子

二、电动机直接启动控制

1. 启动接线图

电动机单方向直接启动控制线路如图 11—9 所示。如需两地控制，可如图中虚线所示增加一组控制按钮。

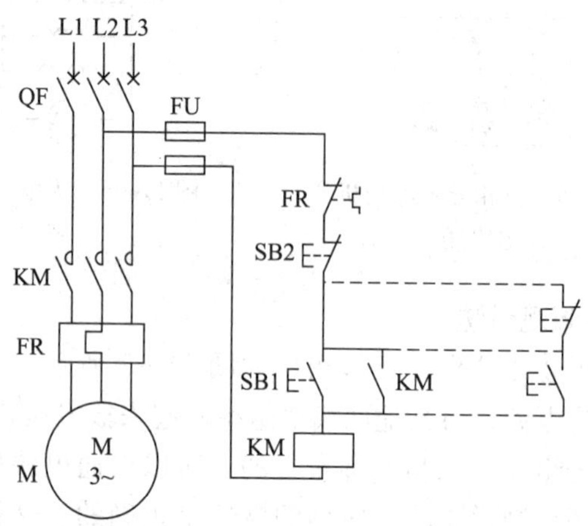

图 11—9　单方向启动控制线路

启动过程：按下按钮 SB1，接触器 KM 吸合，接触器的常开辅助触头闭合实现自锁；同时，接触器的主触头闭合，电动机启动运行。

2. 电气元件选择与使用

常用电气元件的外形如图 11—10 所示。

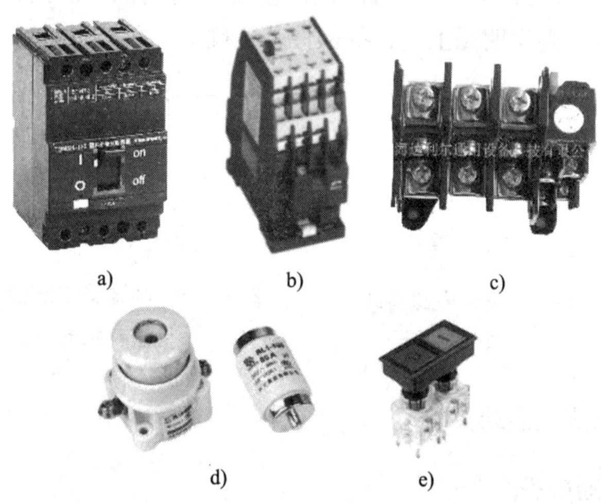

图 11—10　常用电气元件

a）断路器　b）接触器　c）热继电器　d）熔断器　e）按钮

断路器 QF 的额定电流应大于电动机的额定电流；如主回路用刀开关、熔断器组合代替断路器，刀开关的额定电流不应小于电动机额定电流的 3 倍，熔断器的额定电流应为电动机额定电流的 1.5 ~ 2.5 倍。

接触器的额定电压应高于或等于主电路的额定电压；吸引线圈的额定电压应等于控制电路的电压；辅助触头数量应满足电路的要求。接触器的额定电流应为电动机额定电流的 1.3 ~ 2 倍。有分、合信号指示时，其指示应与接触器实际状态相符合。运行中的接触器连接处不应有过热变色痕迹，灭弧罩不应松动、不应有缺损、罩内不应有“嗞嗞”声，辅助触头不应有烧蚀或打火现象，铁芯应吸合良好、不应有过大噪声，不应有异常气味。

热继电器的热元件的额定电流应为电动机额定电流的 1 ~ 1.5 倍，并按电动机的额定电流整定。热继电器有两种复位方式，应用自动复位可在 5 min 内复位，应用手动复位可在 2 min 后按复位按钮复位。

控制回路中的熔断器 FU 可选用额定电流 5 ~ 10 A 的熔断器，并配用 1 ~ 5 A 的熔丝。

控制回路连接导线应采用截面积不小于 1.5 mm^2 的绝缘铜芯线，中间不得有接头。

3. 故障判断

（1）按下 SB1 后接触器不吸合。可能原因有：电源无电或 QF 未合上；FR 未复位；FU 熔丝熔断；KM 线圈电压不符；控制回路某处有断开点。

（2）按下 SB1 后接触器吸合，松开 SB1 后接触器跳开。原因为未连接自锁触头。

（3）按下 SB1 后接触器吸合，电动机不启动，并发出沉重的“嗡嗡”声。原因为主回路缺相。

（4）按下 SB1 后接触器吸合，QF 跳闸。可能原因为主回路有短路点或 QF 整定值太低。

（5）按下 SB1 后 FU 熔丝断。原因为控制回路有短路点。

（6）按下 SB2 后不能停车。可能原因为 SB2 接点黏结，控制回路有短路点或两点接地。

三、电动机正、反转控制

1. 接线图

电动机正、反转控制电路如图 11—11 所示。图中带阴影部分是三联控制按钮盒。

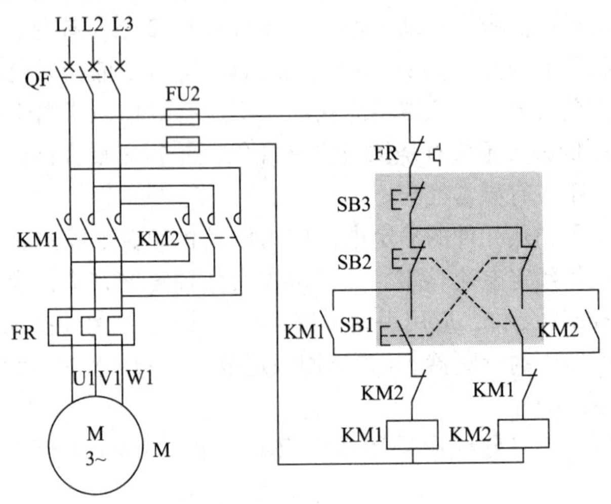

图 11—11　电动机正、反转控制电路

正转启动控制过程如下：

（1）按下SB1瞬间 ⟶ 常闭触头先打开 ⟶ KM2线圈不能得电 ⟶ 实现机械联锁

（2）按下SB1 ⟶ KM1线圈得电 ⟶
- 常闭辅助触头断开 ⟶ 实现电气联锁
- 常开辅助触头断合 ⟶ 实现自锁
- 常开主触头闭合 ⟶ 电动机正向启动

2. 电气元件选择与使用

电气元件选择与单方向直接启动的相同。

如正、反向运动都有位置限制，可与相应的接触器线圈串联限位开关的常闭触头。常闭触头的最佳位置是图中接触器线圈的下方。

3．故障判断

故障判断与单方向直接启动基本相同。按下 SB1 后 QF 跳闸，除可能主回路有短路点和 QF 整定值太低外，还可能是接触器一次绕组接线错误。

四、电动机 Y—△降压启动控制

1．接线图

电动机 Y—△降压启动控制电路如图 11—12 所示。图中带阴影部分是三联控制按钮盒。

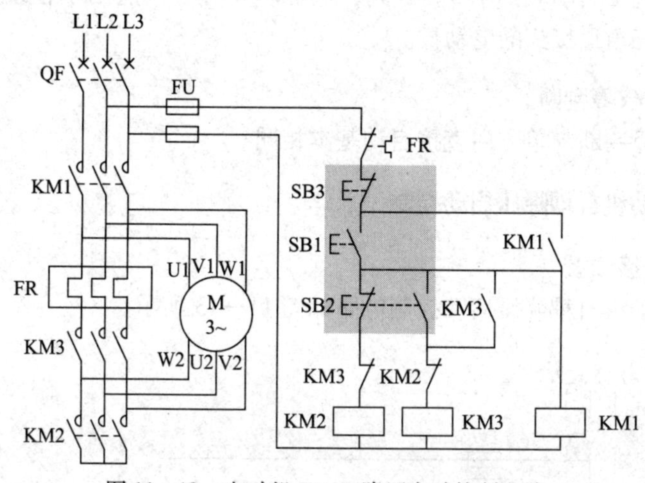

图 11—12　电动机 Y—△降压启动控制电路

降压启动过程如下：

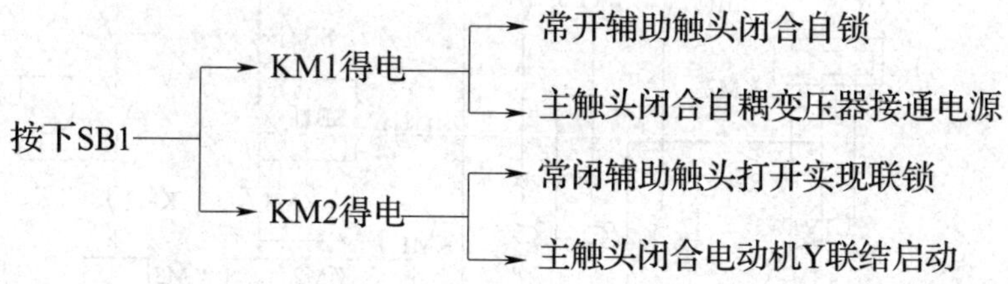

全压运行过程如下：

（1）按下SB2瞬间 ⟶ 常闭触头先打开 ⟶ KM2失电 ⟶ 实现机械联锁

（2）按下 SB2 → KM3 得电 →
- 常闭辅助触头断开 → 实现电气联锁
- 常开辅助触头闭合 → 实现自锁
- 常开主触头闭合 → 电动机正向启动

2. 电气元件选择与使用

电气元件选择与单方向直接启动的相同。

Y—△降压启动时相电压降低为额定时的 $1/\sqrt{3}$，相电流也降低为直接启动时的 $1/\sqrt{3}$，线电流则降低为直接启动时的 1/3，堵转转矩也降低为直接启动时的 1/3。因此，这种启动方法只能用于轻载启动运行时为三角形接法的电动机。

3. 故障判断

故障判断与单方向直接启动基本相同。

五、电动机自耦降压启动控制

1. 接线图

电动机自耦降压启动控制电路如图 11—13 所示。

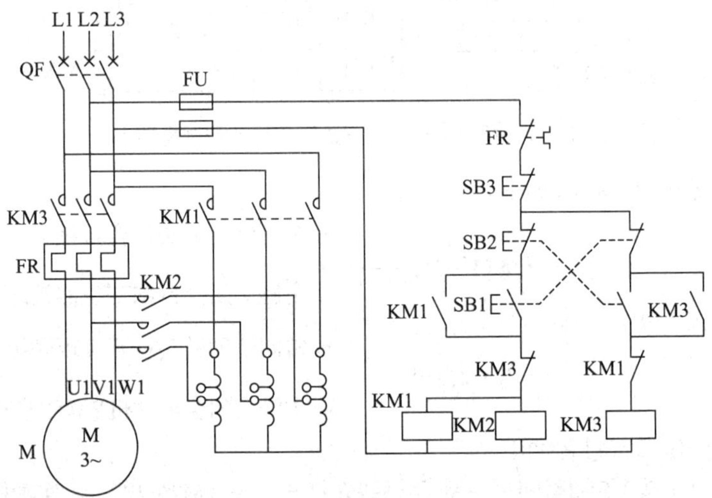

图 11—13　电动机自耦降压启动控制电路

降压启动过程如下：

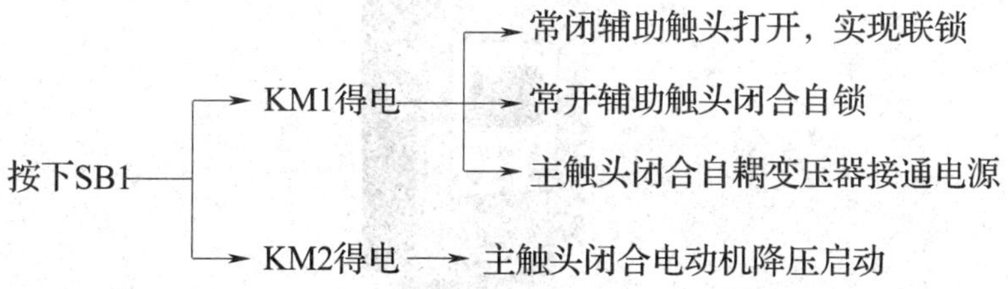

全压运行过程如下：

按下SB2 → KM1和KM2失电 → 电动机断开电源惯性转动
按下SB2 → KM3得电 → 电动机全压运行

2．电气元件选择与使用

电气元件选择与单方向直接启动的相同。

将电源电压分别降低为65%、80%的自耦降压启动，电动机电流也分别降低为直接启动时的65%、80%，线路电流分别降低为直接启动时的42.25%、64%，堵转转矩也分别降低为直接启动时的42.25%、64%。自耦降压启动器的自耦变压器都是按短时工作设计的。使用中应注意每次启动时间不能太长，每小时内启动次数不能太多，而且相邻两次启动之间应间隔一段时间。

3．故障判断

故障判断与单方向直接启动的基本相同。

六、软启动器接线与操作

1．软启动器外形

典型软启动器外形如图11—14所示。

2．软启动器接线

典型软启动器外部接线如图11—15所示。

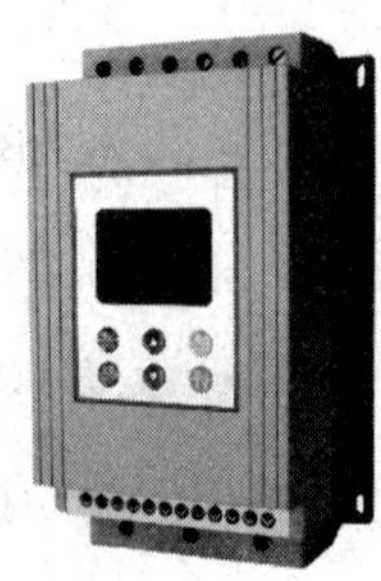

图 11—14　典型软启动器外形

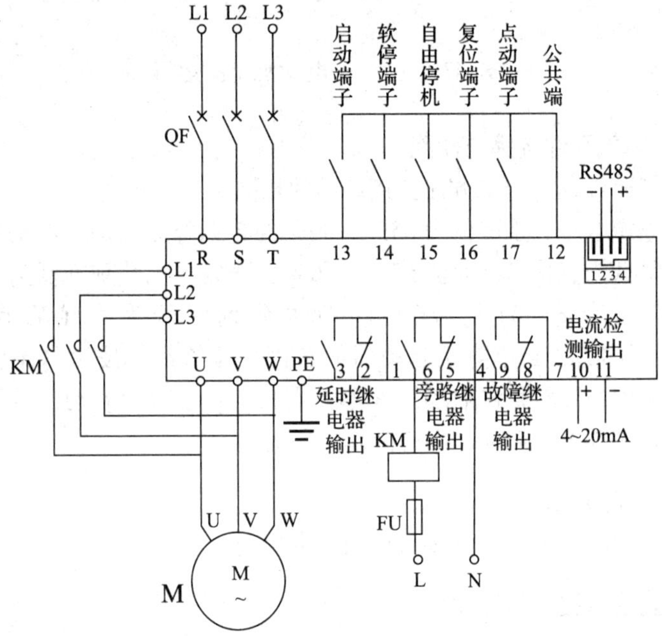

图 11—15　典型软启动器外部接线图

3. 软启动器的使用

软启动器使用应注意以下事项：

（1）对照产品说明书，熟悉软启动器的性能；对于突然断电比过负载造成的损失更大的线路（如消防泵的线路），其过负载保护应作用于信号而不应作用于切断电路。

（2）对照产品说明书，熟悉软启动器外部接线端子及各元件的作用。

（3）选择需要的启动、停止机等控制模式。

（4）完成安装、接线后认真核对检查。

（5）先试启动后，再正式启动，并观察相关信号是否正常。

（6）对于没有短路保护的软启动器，必须另安装短路保护元件；软启动器控制电动机时，一次侧电路中应在软启动器前边加装断路器。

（7）在高次谐波可能造成不良影响的情况下，需安装有旁路接触器的软启动器。

（8）为利于散热，软启动器的上、下方应留出适当的空间（大于150 mm）；大功率软启动器应安装降温风机。

（9）定期检查接线端子是否松动；柜内电气元件有否过热、变色迹象，有无焦煳气味；定期清扫灰尘。

（10）在特别潮湿或易结露环境中，应经常用红外灯或电吹风烘干。

第3节　接地装置安装

一、准备工作

1．仔细阅读设计图样，以便按图样施工。

2．观察施工现场地面及设施，查明施工现场地下设施，确认现场允许施工。

3．准备工具：打桩机或大锤、铁锹、镐、电焊机、卷尺、电钻、接地电阻测量仪等。

4．准备接地装置器材（包括压帽、包板等）。

二、安装

1．开挖地面，挖出深度不小于0.8 m的沟、坑。

2. 垂直地面打入直立接地元件，上端离地面不小于0.6 m。

3. 焊接水平连接元件和引出元件，引出元件引出地面0.3 m。

4. 焊接处做防锈处理。

5. 回填沟、坑。

6. 测量接地电阻。

第 12 章　电气设备维护及常见故障处理

第 1 节　电动机常见故障处理

一、启动故障

1. 不能启动

其原因分析及相应的处理方法见表 12—1。

表 12—1　　电动机启动故障原因分析及处理方法

序号	原因分析	处理方法
1	电源电压过低	检查电源
2	三相电动机电源缺相	用万用表检查有无断路或接触不良
3	电动机定子绕组断路	用万用表检查有无断路或接触不良
4	绕线型转子内部或外部断路或接触不良	用万用表检查有无断路或接触不良
5	笼型转子断条或脱焊	将电动机接到电压为额定电压的 15%～30% 的三相电源上，测量三相电流，如电流随转子位置变化，说明有断条或脱焊
6	定子△接线的误接成 Y 接线	检查接线并改正
7	负载过大或机械卡阻	检查负载及机械部分

2. 启动时噪声大，且三相电流相差大

可能原因是定子绕组首、末端接反；处理方法是用低压单相交流电源、指示灯、电压表等器具确定绕组的首、末端，重新接线。

二、运行故障

1. 转速下降

原因分析及处理方法同不能启动故障。

2. 三相电流不平衡

其原因分析及相应的处理方法见表 12—2。

表 12—2　电动机三相电流不平衡的原因分析及处理方法

序号	原因分析	处理方法
1	电源电压不平衡	检查电源
2	定子绕组短路	检查有无局部过热；断开电源后测量绕组直流电阻
3	定子绕组部分线圈接线错误	检查接线并改正

3. 过热

其原因分析及相应的处理方法见表 12—3。

表 12—3　电动机过热的原因分析及处理方法

序号	原因分析	处理方法
1	过负载	减轻负载或更换电动机
2	电源电压太高	检查并设法限制电压波动
3	定子绕组短路或接地	测量绕组直流电阻、绝缘电阻等
4	接触不良	检查各连接点
5	缺相运行	检查电源及定子绕组
6	定子铁芯短路	排除其他原因后，解体后检查铁芯
7	轴承发热	检查轴承及机组安装
8	定、转子相碰（扫膛）	听响声判断
9	线圈接线错误	对照图样检查并改正
10	启动过于频繁	按规定时间间隔要求启动
11	通风散热障碍	检查风扇、通风道等
12	环境温度过高	加强冷却或更换电动机

4. 振动和响声大

其原因分析及相应的处理方法见表 12—4。

表 12—4　　电动机振动和响声大的原因分析及处理方法

序号	原因分析	处理方法
1	地基不平，安装不好	检查地基及安装
2	轴承缺陷或装配不良	检查轴承
3	转动部分不平衡	必要时做静平衡及动平衡试验
4	转子变形	检查转子，进行修复或更换
5	定子或转子绕组局部短路	拆开电动机，用仪表检测
6	定子铁芯压装不紧	检查铁芯并重新压紧

5. 绕线型电动机炭刷冒火、滑环过热

其原因分析及相应的处理方法见表 12—5。

表 12—5　　电动机振动和响声大的原因分析及处理方法

序号	原因分析	处理方法
1	电刷牌号不对	更换电刷
2	电刷压力过小或过大	调整炭刷压力
3	电刷与滑环接触不严密	研磨块接触面
4	滑环不平、不圆或不清洁	修理滑环

第 2 节　电磁启动器常见故障处理

一、接触器故障

接触器常见故障及处理方法见表 12—6。

表 12—6　　接触器故障分析和处理方法

序号	故障种类	故障原因	处理方法
1	触点过热	触头压力不够	更换或修复触头，保持触头初力和终压力合格
		触头表面氧化或有杂质	经常检查、清扫，有氧化膜时用细锉打光，注意不要破坏镀层
		触头容量不够	更换大容量的触头
		螺钉松动	检查各部螺钉并拧紧
2	触头烧成突出的小点	灭弧不好	检查灭弧系统，防止电弧燃烧时间太长
		合闸时触点有跳动现象	检查触头初压力是否合格
		电动机启动电流太大	按电动机容量合理选用启动设备
		操作线圈电压不足	检查操作电源和线圈电压
3	触头磨损	启动电流大，电弧温度过高，触头金属逐渐汽化	完善灭弧系统，检查触头初压力
		触头电流过大，长时间发热烧损	使触头保持在正常负荷和允许温度下运行
		操作电压不足，合闸时发生跳动	保持操作电压为恒定值
		触头容量太小和频繁启动	更换触头，以适应启动电流
4	衔铁噪声大	衔铁和铁芯端面接触不良	检查接触面是否有污垢、杂质，并清扫干净
		短路环断裂	更换短路环
		操作电压不足	使用符合操作线圈额定电压的电源
		衔铁螺钉松动	检查衔铁螺钉有无松动，若有松动则拧紧

续表

序号	故障种类	故障原因	处理方法
5	线圈过热	电压过高	检查操作电压
		线圈绝缘损坏或匝间短路	检查发热部位，修复或更换线圈
		衔铁吸合不上	检查线圈连接部位有无断路
		衔铁吸合不好，操作过于频繁	检查有无机械卡阻或杂物阻塞，降低操作频率
		控制回路接点脱焊	更换接头
	铁芯过热	电压过高	检查操作电压
		铁芯片间短路	更换铁芯
	灭弧罩受潮	雨淋或其他原因造成	烘干
	灭弧罩炭化	分断时电流过大或频繁操作	更换
	灭弧罩损坏	机械损坏	更换
		灭弧室温度过高	更换
	磁吹线圈匝间短路	冲击或碰撞造成	检查有无短接，如有，将其分开并调整

二、电磁启动器控制电路故障

1．不能启动

按下启动按钮时，接触器吸合而电动机不运转的原因有：

（1）接触器主触头未接线或连接脱落。

（2）电动机主回路其他处断路。

（3）电源电压不足（伴有异声）。

（4）电源缺相（伴有异声）。

（5）电动机负载太大或被卡死（伴有异声）。

按下启动按钮时，接触器不吸合的原因有：

（1）控制电源无电或电压不足。
（2）热继电器未复位。
（3）控制回路熔断器熔体熔断。
（4）控制回路接触器的线圈、辅助触头未接线或连接点松脱。
（5）控制回路断线。
（6）限位开关未复位。
（7）未连接自锁触头（有点动现象）。
（8）有零位保护的控制器未回归零位。
（9）控制线路接线错误。
（10）控制按钮损坏。

2. 不能停止

按下停止按钮时，主回路不断电的原因有：
（1）接触器主触点黏合。
（2）停止按钮触头黏合。
（3）停止按钮前、后各有一点接地。
（4）接线错误。

第3节　低压断路器常见故障处理

低压断路器常见故障及处理方法见表12—7。

表12—7　　　　低压断路器故障分析和处理方法

序号	故障现象	原因分析	处理方法
1	手动操作低压断路器触点不能闭合	失压脱扣器无电压或线圈烧坏	检查线路，加上电压或更换线圈
		储能弹簧变形，使闭合力太小	更换储能弹簧
		反作用弹簧力过大	重新调整
		机构不能复位再扣	调整再扣接触面

续表

序号	故障现象	原因分析	处理方法
2	电动操作低压断路器触头不能闭合	操作电源电压不符	更换操作电源
		电源容量不够	增大操作电源容量
		电磁铁拉杆行程不够	重新调整或更换拉杆
		电动机操作定位开关失灵	重新调整
		整流管或电容器损坏	更换
3	分励脱扣器不能使断路器分断	线圈短路	更换线圈
		电源电压太低	更换电源或升高电压
		再扣接触面太大	重新调整再扣接触面
		螺钉松动	拧紧
4	失压脱扣器不能使断路器分断	反作用弹簧拉力变小	调整弹簧
		机构机械卡阻	排除卡阻原因
5	启动时断路器立即分断	过电流脱扣器瞬动整定电流太小	调整过电流脱扣器瞬动整定弹簧
		低压脱扣器阀门失灵或橡胶膜破裂	更换
6	低压断路器闭合后经一定时间自行分断	过电流脱扣器长延时整定值不对	重新调整
		热元件或半导休延时电路元件变质	更换
7	失压脱扣器噪声大	反作用弹簧拉力太大	重新调整
		铁芯工作面有污垢	清除污垢
		短路环断裂	更换
8	断路器温升过高	触头压力太小	调整触头压力或更换弹簧
		触点磨损过大或接触不良	更换或修复触头或更换低压断路器
		导电零件之间连接螺钉松动	拧紧

第 4 节　低压配线常见故障处理

一、跳闸故障

线路跳闸的可能原因有：

1. 线路短路。

2. 线路过负载。

3. 线路接地或漏电。

4. 线路上有人触电。

5. 电源停电。

线路跳闸的处理方法是：

1. 准确判定跳闸的原因，跳闸原因不明时不得合闸送电。

2. 用拉路法，即断开全部分路，合上总开关，再逐一合上各分路开关，根据跳闸情况找出故障分路。

3. 断开电源，寻找故障点，排除故障或采取针对性的恢复措施。

4. 送电时，先合上总开关，后合上分路开关。

5. 完成送电后，观察几分钟，待一切正常后恢复运行。

二、断线故障

断线故障的处理方法是：

1. 拉开断线回路的电源开关。

2. 退出断线回路上的负荷。

3. 合上断线回路的电源开关，判断是线路断线还是设备故障。

4. 用验电笔验试，如相线无电判定为相线断线，如中性线有电判定为中性线断线。

5. 排除故障，恢复断线接头的绝缘。